대학수학

이만근 지음

KM 경문사

Contents

차 례

4장 부정적분법

5장 정적분

6장 편도함수

7장 이중적분

부록 행렬과 벡터

1장 함수와 극한

1.1 함수

미분적분학 이론의 대부분은 함수를 그 대상으로 한다. 이 절에서는 함수와 관련된 기본 이론을 소개하며, 여기서 다루는 집합은 모두 실수 $\mathbb{R}$의 부분집합임을 가정한다.

정의 1.1.1

두 집합 X, Y에 대하여 X의 각 원소 x에 Y의 오직 한 개의 원소 y를 대응시키는 대응규칙 f를 X에서 Y로의 **함수**(function)라 하고,

$$f : X \to Y$$

로 나타낸다. 이때 집합 X를 함수 f의 **정의역**(domain), Y를 함수 f의 **공변역**(codomain), $f(X) = \{f(x) \mid x \in X\}$를 함수 f의 **치역**(range)이라고 한다.

예제 1.1.1 함수 $f(x) = \begin{cases} x+1, & 0 \le x \le 2 \\ 3-x, & 2 < x \le 4 \end{cases}$가 주어졌을 때,

(1) 함수의 정의역은 $\{x \in \mathbb{R} \mid 0 \le x \le 4\}$이다.

(2) 함수의 치역은 $\{y \mid -1 \le y \le 3\}$이다.

(3) $f(2) = 3$이고 $f(3) = 0$이다.

함수의 대응규칙이 방정식 $y = f(x)$인 형태이면 변수 x를 **독립변수**(independent variable)라 하고 y를 **종속변수**(dependent variable)라 한다. 함수의 정의역이 지정되지 않을 경우 그 함수의 대응규칙이 정의될 수 있는 모든 실수의 집합을 그 함수의 정의역으로 가정한다.

예제 1.1.2 다음 함수의 정의역과 치역을 구하여라.

(1) $f(x) = \dfrac{1}{x-1}$ (2) $g(x) = \sqrt{4-x^2}$

풀이 (1) 함수 f는 $x=1$에서 정의되지 않으므로 f의 정의역은 $\{x \in \mathbb{R} : x \neq 1\}$이고 치역은 $\{y \in \mathbb{R} : y \neq 0\}$이다.

(2) 함수 g는 $4-x^2 \geq 0$에서 정의되므로 정의역은 $\{x \in \mathbb{R} : -2 \leq x \leq 2\} = [-2, 2]$이다. $-2 \leq x \leq 2$가 되면 $0 \leq 4-x^2 \leq 4$이므로 g의 치역은 $[0, 2]$이다. ■

정의 1.1.2

두 함수 $f : X \to Y$, $g : X \to Y$가 있을 때 모든 $x \in X$에 대하여 $f(x) = g(x)$가 성립하면 두 함수 f와 g는 같다고 하고 $f = g$로 나타낸다.

정의 1.1.3

두 함수 f와 g의 정의역을 각각 X_1와 X_2이고 $X_1 \cap X_2 \neq \varnothing$일 때 함수

$$f+g,\ f-g,\ fg,\ \frac{f}{g}$$

는 각각 다음과 같이 정의한다.

$$(f+g)(x) = f(x) + g(x)$$
$$(f-g)(x) = f(x) - g(x)$$
$$(fg)(x) = f(x)g(x)$$
$$\left(\frac{f}{g}\right)(x) = \frac{f(x)}{g(x)}$$

$f+g$, $f-g$, fg의 정의역은 모두 $X_1 \cap X_2$이고 함수 $\dfrac{f}{g}$의 정의역은 $\{x \mid x \in X_1 \cap X_2,\ g(x) \neq 0\}$이다. 한편 c가 실수이면 $(cf)(x) = cf(x)$로 정의한다.

예제 1.1.3 $f(x)=\sqrt{x+1}$ 이고 $g(x)=\sqrt{3-x}$ 일 때 함수 $2f-5g$, fg, $\frac{f}{g}$ 를 구하고 각 함수의 정의역을 구하여라.

풀이 f의 정의역은 $[-1, \infty)$이고 g의 정의역은 $(-\infty, 3]$이며 $x \neq 3$이면 $g(x) \neq 0$이다. 그러므로 구하고자 하는 함수와 정의역은 각각 다음과 같다.

$$(2f-5g)(x) = 2\sqrt{x+1} - 5\sqrt{3-x}$$
$$(fg)(x) = \sqrt{x+1}\sqrt{3-x} = \sqrt{(x+1)(3-x)}$$
$$\left(\frac{f}{g}\right)(x) = \frac{\sqrt{x+1}}{\sqrt{3-x}} = \sqrt{\frac{x+1}{3-x}}$$

이며 $2f-3g$, fg의 정의역은 $[-1, \infty)\cap(-\infty, 3]=[-1, 3]$이며 $\frac{f}{g}$의 정의역은 $[-1, \infty)\cap(-\infty, 3)=[-1, 3)$이다. ■

두 집합 X와 Y에 대하여 X의 원소 x와 Y의 원소 y로 이루어진 순서쌍(ordered pair) (x, y) 전체의 집합을 $X \times Y$로 나타내고, 이것을 X와 Y의 곱집합 또는 데카르트 곱(Cartesian product)이라 한다. 일반적으로, 유한개의 집합 $X_1, \cdots, X_n$에 대하여 n순서 짝(ordered n-tuple)인 $(x_1, x_2, \cdots x_n)$ 전체의 집합을 $X_1, \cdots, X_n$의 데카르트 곱이라 하고, 이것을 $X_1 \times \cdots \times X_n$으로 나타낸다. 즉

$$X_1 \times \cdots \times X_n = \{(x_1, \cdots, x_n) \mid x_1 \in X_1, \cdots, x_n \in X_n\}.$$

특히, $X_1 = \cdots = X_n = X$일 때에는 $X \times \cdots \times X$를 간단히 X^n으로 나타낸다.

함수 $f : X \to Y$에 대하여 집합

$$\{(x, f(x)) \mid x \in X\}$$

를 이 함수의 그래프(graph)라 한다. 한편 각 순서쌍 $(x, f(x))$를 좌표평면 위의 점 $(x, f(x))$에 대응시켜 얻어지는 함수의 그래프는 좌표평면 위에 있는 점의 집합으로 나타낼 수 있다.

$f(x)=x^2$의 정의역은 실수 전체이므로 f의 그래프는 그림 1.1(a)와 같으며, 함수

$g(x)=\sqrt{x+1}$ 의 정의역은 $[-1, \infty)$이므로 g의 그래프는 그림 1.1(b)와 같다.

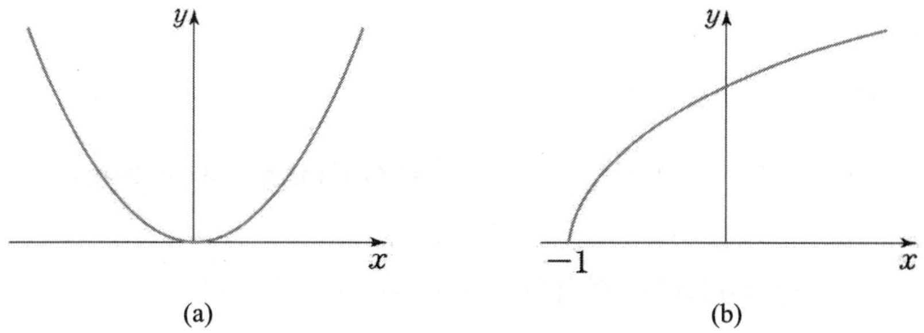

Ⅰ 그림 1-1 Ⅰ

$y=g(u)=u^3$과 $u=f(x)=x-1$라 할 때 함수 $y=(x-1)^3$은

$$y=g(u)=g(f(x))=(x-1)^3$$

로 나타낸다. 이런 표현을 다음과 같이 정의한다.

정의 1.1.4

함수 $f: X \to Y$, $g: Y \to Z$에 대하여 두 함수 f와 g를 결합하여 만든 함수 $h: X \to Z$를 $h(x)=g(f(x))$라 정의하고 이 함수 h를 f와 g의 **합성함수**(composite function)라 정의하고 $g \circ f$로 나타낸다.

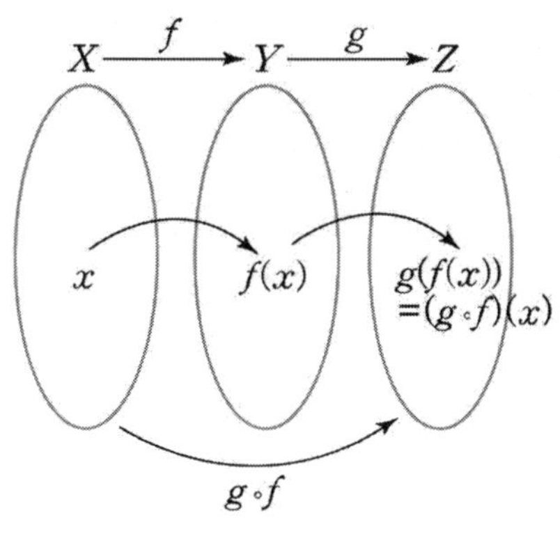

Ⅰ 그림 1-2 Ⅰ

합성함수 $g \circ f$의 정의역은 함수 f의 정의역의 부분집합이다.

예제 1.1.4 $f(x) = x^3 - 1$이고 $g(x) = 2x + 1$일 때 다음 값을 구하여라.

(1) $(f \circ g)(1)$ (2) $(g \circ f)(1)$ (3) $(f \circ f)(1)$

풀이 (1) $g(1) = 3$이므로 $(f \circ g)(1) = f(g(1)) = f(3) = 26$이다.

(2) $f(1) = 0$이므로 $(g \circ f)(1) = g(f(1)) = g(0) = 1$이다.

(3) $(f \circ f)(1) = f(f(1)) = f(0) = -1$이다. ■

예제 1.1.5 $f(x) = \dfrac{1}{x-1}$이고 $g(x) = x^2$일 때 $f \circ g$와 $g \circ f$의 정의역을 구하여라.

풀이 f의 정의역은 $\{x \in \mathbb{R} : x \neq 1\}$이고 g의 정의역은 모든 실수이다. $(f \circ g)(x) = f(g(x)) = \dfrac{1}{x^2 - 1}$이므로 $f \circ g$의 정의역은 $\{x \in \mathbb{R} : x \neq 1$ 이고 $x \neq -1\}$이다. $(g \circ f)(x) = g(f(x)) = \left(\dfrac{1}{x-1}\right)^2$이므로 $g \circ f$의 정의역은 $\{x \in \mathbb{R} : x \neq 1\}$이다. ■

정의 1.1.5

함수 $f : X \to Y$에 대하여

(1) $x_1 \neq x_2$일 때 $f(x_1) \neq f(x_2)$가 성립하면 함수 f를 **일대일 함수**(one to one function) 또는 **단사함수**(injection)라고 한다.

(2) $f(X) = Y$, 즉 공변역과 치역이 같을 때 함수 f를 **위로의 함수**(onto function) 또는 **전사함수**(surjection)라고 한다.

(3) 함수 f가 단사함수이면서 동시에 전사함수이면 함수 f를 **일대일 대응**(one to one correspondence) 또는 **전단사함수**(bijection)라고 한다.

예제 1.1.6 함수 $f : \mathbb{R} \to \mathbb{R}$이 $f(x) = x^3$로 정의되었을 때 임의의 $x_1, x_2 \in \mathbb{R}$에 대하여 $x_1 \neq x_2$이면 $x_1^3 \neq x_2^3$이므로 f는 단사함수이다. 또한 임의의 $y \in \mathbb{R}$에 대하여 $x = y^{\frac{1}{3}}$이라 하면 $x \in \mathbb{R}$이고 $f(x) = y$이므로 f는 전사함수이다. 따라서 함수 f는

전단사함수이다.

예제 1.1.7 함수 $f:\mathbb{R}\to\mathbb{R}$이 $f(x)=x^2+1$로 정의되었을 때 $f(1)=f(-1)$이므로 f는 단사함수가 아니다. 한편 f의 치역은 $f(R)=[1,\infty)$이므로 f는 전사함수도 아니다. 그러나 함수 f의 정의역을 $[0,\infty)$로 공변역을 $[1,\infty)$로 제한하면 $f:[0,\infty)\to[1,\infty)$ $f(x)=x^2+1$는 전단사함수가 된다.

정의 1.1.6

함수 $f:X\to Y$가 전단사함수일 때 다음을 만족하는 함수 $g:Y\to X$를 함수 f의 역함수(inverse function)라 하고 f^{-1}로 나타낸다.

$$g(y)=x \quad \Leftrightarrow \quad f(x)=y$$

함수 g가 함수 f의 역함수이면 모든 $x\in X$, $y\in Y$에 대하여

$$(g\circ f)(x)=x\text{와 }(f\circ g)(y)=y$$

를 만족한다.

함수 $f:X\to Y$가 전단사함수이면 f의 역함수 $f^{-1}:Y\to X$가 존재한다. 함수 f가 단사함수일 때도 다음과 같은 방법으로 역함수를 구한다.

함수 $f:X\to Y$가 단사함수일 때 함수 f의 역함수를 구하려면

(i) $f:X\to f(X)$로 공변역을 함수 f의 치역으로 제한하고
(ii) 정의역의 변수 x와 치역의 변수 y를 바꾸고
(iii) 이 식을 y에 대하여 정리하여 역함수를 구한다.

예제 1.1.8 함수 $f(x)=x^2-4$의 정의역이 $[0,\infty)$일 때 f의 역함수를 구하여라.

풀이 $f([0,\infty))=[-4,\infty)$이므로 $f:[0,\infty)\to[-4,\infty)$에서 전단사함수이다.

$y=x^2-4$라 하고 x와 y를 바꾸면 $x=y^2-4$이고 이를 y에 관하여 정리하면 $y^2=x+4$, 즉 $y=\sqrt{x+4}$가 된다. 그러므로 $f^{-1}(x)=\sqrt{x+4}$이다. ■

예제 1.1.9 함수 $y=\sin x$는 R 위에서 역함수를 갖는가?

풀이 함수 $y=\sin x$의 정의역은 $(-\infty, \infty)$이고 치역은 $[-1, 1]$이다. 그리고 $\sin(0)=\sin(\pi)$이므로 단사함수가 아니다. 그러므로 $y=\sin x$는 전단사함수가 아니므로 역함수를 갖지 않는다. ■

그러나 함수 $f(x)=\sin x$ 정의역을 $\left[-\frac{\pi}{2}, \frac{\pi}{2}\right]$ 공변역을 $[-1, 1]$로 제한하면 sine 함수의 역함수를 구할 수 있다.

또한 임의의 실수 x에 대하여 $(-x)^2=x^2$과 $(-x)^3=-x^3$이 성립하는 것을 알고 있다. 이러한 성질을 함수에 적용하여, 임의의 실수 x에 대하여

$$f(-x)=f(x)$$

를 만족하는 함수 f를 우함수(even function)라 하고,

$$f(-x)=-f(x)$$

를 만족하는 함수 f를 기함수(odd function)라 한다. 그러므로 $f(x)=x^2$은 우함수, $g(x)=x^3$은 기함수이다. 특히, 우함수의 그래프는 y축에 관하여 대칭이고 기함수의 그래프는 원점에 관하여 대칭임을 알 수 있다.

상수함수 $y=a_0$와 함수 $y=x$를 이용하여 유한 번의 덧셈, 뺄셈 그리고 곱셈을 반복하여

$$f(x)=a_n x^n+a_{n-1}x^{n-1}+\cdots+a_1 x+a_0$$

형태의 함수를 얻을 수 있으며, 이와 같은 함수를 다항함수(polynomial function)라고 한다. 특히 $a_n \neq 0$일 때 $f(x)$를 x에 관한 n차 다항함수라고 한다. 또한 두 다항함수 $f(x)$와 $g(x)$의 비로 나타낸 함수

$$\frac{f(x)}{g(x)} = \frac{a_n x^n + a_{n-1}x^{n-1} + \cdots + a_1 x + a_0}{b_m x^m + b_{m-1}x^{m-1} + \cdots + b_1 x + b_0}$$

를 **유리함수**(rational function), 그리고 x에 관한 무리식으로 표현되는 함수를 **무리함수**(irrational function)라 한다. 일반적으로 다항함수에 덧셈, 뺄셈, 곱셈, 나눗셈, 거듭제곱근 등을 유한번 시행하여 얻는 함수 또는 x에 관한 n차 방정식

$$y = a_n x^n + a_{n-1}x^{n-1} + \cdots + a_1 x + a_0, \ a_n \neq 0$$

의 해로 나타나는 함수를 **대수함수**(algebraic function)라 한다. 예를 들어

$$y = 5x^7 - \sqrt[3]{x^4} + \frac{x(x^2+1)}{\sqrt[5]{x} + x^3}$$

은 대수함수이다. 그리고 대수함수가 아닌 함수를 **초월함수**(transcendental function)라 하며, 대표적으로 지수함수, 로그함수, 삼각함수 그리고 쌍곡선함수 및 역삼각함수와 역쌍곡선함수 등이 초월함수의 예이다.

연습문제 1.1

01 다음 함수들의 정의역을 구하여라.

(1) $f(x) = \sqrt{x-5}$

(2) $f(x) = \sqrt{3-2x}$

(3) $f(x) = \sqrt{9-x^2}$

(4) $f(x) = \sqrt{x^2-1}$

(5) $f(x) = \sqrt[3]{x-4}$

(6) $f(x) = \sqrt[3]{1-x}$

(7) $f(x) = \dfrac{x+1}{x^2-3x+2}$

(8) $f(x) = \dfrac{1}{\sqrt{x^2-4}}$

02 $f(x) = \begin{cases} 1-2x, & x > 1 \\ x+1, & x \le 1 \end{cases}$ $\quad g(x) = \begin{cases} 2x, & x > 3 \\ -x^2, & x \le 3 \end{cases}$

로 정의할 때 다음을 구하여라.

(1) $(2f-3g)(2)$

(2) $(f \circ g)(5)$

(3) $(g \circ f)(-1)$

(4) $f(f(2))$

03 다음 함수가 단사함수인지를 확인하여라.

(1) $f(x) = x^2 - 7x + 10$

(2) $f(x) = x^5 + 1$

(3) $f(x) = (x-1)^3$

(4) $f(x) = x^3 + 2x$

(5) $f(x) = \dfrac{x}{x+1}$

(6) $f(x) = \dfrac{1}{x^2+4}$

04 다음 각 함수가 우함수인지 기함수인지 판정하여라.

(1) $f(x) = 3x^4 + 2x^2 - 1$

(2) $f(x) = 2x^5 + x$

(3) $f(x) = \dfrac{x^2}{|x|-1}$

(4) $f(x) = 3x + \dfrac{1}{x}$

1.2 역삼각함수

삼각함수는 전단사 함수가 아니므로 삼각함수의 역함수는 존재하지 않지만 삼각함수의 정의역과 공변역을 적당히 제한하여 전단사 함수가 되게 하면 역함수가 존재하게 된다. 이렇게 얻은 삼각함수의 역함수를 **역삼각함수**라 한다.

정의 1.2.1

$\left[-\frac{\pi}{2}, \frac{\pi}{2}\right]$을 정의역 $[-1, 1]$을 공변역으로 제한한 사인함수 $f(x) = \sin x$는 전단사 함수이므로 역함수 f^{-1}가 존재한다. 이를

$$f^{-1}(x) = \mathrm{Arcsin}\, x = \sin^{-1} x$$

로 정의한다. 즉

$$y = \sin^{-1} x,\ \ -1 \le x \le 1 \ \Leftrightarrow\ x = \sin y,\ \ -\frac{\pi}{2} \le y \le \frac{\pi}{2}$$

를 만족하며 이처럼 제한된 y 값을 $y = \sin^{-1} x$의 **주치(principal value)**라 한다.

$y = \sin^{-1} x$의 그래프는 $y = \sin x$의 그래프를 $y = x$에 관해 대칭시킨 그림 1-3과 같으며 다음을 만족한다.

$$x \in \left[-\frac{\pi}{2}, \frac{\pi}{2}\right] \text{이면 } \sin^{-1}(\sin x) = x$$

이고

$$x \in [-1, 1] \text{이면 } \sin(\sin^{-1} x) = x$$

이다.

예제 1.2.1 다음 값을 구하여라.

(1) $\sin^{-1}\left(-\frac{1}{2}\right)$ (2) $\sin^{-1}\left(\sin\left(\frac{3\pi}{4}\right)\right)$

풀이 (1) $\sin^{-1}\left(-\frac{1}{2}\right)=y$라 하면 $\sin y=-\frac{1}{2}$, $y\in\left[-\frac{\pi}{2}, \frac{\pi}{2}\right]$이므로 $y=-\frac{\pi}{6}$ 이다.

(2) $\sin^{-1}\left(\sin\left(\frac{3\pi}{4}\right)\right)=y$라 하면 $\sin\left(\frac{3\pi}{4}\right)=\frac{\sqrt{2}}{2}$이므로 $\sin y=\frac{\sqrt{2}}{2}$, $y\in\left[-\frac{\pi}{2}, \frac{\pi}{2}\right]$가 되므로 $y=\frac{\pi}{4}$가 된다. ■

같은 방법으로 코사인함수의 역함수를 다음과 같이 정의하자.

정의 1.2.2

$[0, \pi]$를 정의역으로 하고 공변역을 $[-1, 1]$으로 제한한 코사인함수 $f(x)=\cos x$의 역함수 f^{-1}를

$$f^{-1}(x)=\mathrm{Arccos}\,x=\cos^{-1}x$$

로 정의한다. 즉

$$y=\cos^{-1}x,\ -1\le x\le 1 \Leftrightarrow x=\cos y,\ 0\le y\le\pi$$

을 만족하며 $y=\cos^{-1}x$의 주치는 $[0, \pi]$의 원소가 된다. $y=\cos^{-1}x$의 그래프는 그림 1-4와 같다.

정의 1.2.3

$\left(-\frac{\pi}{2}, \frac{\pi}{2}\right)$를 정의역으로 하는 탄젠트함수 $f(x)=\tan x$의 역함수 f^{-1}을

$$f^{-1}(x)=\mathrm{Arctan}\,x=\tan^{-1}x$$

로 정의한다. 즉

$$y = \tan^{-1}x, \ -\infty < x < \infty \Leftrightarrow x = \tan y, \ -\frac{\pi}{2} < y < \frac{\pi}{2}$$

을 만족하며 $y = \tan^{-1}x$ 의 주치는 $\left(-\frac{\pi}{2}, \frac{\pi}{2}\right)$의 원소가 된다.

$y = \tan^{-1}x$ 의 그래프는 그림 1-5과 같다.

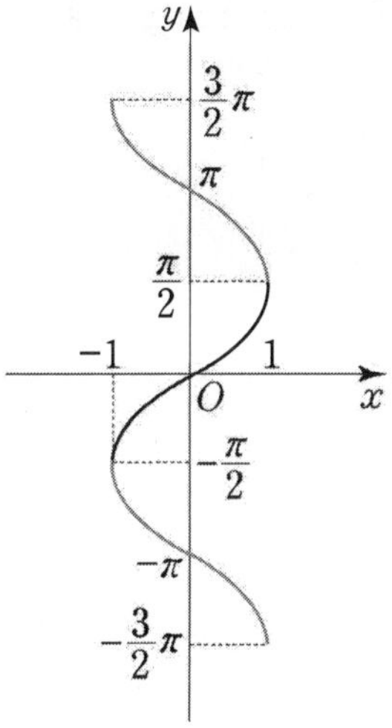

$y = \sin^{-1}x$

| 그림 1-3 |

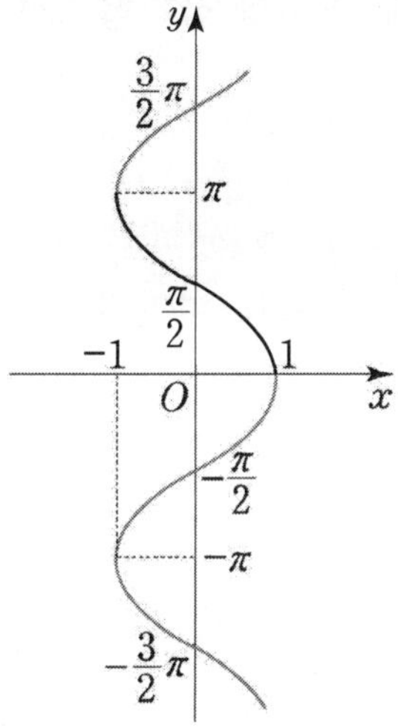

$y = \cos^{-1}x$

| 그림 1-4 |

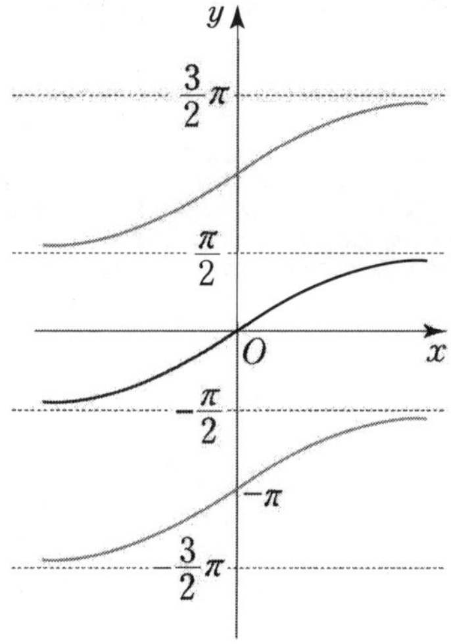

$y = \tan^{-1}x$

| 그림 1-5 |

앞으로 역삼각함수에서는 특별한 언급이 없는 한, 모두 주치만 생각하는 것으로 한다.

예제 1.2.2 $[-1, 1]$에 속하는 각 x에 대하여 $\cos(\sin^{-1}x) = \sqrt{1-x^2}$ 임을 보여라.

풀이 $t = \sin^{-1}x$라고 놓으면 $x = \sin t$이고 $t \in \left[-\frac{\pi}{2}, \frac{\pi}{2}\right]$이다. $\sin^2 t + \cos^2 t = 1$에서 $\cos^2 t = 1 - \sin^2 t = 1 - x^2$. 즉, $\cos t = \pm\sqrt{1-x^2}$를 만족한다. 그런데 $t \in \left[-\frac{\pi}{2}, \frac{\pi}{2}\right]$이면 $\cos t \geq 0$이므로

$$\cos(\sin^{-1}x) = \cos t = \sqrt{1-x^2}$$

이다. ■

예제 1.2.3 다음 값을 구하여라.

$$\cos\left(\tan^{-1}\frac{5}{12}\right)$$

풀이 삼각형을 이용하여 값을 구하자. $\tan^{-1}\frac{5}{12}=x$라 하면 $\tan x=\frac{5}{12}$이고 $\cos\left(\tan^{-1}\frac{5}{12}\right)=\cos x$이 된다. 그러므로 그림 1-6의 삼각형에서 $\cos x=\frac{12}{13}$이다. ■

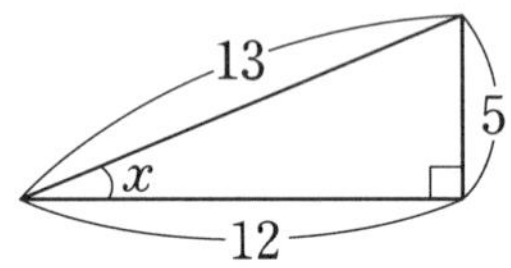

Ⅰ 그림 1-6 Ⅰ

예제 1.2.4 $\sin^{-1}\frac{1}{3}+\cos^{-1}\frac{1}{3}$의 값을 구하여라.

풀이 $\sin^{-1}\frac{1}{3}=x$이고 $\cos^{-1}\frac{1}{3}=y$라 하면 $0\le x, y\le\frac{\pi}{2}$, $\sin x=\frac{1}{3}$이고 $\cos y=\frac{1}{3}$이다. 한편

$$\begin{aligned}\sin\left(\sin^{-1}\frac{1}{3}+\cos^{-1}\frac{1}{3}\right)&=\sin(x+y)\\&=\sin x\cos y+\cos x\sin y\end{aligned}$$

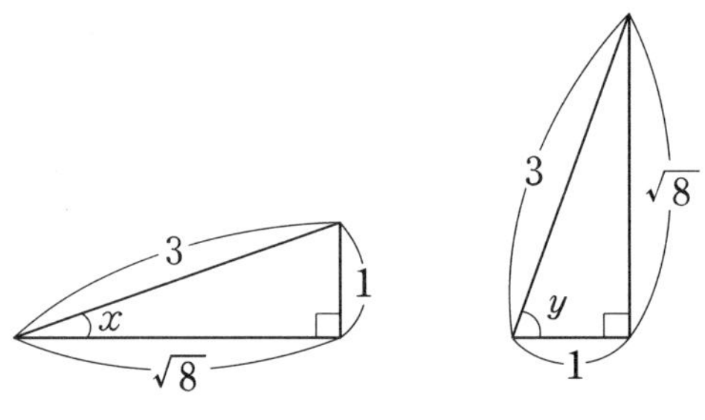

Ⅰ 그림 1-7 Ⅰ

이므로 그림 1-7의 삼각형을 이용하면 $\sin y=\frac{\sqrt{8}}{3}$와 $\cos x=\frac{\sqrt{8}}{3}$이 된다. 그러므로

$$\sin\left(\sin^{-1}\frac{1}{3}+\cos^{-1}\frac{1}{3}\right)=\frac{1}{3}\cdot\frac{1}{3}+\frac{\sqrt{8}}{3}\cdot\frac{\sqrt{8}}{3}=1$$

이므로 $\sin^{-1}\frac{1}{3}+\cos^{-1}\frac{1}{3}=\frac{\pi}{2}$ 이다. ■

다른 삼각함수에 대한 역함수도 같은 방법으로 생각할 수 있다. 각 함수의 정의구역을 다음과 같이 제한하면,

$$y=\cot x,\ x\in(0,\pi)$$
$$y=\sec x,\ x\in\left[0,\frac{\pi}{2}\right)\cup\left[\pi,\frac{3\pi}{2}\right)$$
$$y=\csc x,\ x\in\left(0,\frac{\pi}{2}\right]\cup\left(\pi,\frac{3\pi}{2}\right]$$

이들의 역함수는 다음과 같다.

$$y=\cot^{-1}x,\ x\in(-\infty,\infty)$$
$$y=\sec^{-1}x,\ x\in(-\infty,-1]\cup[1,\infty)$$
$$y=\csc^{-1}x,\ x\in(-\infty,-1]\cup[1,\infty)$$

secant함수의 정의역을 $\left[0,\frac{\pi}{2}\right)\cup\left(\frac{\pi}{2},\pi\right]$ 대신 $\left[0,\frac{\pi}{2}\right)\cup\left[\pi,\frac{3\pi}{2}\right)$로 택한 이유는 secant함수의 역함수에 대한 미분 공식의 적용이 편리하기 때문이다.

예제 1.2.5 다음 등식이 성립함을 보여라.

$$\tan(\sec^{-1}x)=\sqrt{x^2-1}$$

풀이 $\sec^{-1}x=t$라 하면 $t\in\left[0,\frac{\pi}{2}\right)\cup\left[\pi,\frac{3\pi}{2}\right)$ 이므로 $\tan(\sec^{-1}(x))=\tan t\geq 0$을 만족한다. $\sec^2 t=\tan^2 t+1$이므로

$$\tan t=\sqrt{\sec^2 t-1}=\sqrt{x^2-1}$$

가 된다. ■

연습문제 1.2

01 다음 값을 구하여라.

(1) $\sin^{-1}\left(\frac{\sqrt{2}}{2}\right)$

(2) $\cos^{-1}\left(-\frac{1}{2}\right)$

(3) $\tan^{-1}\left(-\frac{1}{\sqrt{3}}\right)$

(4) $\sec^{-1}(-\sqrt{2})$

(5) $\sin^{-1}(\sin 5)$

(6) $\cos^{-1}(\cos 9)$

(7) $\sin\left(\cos^{-1}\frac{\sqrt{3}}{2}\right)$

(8) $\cos\left(\sin^{-1}\frac{4}{5}\right)$

(9) $\tan\left(\cos^{-1}\frac{2}{3}\right)$

(10) $\sec\left(\tan^{-1}\frac{4}{3}\right)$

02 다음 등식이 성립함을 증명하여라.

(1) $\cos(2\sin^{-1}x) = 1 - 2x^2$

(2) $\sin(\cos^{-1}x) = \sqrt{1-x^2}$

(3) $\cos(\tan^{-1}x) = \frac{1}{\sqrt{1+x^2}}$

(4) $\tan(\sin^{-1}x) = \frac{x}{\sqrt{1-x^2}}$

03 다음 등식이 성립함을 증명하여라.

(1) $\sin^{-1}(-x) = -\sin^{-1}x$

(2) $\cos^{-1}(-x) = \pi - \cos^{-1}x$

(3) $2\cos^{-1}x = \cos^{-1}(2x^2-1)$ $(0 \le x \le 1)$

1.3 쌍곡선함수와 역함수

지수함수를 적절히 결합하여 삼각함수와 비슷한 성질을 가지는 **쌍곡선함수**(hyperbolic function)는 다음과 같이 정의한다.

정의 1.3.1

쌍곡선 사인(hyperbolic sine)함수와 쌍곡선 코사인(hyperbolic cosine)함수는 각각 다음과 같이 정의한다.

$$\sinh x = \frac{1}{2}(e^{x} - e^{-x}), \quad \cosh x = \frac{1}{2}(e^{x} + e^{-x})$$

이 함수들은 각각 하이퍼볼릭 사인함수, 하이퍼볼릭 코사인함수라고 읽고, 각각의 그래프는 그림 1-8와 같다.

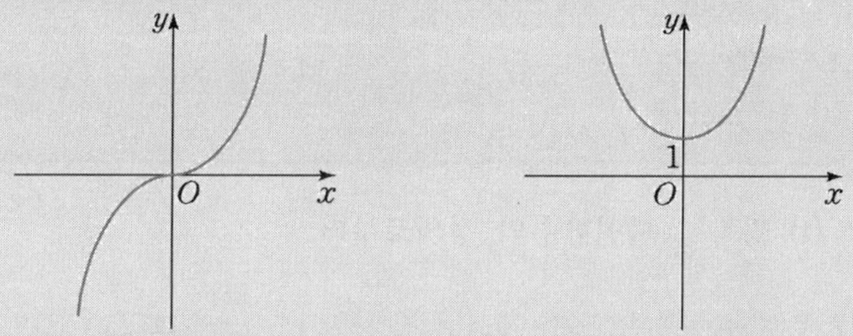

(a) $y = \sinh x$ (b) $y = \cosh x$

I 그림 1-8 I

이 쌍곡선 사인, 쌍곡선 코사인함수를 이용하여 삼각함수와 유사한 다음 쌍곡선함수들을 정의한다. 각각의 그래프는 그림 1-9과 같다.

(a) $\tanh x = \dfrac{\sinh x}{\cosh x} = \dfrac{e^{x} - e^{-x}}{e^{x} + e^{-x}}$

(b) $\coth x = \dfrac{1}{\tanh x} = \dfrac{\cosh x}{\sinh x} = \dfrac{e^{x} + e^{-x}}{e^{x} - e^{-x}}$

(c) $\operatorname{csch} x = \dfrac{1}{\sinh x} = \dfrac{2}{e^{x} - e^{-x}}$

(d) $\operatorname{sech} x = \dfrac{1}{\cosh x} = \dfrac{2}{e^{x} + e^{-x}}$

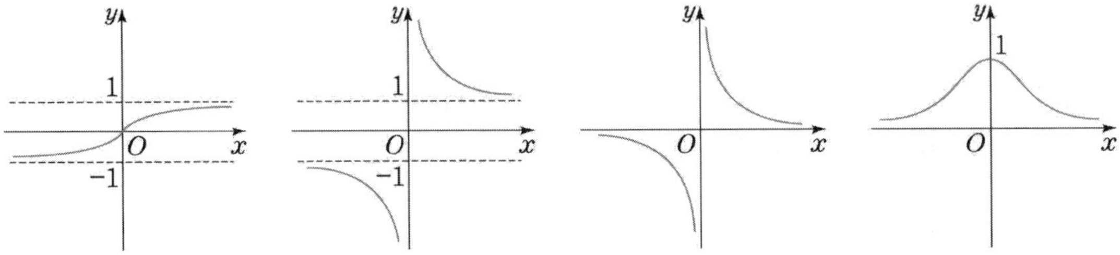

(a) $y = \tanh x$ (b) $y = \coth x$ (c) $y = \operatorname{csch} x$ (d) $y = \operatorname{sech} x$

| 그림 1-9 |

쌍곡선함수의 정의로부터 각각의 쌍곡선함수는 기함수 또는 우함수가 된다.

정리 1.3.1

(1) $\sinh(-x) = -\sinh x$

(2) $\cosh(-x) = \cosh x$

(3) $\tanh(-x) = -\tanh x$

증명 (1) 쌍곡선 사인함수의 정의로부터

$$\begin{aligned}\sinh(-x) &= \frac{e^{(-x)} - e^{-(-x)}}{2} = \frac{e^{-x} - e^{x}}{2} \\ &= -\frac{e^{x} - e^{-x}}{2} = -\sinh x\end{aligned}$$

가 성립한다.

(2)와 (3)은 (1)과 유사하게 증명할 수 있다. ■

쌍곡선함수들의 정의로부터 삼각함수들 사이의 항등식과 유사한 공식을 유도할 수 있다.

정리 1.3.2

(1) $\cosh^2 x - \sinh^2 x = 1$

(2) $\tanh^2 x + \operatorname{sech}^2 x = 1$

(3) $\coth^2 x - \operatorname{csch}^2 x = 1$

증명 (1) $\cosh^2 x - \sinh^2 x = \left[\frac{1}{2}(e^x + e^{-x})\right]^2 - \left[\frac{1}{2}(e^x - e^{-x})\right]^2$

$$= \frac{1}{4}(e^{2x} + 2 + e^{-2x}) - \frac{1}{4}(e^{2x} - 2 + e^{-2x}) = 1$$

이 성립한다. ■

예제 1.3.1 다음 공식을 증명하여라.

(1) $\sinh(x+y) = \sinh x \cosh y + \cosh x \sinh y$

(2) $\sinh x + \cosh x = e^x$

풀이 (1) $\sinh x \cosh y + \cosh x \sinh y$

$$= \frac{e^x - e^{-x}}{2} \cdot \frac{e^y + e^{-y}}{2} + \frac{e^x + e^{-x}}{2} \cdot \frac{e^y - e^{-y}}{2}$$

$$= \frac{2e^x e^y - 2e^{-x}e^{-y}}{4} = \sinh(x+y).$$

(2) $\sinh x + \cosh x = \frac{e^x - e^{-x}}{2} + \frac{e^x + e^{-x}}{2} = e^x$ ■

삼각함수와 단위원 $x^2 + y^2 = 1$과 밀접한 관계가 있듯이 쌍곡선함수와 쌍곡선 $x^2 - y^2 = 1$과 밀접한 관계가 있다. 아래 그림 1-10에서 $0 < t < \frac{\pi}{2}$이고 A를 단위원의 호 POB의 넓이라 하면 쌍곡선 위의 POB의 영역의 넓이도 A이며 이때 $t = 2A$를 만족한다.

쌍곡선 사인함수와 쌍곡선 탄젠트함수는 실수 위에서 전사 함수이므로 역함수가 존재한다. 쌍곡선 코사인함수는 역삼각함수를 구할 때와 마찬가지로 정의역을 $[0, \infty)$로 제한하여 역함수를 구한다.

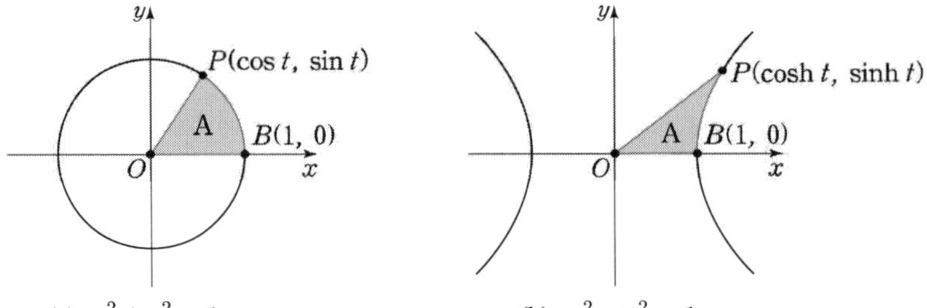

(a) $x^2+y^2=1$ (b) $x^2-y^2=1$

Ⅰ 그림 1-10 Ⅰ

$$
\begin{array}{llcll}
y=\sinh^{-1}x & x\in R & \Leftrightarrow & x=\sinh y & y\in R \\
y=\cosh^{-1}x & x\geq 1 & \Leftrightarrow & x=\cosh y & y\geq 0 \\
y=\tanh^{-1}x & -1<x<1 & \Leftrightarrow & x=\tanh y & y\in R
\end{array}
$$

쌍곡선함수는 e^x와 e^{-x}에 의해 정의되므로 쌍곡선함수의 역함수는 자연로그를 써서 다음 정리와 같이 나타낼 수 있다.

정리 1.3.3

쌍곡선함수의 역함수는 다음과 같다.

(1) $\sinh^{-1}x = \ln(x+\sqrt{x^2+1})$

(2) $\cosh^{-1}x = \ln(x+\sqrt{x^2-1})$, $(x\geq 1)$

(3) $\tanh^{-1}x = \dfrac{1}{2}\ln\dfrac{1+x}{1-x}$, $(-1<x<1)$

증명 (1) $y=\sinh^{-1}x$라 하면

$$x=\sinh y=\frac{e^y-e^{-y}}{2}$$

가 된다. 이 식의 양변에 $2e^y$을 곱하여 정리하면

$$(e^y)^2-2xe^y-1=0$$

이고 이를 e^y에 대하여 풀면

$$e^y = x \pm \sqrt{x^2+1}$$

이다. 여기서 e^y은 항상 양이므로 양수 $x+\sqrt{x^2+1}$에 자연로그를 취하면 $y=\ln(x+\sqrt{x^2+1})$이 성립한다. ■

예제 1.3.2 $0 < x \le 1$일 때 $\operatorname{sech}^{-1}x = \ln\left(\frac{1+\sqrt{1-x^2}}{x}\right)$임을 보여라.

풀이 $f(x)=\operatorname{sech}x$는 전단사 함수가 아니므로 역함수가 존재하도록 정의역은 $[0, \infty)$ 공변역을 $(0, 1]$로 제한하자. 그러면 $f(x)$의 역함수가 존재한다. $y=\operatorname{sech}^{-1}x$라 하면 $y \ge 0$을 만족한다. 또한

$$x = \operatorname{sech}y = \frac{2}{e^y+e^{-y}}$$

가 된다. 이 식의 양변에 e^y을 곱하여 정리하면

$$x(e^y)^2 - 2e^y + x = 0$$

이고, 이를 e^y에 대하여 풀면

$$e^y = \frac{1 \pm \sqrt{1-x^2}}{x}$$

가 된다. $0 < x \le 1$일 때 $0 < \frac{1-\sqrt{1-x^2}}{x} \le 1$이므로

$$e^y = \frac{1+\sqrt{1-x^2}}{x}$$

을 만족하여

$$y = \operatorname{sech}^{-1}x = \ln\left(\frac{1+\sqrt{1-x^2}}{x}\right)$$

이다. ■

연습문제 1.3

01 다음 공식을 증명하여라.

(1) $\tanh^2 x + \operatorname{sech}^2 x = 1$

(2) $\coth^2 x - \operatorname{csch}^2 x = 1$

(3) $\cosh(x+y) = \cosh x \cosh y + \sinh x \sinh y$

(4) $\tanh(x+y) = \dfrac{\tanh x + \tanh y}{1 + \tanh x \tanh y}$

02 다음을 증명하여라.

(1) $\cosh^{-1} x = \ln\left(x + \sqrt{x^2 - 1}\right),\ (x \ge 1)$

(2) $\tanh^{-1} x = \dfrac{1}{2}\ln\dfrac{1+x}{1-x},\ (-1 < x < 1)$

(3) $\coth^{-1} x = \dfrac{1}{2}\ln\dfrac{x+1}{x-1},\ (x^2 > 1)$

(4) $\cosh(\sinh^{-1} x) = \sqrt{1+x^2}$

03 $\tanh a = \dfrac{3}{5}$일 때 $\operatorname{sech} a$와 $\sinh a$의 값을 구하여라.

1.4 함수의 극한

함수의 극한의 개념은 미분적분학 이론의 토대가 되는 중요한 개념이다. 먼저 함수의 극한에 대한 정의를 직관적으로 이해하자.

$x=1$에서 정의되지 않는 두 함수 $f(x)=\dfrac{x^2-1}{x-1}$에 대하여 $x=1$ 근방에서의 함수 f의 변화를 조사해 보자.

1에 가까운 x의 값에 대한 $f(x)$값은 표 1-1과 같다.

x	$f(x)$	x	$f(x)$
0	1	2.0	2
0.5	1.5	1.5	2.5
0.9	1.9	1.1	2.1
0.99	1.99	1.01	2.01
0.999	1.999	1.001	2.001
0.9999	1.9999	1.0001	2.0001

| 표 1-1 |

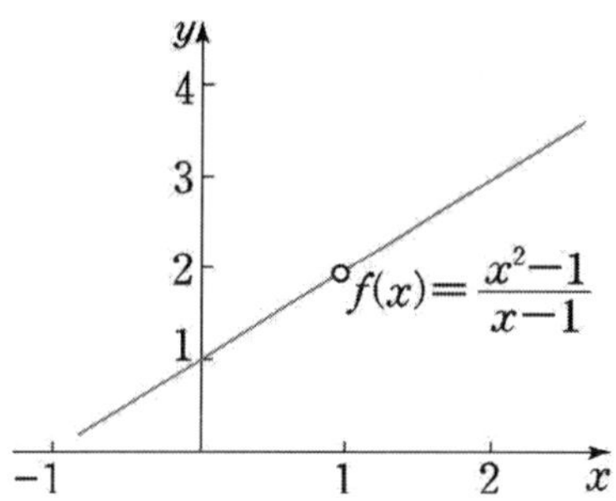

| 그림 1-11 |

표 1-1과 그림 1-11의 그래프로부터 x가 1에 가까워질수록(어느 쪽으로든) $f(x)$는 2에 가까워짐을 알 수 있다. 실제로 x를 1에 충분히 가깝게 잡으면 $f(x)$의 값을 원하는 만큼 1에 가깝게 잡을 수 있을 것으로 보인다. 이러한 뜻에서 "x가 1에 접근함에 따라 함수 $f(x)$의 극한값은 2이다"라 하고

$$\lim_{x\to 1}\frac{x^2-1}{x-1}=2$$

로 표기한다. 극한의 정확한 정의는 다음과 같다.

정의 1.4.1

$x \neq a$이며 x가 a에 충분히 가깝게 접근할 때 $f(x)$의 함숫값이 유한 실수인 L에 한없이 가까워지면 함수 $f(x)$의 $x=a$에서의 극한(limit)을 L이라 하고,

$$x \to a \text{일 때 } f(x) \to L \text{ 또는 } \lim_{x \to a} f(x) = L$$

로 나타낸다.

위의 정의에서 "x가 a에 한없이 가까워진다"는 것은 $x \neq a$임을 나타낸다는 것이므로 $x=a$는 결코 아니다. 따라서 함수 $f(x)$는 $x=a$에서 정의되지 않아도 무방하고, $f(a) \neq L$이어도 문제되지 않는다. 다음 그림 1-12(a)와 (b)는 $f(x)$가 $x=a$에서 정의될 때 (a)는 $f(a) \neq L$이고 (b)는 $f(a)=L$이고 (c)는 $f(x)$가 $x=a$에서 정의되지는 않지만 $\lim_{x \to a} f(x) = L$인 경우를 나타낸다.

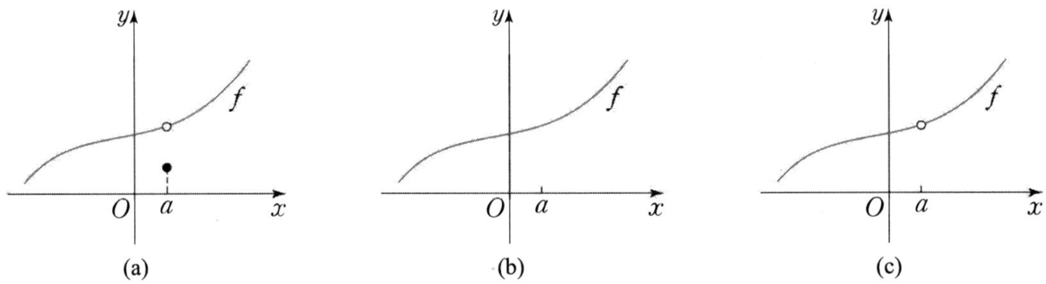

I 그림 1-12 I

예제 1.4.1 $\lim_{x \to -1}(2x+3)$를 구하여라.

풀이 x가 -1에 가까워질수록 $2x+3$는 1에 가까워짐을 알 수 있다. 그러므로 $\lim_{x \to -1}(2x+3)=1$이다. ■

함수

$$f(x) = \begin{cases} \dfrac{x}{|x|}, & x \neq 0 \\ 0, & x = 0 \end{cases}$$

의 그래프인 그림 1-13을 보면 $x=0$에서 극한이 존재하지 않는다. x축 위의 점들을 0의 근방에서 한없이 0에 가까이 접근시킬 때 x가 점 0의 우측방향에서 0에 접근할 때와 좌측방향에서 0에 접근할 때의 함숫값 $f(x)$의 접근하는 값이 달라짐을 알 수 있다. 실제로, x가 점 0의 우측방향에서 0에 접근하면 함숫값 $f(x)$는 1에 접근하고, x가 점 0의 좌측방향에서 0에 접근하면 함숫값 $f(x)$는 -1에 접근한다. 이러한 뜻에서 함수 f의 $x=0$에서의 우측극한값은 1이고 좌측극한값은 -1이라 한다. 그러나 x가 0에 접근하는 방향에 따라 함숫값 $f(x)$가 접근하는 값이 달라지므로 함수 f의 $x=0$에서의 극한값은 존재하지 않는다.

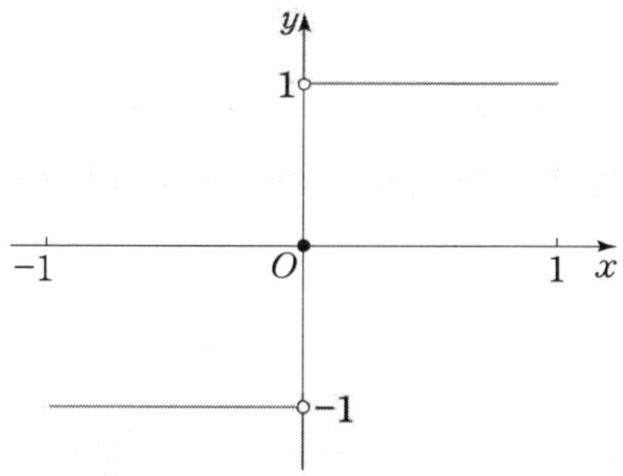

Ⅰ 그림 1-13 Ⅰ

이제 a의 왼쪽 또는 a의 오른쪽에서 x가 a에 접근하는 경우를 생각해보자. 이 방향에 따라서 두 가지 극한을 정의하면 다음과 같다.

정의 1.4.2

a보다 작으면서 a에 충분히 가까워지는 x에 대하여 $f(x)$가 어떤 유한한 값 L에 충분히 가까워진다면

$$\lim_{x \to a^-} f(x) = L$$

로 나타내고, L을 $x=a$에서 $f(x)$의 **좌극한(left-hand limit)**이라 한다.
또한 a보다 크면서 a에 충분히 가까워지는 x에 대하여 $f(x)$가 어떤 유한한 값 L에 충분히 가까워진다면

$$\lim_{x \to a^+} f(x) = L$$

로 나타내고, L 을 $x=a$에서 $f(x)$의 우극한(right-hand limit)이라 한다. 이때 $x \to a^-$ 는 x가 a의 왼쪽에서 접근하는 것을 $x \to a^+$ 는 x가 a의 오른쪽에서 접근하는 것을 의미한다. 따라서 $\lim_{x \to 0^-} \frac{x}{|x|} = -1$이고 $\lim_{x \to 0^+} \frac{x}{|x|} = 1$이 된다.

함수의 극한에 관한 기본 연산 정리는 다음과 같으며 정리의 증명은 해석학에서 다룰 것이다.

정리 1.4.1

k가 상수이고 n은 양의 정수라 하자. 극한 $\lim_{x \to a} f(x)$, $\lim_{x \to a} g(x)$가 존재하면 다음 식을 만족한다.

(1) (합·차의 법칙) $\lim_{x \to a}[f(x) \pm g(x)] = \lim_{x \to a} f(x) \pm \lim_{x \to a} g(x)$ (복호동순)

(2) (곱의 법칙) $\lim_{x \to a}[f(x) \cdot g(x)] = \lim_{x \to a} f(x) \cdot \lim_{x \to a} g(x)$

(3) (몫의 법칙) $\lim_{x \to a} g(x) \neq 0$이면, $\lim_{x \to a}\left[\frac{f(x)}{g(x)}\right] = \frac{\lim_{x \to a} f(x)}{\lim_{x \to a} g(x)}$

(4) (상수배의 법칙) $\lim_{x \to a}[k \cdot f(x)] = k \cdot \lim_{x \to a} f(x)$

(5) (거듭제곱의 법칙) $\lim_{x \to a}[f(x)]^n = [\lim_{x \to a} f(x)]^n$

(6) (제곱근의 법칙) $\lim_{x \to a} \sqrt[n]{f(x)} = \sqrt[n]{\lim_{x \to a} f(x)}$ (단 n이 짝수이면 $\lim_{x \to a} f(x) > 0$)

예제 1.4.2 다음의 극한을 구하여라.

(1) $\lim_{x \to -1} (2x^3+1)(x+5)$ (2) $\lim_{x \to 3} \frac{x^2-x+1}{2x+1}$ (3) $\lim_{x \to 2} \sqrt{\frac{x+1}{x-1}}$

풀이 (1) $\lim_{x \to -1}(2x^3+1)(x+5) = \lim_{x \to -1}(2x^3+1) \lim_{x \to -1}(x+5)$

$= [2 \cdot (-1)^3 + 1](-1+5)$

$= -4.$

(2) 분모의 극한이 0이 아니므로

$$\lim_{x\to3}\frac{x^2-x+1}{2x+1}=\frac{\lim\limits_{x\to3}(x^2-x+1)}{\lim\limits_{x\to3}(2x+1)}=\frac{3^2-3+1}{(2\cdot3+1)}=\frac{7}{7}=1.$$

(3) $\lim\limits_{x\to2}\frac{x+1}{x-1}=3>0$이므로 $\lim\limits_{x\to2}\sqrt{\frac{x+1}{x-1}}=\sqrt{3}$이다. ■

다음과 같이 분자와 분모의 극한이 모두 0인 함수의 극한을 구하여 보자.

예제 1.4.3 다음 극한값을 구하여라.

(1) $\lim\limits_{x\to4}\frac{x^2-16}{\sqrt{x}-2}$ (2) $\lim\limits_{h\to0}\frac{\sqrt{4+h}-2}{h}$

풀이 위의 문제들은 분모의 극한이 0이 되므로 위의 정리 (3)을 이용할 수 없다.

(1) $x\to4$이므로 $x\neq4$이고, 따라서 $x\neq4$이면 다음 등식이 성립한다.

$$\frac{x^2-16}{\sqrt{x}-2}=\frac{(x+4)(\sqrt{x}+2)(\sqrt{x}-2)}{\sqrt{x}-2}=(x+4)(\sqrt{x}+2)$$

그러므로

$$\begin{aligned}\lim_{x\to4}\frac{x^2-16}{\sqrt{x}-2}&=\lim_{x\to4}(x+4)(\sqrt{x}+2)\\&=\lim_{x\to4}(x+4)\lim_{x\to4}(\sqrt{x}+2)=8\cdot4=32\end{aligned}$$

이다.

(2) $h\to0$이므로 $h\neq0$이고, 따라서 $h\neq0$이면 다음 등식이 성립한다.

$$\frac{\sqrt{4+h}-2}{h}=\frac{(\sqrt{4+h}-2)\sqrt{(4+h}+2)}{h(\sqrt{4+h}+2)}=\frac{1}{\sqrt{4+h}+2}$$

그러므로

$$\lim_{h \to 0} \frac{\sqrt{4+h}-2}{h} = \lim_{h \to 0} \frac{1}{\sqrt{4+h}+2} = \frac{1}{4}$$

이다. ■

정리 1.4.2

만일 $\lim_{x \to a} f(x) = L$ (단 $L \neq 0$)이고 $\lim_{x \to a} g(x) = 0$이면 $\lim_{x \to a} \frac{f(x)}{g(x)}$는 존재하지 않는다.

증명 $\lim_{x \to a} \frac{f(x)}{g(x)} = M$이라 가정하자.

$$\begin{aligned} L = \lim_{x \to a} f(x) &= \lim_{x \to a} \left[\frac{f(x)}{g(x)} \cdot g(x) \right] \\ &= \lim_{x \to a} \frac{f(x)}{g(x)} \cdot \lim_{x \to a} g(x) = M \cdot 0 = 0 \end{aligned}$$

이므로 이는 $L \neq 0$이라는 가정에 모순이다. 그러므로 $\lim_{x \to a} \frac{f(x)}{g(x)}$는 존재하지 않는다. ■

예제 1.4.4 다음 극한이 존재하면 극한을 구하여라.

(1) $\lim_{x \to 2} \frac{x^2+3x+2}{x-2}$ (2) $\lim_{x \to -1} \frac{x^2-3x-4}{x+1}$

풀이 (1) $\lim_{x \to 2} (x^2+3x+2) = 12 \neq 0$이고 $\lim_{x \to 2} (x-2) = 0$이므로 정리 1.4.2에 의하여 $\lim_{x \to 2} \frac{x^2+3x+2}{x-2}$이 존재하지 않는다.

(2) $\frac{x^2-3x-4}{x+1} = \frac{(x-4)(x+1)}{(x+1)} = x-4$이므로

$$\lim_{x \to -1} \frac{x^2-3x-4}{x+1} = \lim_{x \to -1} (x-4) = -5$$

이다. ■

정리 1.4.3

조임정리

만일 a를 포함하는 개구간에 대하여 $x \neq a$를 만족하는 모든 개구간의 점 x에서 $f(x) \leq g(x) \leq h(x)$이고 $\lim_{x \to a} f(x) = \lim_{x \to a} h(x) = L$이면 $\lim_{x \to a} g(x) = L$이다.

예제 1.4.5 함수 $f(x) = \begin{cases} x^2, & x\text{가 유리수} \\ 0, & x\text{가 무리수} \end{cases}$일 때 $\lim_{x \to 0} f(x)$를 구하여라.

풀이 $|x| < 1$에 대하여 $0 \leq f(x) \leq x^2$을 만족한다. 또한 $\lim_{x \to 0} x^2 = 0$이므로 정리 1.4.3에 의하여 $\lim_{x \to 0} f(x) = 0$이다. ■

삼각함수의 극한값에 대하여 알아보자.

정리

다음의 극한이 성립한다.

(1) $\lim_{x \to 0} \sin x = 0$　　(2) $\lim_{x \to 0} \cos x = 1$

증명 (1) 먼저 $0 < x < \frac{\pi}{2}$라 하자. 그림 1-14과 같이 원점이 중심이고 반지름이 1인 원에서 길이가 x인 원호 DA를 작도한 후 $\overline{OA}$에 수직인 수선 $\overline{DB}$를 그리면 $\overline{DB}$의 길이는 $\sin x$이며 $0 < \sin x < x$을 만족한다. 따라서 $\lim_{x \to 0^+} \sin x = 0$이다.

한편 $-\frac{\pi}{2} < x < 0$이면 $t = -x$라 놓으면 $0 < t < \frac{\pi}{2}$가 되며 $0 < \sin t < t$를 만족한다.

즉, $0 < \sin(-x) = -\sin x < -x$가 되므로 $x < \sin x < 0$을 만족하며 정리 1.4.4에 의하여 $\lim_{x \to 0^-} \sin x = 0$이다. 그러므로 $\lim_{x \to 0} \sin x = 0$

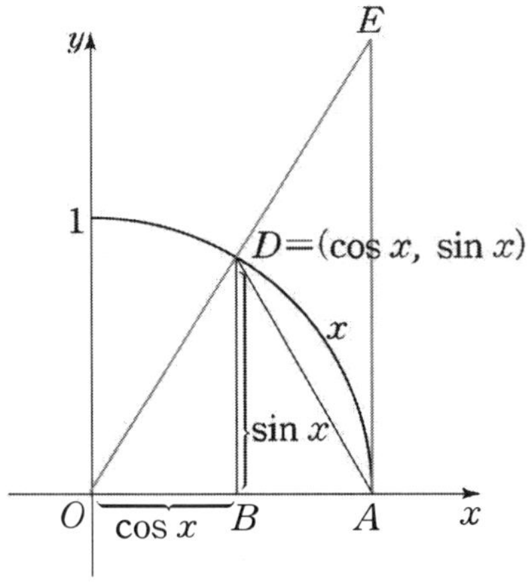

Ⅰ 그림 1-14 Ⅰ

(2) $-\frac{\pi}{2} < x < \frac{\pi}{2}$라 하면 $\cos x \geq 0$이므로 $\sin^2 x + \cos^2 x = 1$로부터 $\cos x = \sqrt{1-\sin^2 x}$가 된다. 따라서 정리 1.4.1과 정리 1.4.4로부터

$$\lim_{x\to 0} \cos x = \lim_{x\to 0} \sqrt{1-\sin^2 x} = \sqrt{\lim_{x\to 0}(1-\sin^2 x)} = 1$$

이다. ■

예제 1.4.6 다음이 성립함을 보여라.

(1) $\lim_{x\to 0} \frac{\sin x}{x} = 1$ (2) $\lim_{x\to 0} \frac{1-\cos x}{x} = 0$

풀이 (1) 먼저 $0 < x < \frac{\pi}{2}$라 하자. 그림 1-14에서

$$\triangle DOB\text{의 넓이} < \widehat{DOA}\text{ 의 넓이} < \triangle EOA\text{의 넓이} \quad \cdots\cdots ①$$

이고, $\overline{OB} = \cos x$, $\overline{EA} = \tan x$이므로 이것을 ①에 대입하여 정리하면

$$\frac{1}{2}\cos x \cdot \sin x < \frac{x}{2} < \frac{\tan x}{2}$$

이다. 양변에 $\frac{2}{\sin x}$를 곱하고 역수를 취하면

$$\frac{1}{\cos x} > \frac{\sin x}{x} > \cos x$$

이다. x가 0의 우측에서 접근할 때 극한을 취하면

$$1 = \lim_{x \to 0+} \frac{1}{\cos x} \geq \lim_{x \to 0+} \frac{\sin x}{x} \geq \lim_{x \to 0+} \cos x = 1$$

이 성립한다. 따라서 $\lim_{x \to 0+} \frac{\sin x}{x} = 1$이다. $-\frac{\pi}{2} < x < 0$인 경우 (1)과 같은 방법으로 $t = -x$라 하면

$$\lim_{x \to 0-} \frac{\sin(-t)}{-t} = \lim_{t \to 0+} \frac{-\sin t}{-t} = \lim_{t \to 0+} \frac{\sin t}{t} = 1$$

이 성립한다.

(2) $$\frac{1-\cos x}{x} = \frac{1-\cos x}{x} \cdot \frac{1+\cos x}{1+\cos x}$$

$$= \frac{1-\cos^2 x}{x(1+\cos x)}$$

$$= \frac{\sin x}{x} \cdot \frac{\sin x}{1+\cos x}$$

이므로

$$\lim_{x \to 0} \frac{1-\cos x}{x} = \lim_{x \to 0}\left(\frac{\sin x}{x} \cdot \frac{\sin x}{1+\cos x}\right)$$

$$= \lim_{x \to 0} \frac{\sin x}{x} \lim_{x \to 0} \frac{\sin x}{1+\cos x}$$

$$= \lim_{x \to 0} \frac{\sin x}{x} \lim_{x \to 0} \frac{\sin x}{1+\cos x}$$

$$= 1\left(\frac{0}{1+1}\right)$$

$$= 0$$

이다. ■

우극한, 좌극한 및 $x \to \pm\infty$일 때의 극한에 대하여도 극한에 관한 기본정리가 성립한다.

예제 1.4.7 $\lim_{x\to\infty}\frac{x^2+3}{2x^2-1}$을 구하여라.

풀이

$$\lim_{x\to\infty}\frac{x^2+3}{2x^2-1}=\lim_{x\to\infty}\frac{(x^2+3)/x^2}{(2x^2-1)/x^2}=\lim_{x\to\infty}\frac{1+3/x^2}{2-1/x^2}=\frac{1+0}{2-0}=\frac{1}{2}$$

이다. ■

연습문제 1.4

01 다음 극한을 계산하여라.

(1) $\lim_{x \to 4} \frac{x^2+5x+4}{x^2+3x-4}$

(2) $\lim_{x \to 1}(x+1)\sqrt[3]{x^2+2x+5}$

(3) $\lim_{x \to -2}(x^2-x-3)^3$

(4) $\lim_{x \to 1} \frac{\sqrt{x^2+8}+\sqrt{5x-1}}{2x+1}$

(5) $\lim_{x \to 0} \frac{3-\sqrt{9+x}}{x}$

(6) $\lim_{h \to 0} \frac{1}{h}\left(1-\frac{1}{\sqrt{1+h}}\right)$

(7) $\lim_{x \to 3}\left(\frac{1}{x}-\frac{1}{3}\right)\left(\frac{1}{x-3}\right)$

(8) $\lim_{x \to 2} \frac{\frac{1}{x}-\frac{1}{2}}{x-2}$

(9) $\lim_{x \to 0} \frac{3\tan x}{x}$

(10) $\lim_{x \to 0} \frac{\sin^2 x+\sin 3x}{2x}$

(11) $\lim_{x \to 0} \frac{\cos x-5x-1}{x}$

(12) $\lim_{x \to 0} \frac{2x\sin x}{1-\cos x}$

02 다음 극한을 구하여라. 또한 존재하지 않으면 그 이유를 설명하여라.

(1) $\lim_{x \to 0^+} \frac{1}{x}$

(2) $\lim_{x \to 1^-} \frac{|1-x|}{x-1}$

(3) $\lim_{x \to 2^-}\left(\frac{1}{x-2}-\frac{1}{|x-2|}\right)$

(4) $\lim_{x \to 2^+}\left(\frac{1}{x-2}-\frac{1}{|x-2|}\right)$

(5) $\lim_{x \to -1} \frac{x+1}{\sqrt{(x+1)^2}}$

(6) $\lim_{x \to 1^-}(x-\sqrt{1-x^2})$

(7) $\lim_{x \to 0} \frac{x+1-\cos^2 x}{\sin x}$

(8) $\lim_{x \to \frac{\pi}{2}^-} \tan x$

1.5 극좌표

1. 극좌표

평면상의 점은 직교하는 두 좌표축으로 이루어진 직교좌표계를 이용하여 좌표로 나타낼 수 있다. 지금까지 직교좌표계 좌표를 사용해 왔지만 직교좌표와는 다른 좌표계를 사용하면 평면상의 점이나 곡선에 관한 해석이 여러 면으로 편리할 때가 있다. 이 절에서는 **극좌표**라 불리는 좌표계를 설명하고자 한다.

극점(또는 원점)이라 하는 O로 붙여진 평면 내의 한 점을 잡고, **극축**이라 부르는 O에서 시작하는 반직선을 그린다. 이 극축은 항상 오른쪽으로 수평하게 그리고, 직교좌표에서 양의 방향인 x축에 대응된다.

평면 위의 임의의 점 P의 위치는 그림 1-15처럼 OP의 거리 r, 극축과 직선 OP 사이의 각을 θ라고 하면 점 P는 (r, θ)로 표시하고 이를 극좌표라고 한다. 이때 r을 동경벡터, θ를 편각이라 한다.

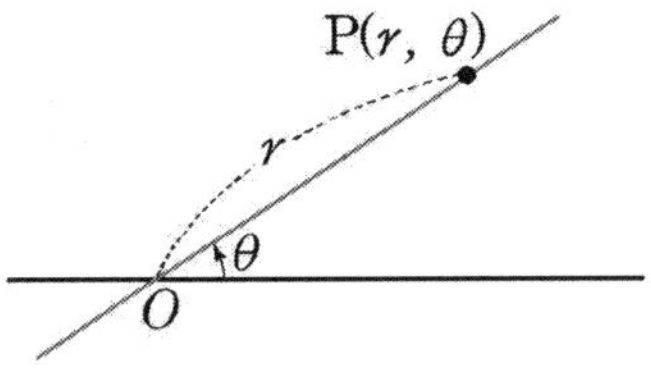

Ⅰ 그림 1-15 Ⅰ

편각 θ가 극축으로부터 반시계방향으로 측정되면 θ는 양이고, 시계방향으로 측정되면 θ는 음이라는 규정을 사용한다.

동경벡터 r은 극점 O로부터 편각을 그리는 화살표의 끝점을 향해서 재면 양이고, 그 반대방향으로 재면 음이다. 즉, 그림 1-16에서와 같이 점 $(-r, \theta)$와 점 (r, θ)가 극점 O를 지나는 같은 직선상에 놓여 있고 O로부터 똑같은 거리인 $|r|$에 있으나 O의 반대편 상에 놓여 있다. $r > 0$이면 점 (r, θ)는 θ와 같은 상한에 놓여 있고, $r < 0$이면 극점의 반대편 상에 놓여 있다.

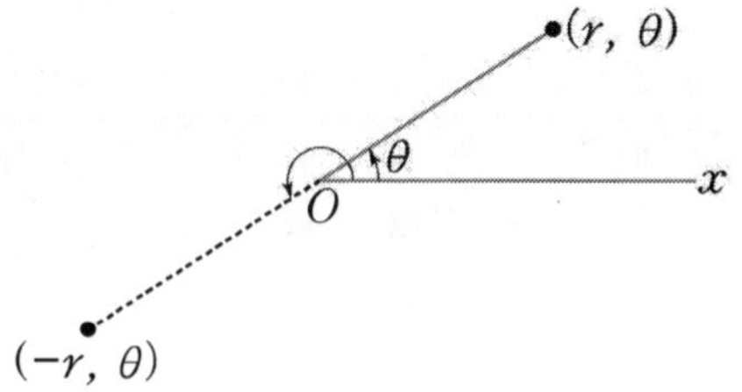

I 그림 1-16 I

예제 1.5.1 다음 극좌표들의 점을 평면 위에 표시하여라.

(1) $\left(2, \dfrac{\pi}{3}\right)$ (2) $\left(3, \dfrac{3}{4}\pi\right)$ (3) $\left(-1, \dfrac{\pi}{3}\right)$

(4) $\left(3, -\dfrac{\pi}{4}\right)$ (5) $\left(-3, -\dfrac{\pi}{4}\right)$

풀이

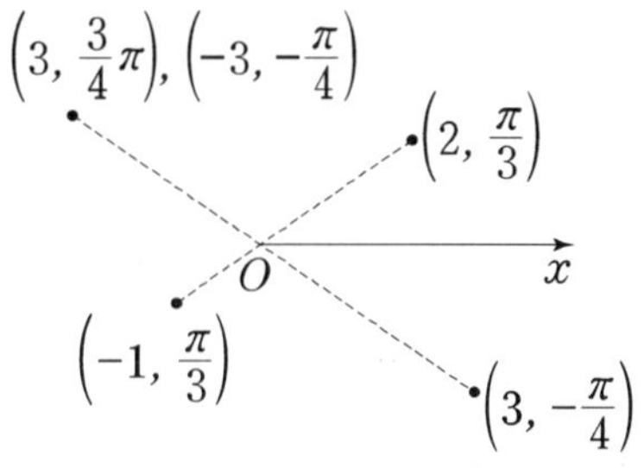

참고▶ 직교좌표계에서 각 점은 오직 하나의 표현을 갖지만 극좌표계에서의 각 점은 많은 표현을 갖는다. 예를 들어, 그림 1-17에서와 같이 $\left(2, \dfrac{\pi}{3}\right)$는 $\left(2, -\dfrac{5}{3}\pi\right)$, $\left(-2, -\dfrac{2}{3}\pi\right)$로 나타낼 수 있다. 또한 극점 O는 $(0, \theta)$로 나타낸다.

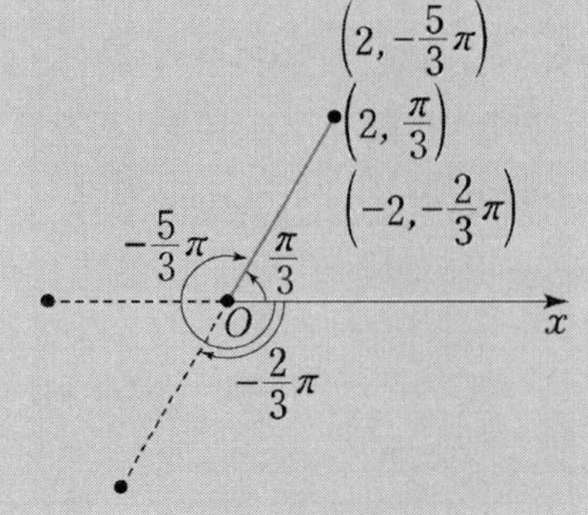

Ⅰ 그림 1-17 Ⅰ

| 극좌표와 직교좌표 사이의 관계 |

극좌표와 직교좌표 사이의 관계에 대하여 알아보자.

극좌표와 직교좌표 사이의 관계는 그림 1-18처럼 극점은 직교좌표계의 원점에 대응하고 극축은 직교좌표계의 x축과 일치하게 잡으면 다음과 같은 관계식을 얻는다.

$$x = r\cos\theta, \quad y = r\sin\theta \qquad \cdots\cdots ①$$

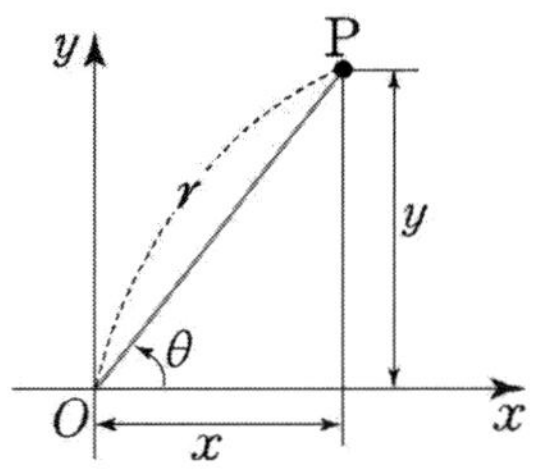

Ⅰ 그림 1-18 Ⅰ

이 방정식은 그림 1-18로부터 추론되고, 이 그림은 $r > 0$, $0 < \theta < \frac{\pi}{2}$인 경우이다. 또한 이 방정식은 r과 θ의 모든 값들에 대해서도 유효하다.

한 점의 극좌표를 알고 있을 때 이에 대응된 직교좌표는 식 ①로부터 구할 수 있다. 또한 x와 y를 알고 있을 때 r과 θ를 구하기 위해서

$$r^2 = x^2 + y^2, \quad \tan\theta = \frac{y}{x} \qquad \cdots\cdots ②$$

를 사용한다.

예제 1.5.2 극좌표 $\left(3,\ \frac{\pi}{3}\right)$를 직교좌표로 나타내어라.

풀이 $r=3$이고 $\theta=\frac{\pi}{3}$이므로 관계식 ①에 의하여

$$x=r\cos\theta=3\cos\frac{\pi}{3}=3\times\frac{1}{2}=\frac{3}{2}$$

$$y=r\sin\theta=3\sin\frac{\pi}{3}=3\times\frac{\sqrt{3}}{2}=\frac{3\sqrt{3}}{2}$$

이므로 직교좌표에서는 $\left(\frac{3}{2},\ \frac{3\sqrt{3}}{2}\right)$이다. ■

예제 1.5.3 직교좌표 $(2,\ -2)$을 극좌표로 나타내어라.

풀이 r을 양수라 하면 관계식 ②로부터

$$r=\sqrt{x^2+y^2}=\sqrt{2^2+(-2)^2}=2\sqrt{2}$$

$$\tan\theta=\frac{y}{x}=-1$$

이다. 점 $(2,\ -2)$은 제4사분면에 있으므로 $\theta=-\frac{\pi}{4}$ 또는 $\theta=\frac{7}{4}\pi$를 취할 수 있다. 그러므로 점 $(2,\ -2)$는 극좌표에서 $\left(2\sqrt{2},\ -\frac{\pi}{4}\right)$ 또는 $\left(2\sqrt{2},\ \frac{7}{4}\pi\right)$이다. ■

> **참고▶** 관계식 ②는 x와 y가 주어졌을 때 유일하게 결정되지 않는다. 왜냐하면 θ는 $0\le\theta<2\pi$ 구간에서 증가할 때 각각의 $\tan\theta$의 값은 두 번 발생한다. 그러므로 직교좌표를 극좌표로 바꿀 때, 방정식 ②를 만족하는 r과 θ를 구할 때는 예제 1.5.3처럼 점 (r,θ)가 옳은 사분면 내에 놓여 있도록 θ를 선택해야만 한다.

예제 1.5.4 다음 방정식을 직교좌표에서 극좌표로 바꾸어라.

(1) $y=x$　　(2) $x^2+y^2=a^2$

풀이 (1) $x=r\cos\theta,\ y=r\sin\theta$을 대입하면 $r\sin\theta=r\cos\theta$이다. 즉,

$\tan\theta = 1$이므로 $\theta = \frac{\pi}{4}$이다. 따라서 극좌표에서는 $\theta = \frac{\pi}{4}$이다.

(2) $x = r\cos\theta$, $y = r\sin\theta$ 을 주어진 방정식에 대입하여 정리하면

$$r^2\cos^2\theta + r^2\sin^2\theta = a^2 \Rightarrow r^2 = a^2$$

따라서 $r = a$ 또는 $r = -a$이다. ■

예제 1.5.5 다음 방정식을 극좌표에서 직교좌표로 바꾸어라.

(1) $r\cos\theta = 2$ (2) $r^2 = a^2\sin 2\theta$

풀이 (1) $x = r\cos\theta$를 이용하면 직교좌표에서는 $x = 2$이다.

(2) 양변에 r^2을 곱하여 정리하면

$$(r^2)^2 = r^2(2a^2\sin\theta\cos\theta) = 2a^2(r\cos\theta)(r\sin\theta)$$

이다. $x = r\cos\theta$, $y = r\sin\theta$, $r^2 = x^2 + y^2$을 대입하여 정리하면

$$(x^2 + y^2)^2 = 2a^2xy$$

이다. ■

2. 극방정식의 궤적

극방정식의 궤적은 일반적으로 극좌표 (r, θ)가 만족하는 방정식의 모든 점을 지나는 하나의 곡선을 나타낸다. 극방정식을 만족하는 점을 구할 때에는 θ에 임의의 값을 주고 이에 대응하는 r의 값을 구하면 된다. 또한 곡선을 그릴 때에는 θ가 증가하는 차례대로 방정식을 만족하는 점들을 구하여 연결하는 것이 편리하다.

극방정식의 곡선 그래프는 대칭성을 알면 보다 쉽게 그릴 수 있다. 즉, 극방정식 $r = f(\theta)$에서

(1) θ 대신에 $(-\theta)$를 대입시켜도 극방정식이 변하지 않으면, 극방정식의 그래프는 극축(직교좌표계의 x축)에 관해서 대칭이다(그림 1-19 참조).

(2) θ 대신에 $(\pi - \theta)$를 대입시켜도 극방정식이 변하지 않으면, 극방정식의 그래프는 $\theta = \frac{\pi}{2}$(직교좌표계의 y축)에 관해서 대칭이다(그림 1-20 참조).

(3) r 대신에 $(-r)$을 대입시켜도 극방정식이 변하지 않으면, 극방정식의 그래프는 극점(직교좌표계의 원점)에 관하여 대칭이다(그림 1-21 참조).

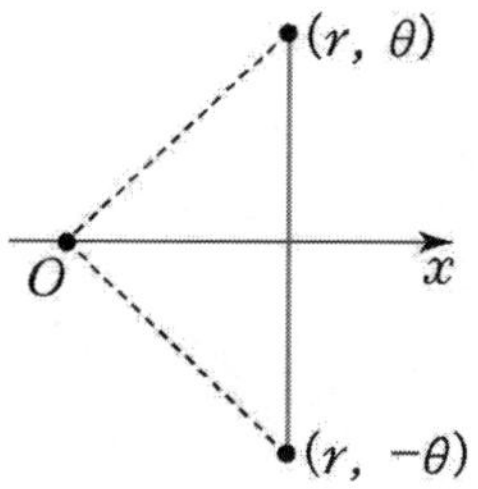

Ⅰ 그림 1-19 Ⅰ

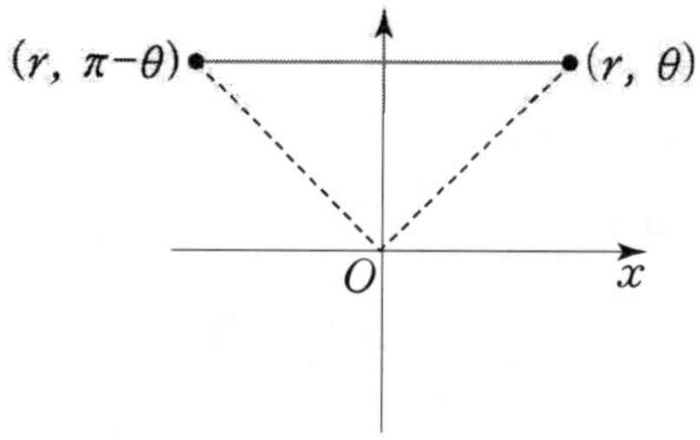

Ⅰ 그림 1-20 Ⅰ

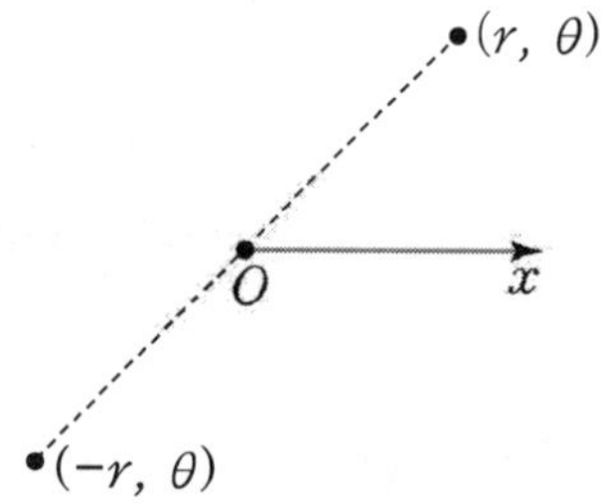

Ⅰ 그림 1-21 Ⅰ

예제 1.5.6 $r=4(1-\cos\theta)$의 그래프를 그려라.

풀이 $\cos(-\theta)=\cos\theta$이므로 곡선은 극축에 관해서 대칭이다.

θ가 0에서 π까지 변할 때 이에 대응하는 r의 값을 구하여 표를 만들면

θ	0	$\frac{\pi}{3}$	$\frac{\pi}{2}$	$\frac{2}{3}\pi$	π
r	0	2	4	6	8

이다. 표에서 얻은 값들을 극좌표로 표시하여 연결하면 아래의 그림 1-22와 같고 이 곡선을 극축에 관해서 대칭으로 그리면 그림 1-23이다.

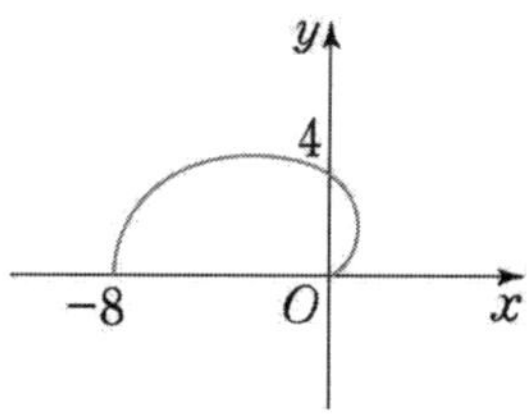

Ⅰ 그림 1-22 Ⅰ

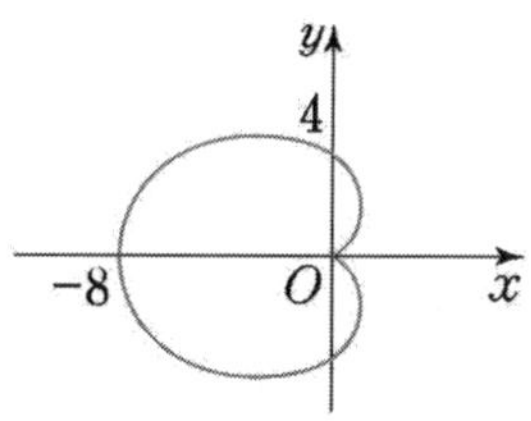

Ⅰ 그림 1-23 Ⅰ

예제 1.5.7 $r=2\cos 2\theta$의 그래프를 그려라.

풀이 θ를 0에서 $\frac{\pi}{2}$ 사이의 각으로 택하여 이에 대응하는 r의 값을 구하여 표로 만들면

θ	0	15°	30°	45°	60°	75°	90°
r	2	$\sqrt{3}$	1	0	-1	$-\sqrt{3}$	-2

이다. 이 점들을 연결하여 그림 1-24의 호 AOB를 얻고 $\cos 2\theta$의 주기성 때문에 이 호 AOB를 $\theta=0$, $\theta=\pm\frac{\pi}{2}$에 대칭으로 그리면 구하고자 하는 궤적이 된다.

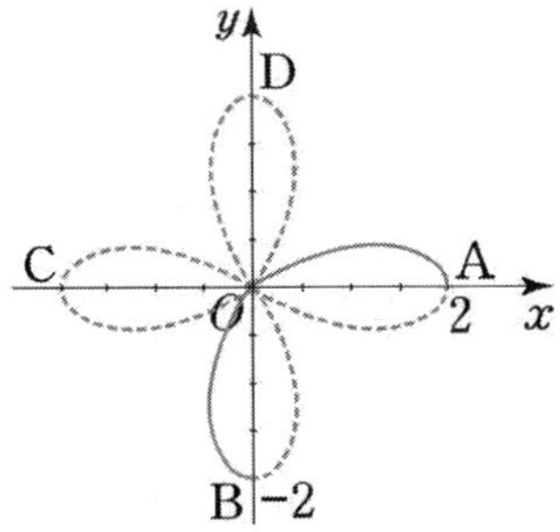

Ⅰ 그림 1-24 Ⅰ

연습문제 1.5

01 다음 점들을 극좌표평면에 나타내어라.

(1) $\left(3,\ \frac{\pi}{3}\right)$ (2) $\left(2,\ \frac{3}{4}\pi\right)$

(3) $\left(-1,\ \frac{\pi}{3}\right)$ (4) $\left(3,\ -\frac{\pi}{4}\right)$

(5) $\left(-3,\ -\frac{\pi}{4}\right)$

02 다음 극방정식은 직교방정식으로, 직교방정식은 극방정식으로 나타내어라.

(1) $r = a$ (2) $r\sin\theta = -2$

(3) $r = 2a\sin\theta\ (a > 0)$ (4) $\theta = \frac{\pi}{4}$

(5) $x^2 + (y-2)^2 = 4$ (6) $y = -x$

(7) $xy = 1$ (8) $2xy = a^2$

03 두 곡선 $r = 1 + \cos\theta$와 $r = 1 - \sin\theta$의 그래프의 개형을 그리고 교점을 구하여라. (단, $0 \le \theta \le 2\pi$)

04 곡선 $r = 4\cos\theta$와 직선 $\theta = \frac{\pi}{3}$의 교점을 구하여라.

2장 도함수

2.1 도함수의 정의

이 절에서는 평균변화율을 이용하여 순간변화율을 유도하고 이를 사용하여 도함수를 정의한다.

함수 $y=f(x)$에서 변수 x가 a로부터 b로 변하였을 때 $b-a$를 x의 **증분** (increment)이라 하고 Δx로 표현한다. 또한 $f(b)-f(a)$를 Δx에 따른 y의 증분이라 하고 Δy라 표현한다. 이를 이용하여 함수의 평균변화율을 다음과 같이 정의한다.

정의 2.1.1

함수 $f(x)$에서 변수 x가 a에서 b로 변하였을 때

$$\frac{\Delta y}{\Delta x}=\frac{f(b)-f(a)}{b-a}$$

를 함수 $f(x)$의 a에서 b까지의 **평균변화율(average rate of change)**이라 한다.

평균변화율은 그림 2-1에서 보듯이 두 점 $(a,\ f(a))$, $(b,\ f(b))$를 지나는 직선의 기울기가 된다.

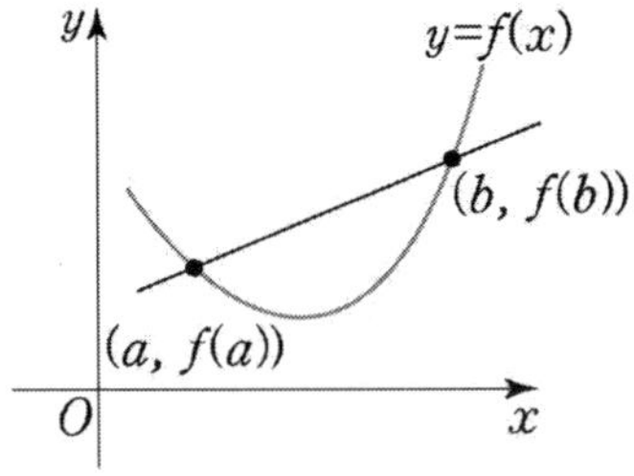

Ⅰ 그림 2-1 Ⅰ

예제 2.1.1 함수 $f(x) = x^2 + x$에 대하여

(1) x가 1부터 1.1로 변하였을 때 함수의 평균변화율을 구하여라.
(2) x가 1부터 0.9로 변하였을 때 함수의 평균변화율을 구하여라.

풀이 (1) x가 1부터 1.1로 변하였으므로 x의 증분은 $\Delta x = 0.1$이고 함숫값의 증분은

$$f(1.1) - f(1) = \{(1.1)^2 + 1.1 - \{1^2 + 1\} = 0.31$$

이다. 따라서 평균변화율은

$$\frac{f(1.1) - f(1)}{1.1 - 1} = \frac{0.31}{0.1} = 3.1$$

이다.

(2) x가 1부터 0.9로 변하였으므로 x의 증분은 $\Delta x = -0.1$이고 함숫값의 증분은

$$f(0.9) - f(1) = (0.9^2 + 0.9) - (1^2 + 1) = -0.29$$

이다. 따라서 평균변화율은

$$\frac{f(0.9) - f(1)}{0.9 - 1} = \frac{-0.29}{-0.1} = 2.9$$

이다. ■

함수 $f(x)$에서 x가 a에서 b로 변하였을 때 $b = a + h$로 나타내면 x의 증분은 $\Delta x = h$이고 y의 증분은 $\Delta y = f(a+h) - f(a)$가 된다. 이 경우 a에서 $b = a + h$까지 함수의 평균변화율은

$$\frac{\Delta y}{\Delta x} = \frac{f(a+h) - f(a)}{h}$$

로 표현된다.

정의 2.1.2

a를 포함한 개구간에서 정의된 함수 $f(x)$에 대하여 극한

$$\lim_{\Delta x \to 0} \frac{\Delta y}{\Delta x} = \lim_{h \to 0} \frac{f(a+h) - f(a)}{h}$$

가 존재하면 이를 함수 $f(x)$의 $x = a$에서의 순간변화율(instantaneous rate of change)이라 정의한다.

함수 $f(x)$에 대하여 $x = a$에서의 순간변화율을 $f'(a)$로 표시하고 이를 $x = a$에서의 미분계수라 정의한다. 또한 순간변화율이 존재하면 함수 $f(x)$는 $x = a$에서 미분가능이라 한다.

예제 2.1.2 $f(x) = x^2 + x$일 때

(1) $x = 1$에서의 순간변화율을 구하여라.

(2) $x = -1$에서의 미분계수를 구하여라.

풀이 (1)

$$\begin{aligned} \frac{f(1+h) - f(1)}{h} &= \frac{\{(1+h)^2 + (1+h)\} - (1^2 + 1)}{h} \\ &= \frac{3h + h^2}{h} \\ &= 3 + h \end{aligned}$$

이므로 $x = 1$에서의 순간변화율은 $f'(1) = \lim_{h \to 0}(3 + h) = 3$이다.

(2)

$$\begin{aligned} \frac{f(-1+h) - f(-1)}{h} &= \frac{\{(-1+h)^2 + (-1+h)\} - \{(-1)^2 - 1\}}{h} \\ &= \frac{-h + h^2}{h} \\ &= -1 + h \end{aligned}$$

이므로 $x = -1$에서의 미분계수는 $f'(-1) = \lim_{h \to 0}(-1 + h) = -1$

이다. ■

그림 2-2(a)에서 점 P와 Q를 지나는 직선의 방정식의 기울기 m_{PQ}는

$$m_{PQ}=\frac{f(a+h)-f(a)}{h}$$

이고 $x=a$에서 $f(x)$의 순간변화율

$$\lim_{h\to 0}\frac{f(a+h)-f(a)}{h}=m$$

이 존재하면 그림 2-2(b)에서와 같이 $x=a$에서 함수 $y=f(x)$의 접선의 방정식의 기울기는 m이 된다.

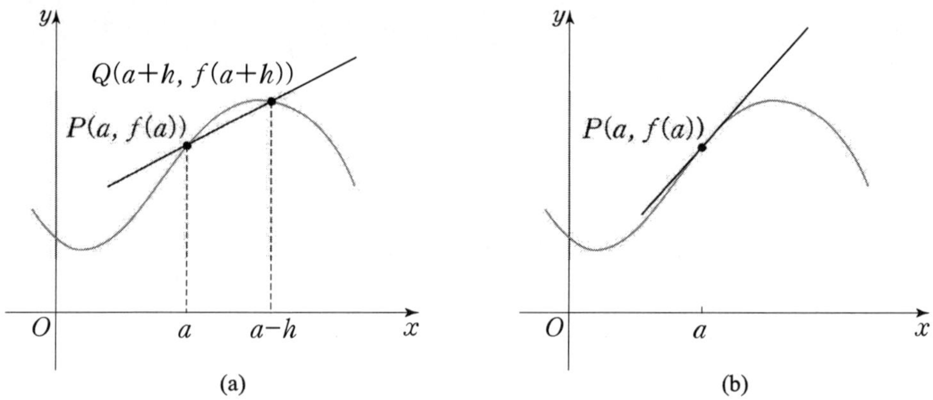

Ⅰ 그림 2-2 Ⅰ

예제 2.1.3 $y=x^3$ 위의 점 $(1, 1)$에서의 접선의 기울기를 구하여라.

풀이

$$\frac{f(1+h)-f(1)}{h}=\frac{(1+h)^3-1^3}{h}=\frac{3h+3h^2+h^3}{h}=3+3h+h^2$$

이므로

$$\lim_{h\to 0}\frac{f(1+h)-f(1)}{h}=\lim_{h\to 0}(3+3h+h^2)=3$$

이다. 그러므로 점 $(1, 1)$에서의 접선의 기울기는 3이다. ■

정의 2.1.3

집합 D를 함수 $f(x)$가 미분가능한 점들의 집합이라고 하자. 이때 $x \in D$에 대하여 함수

$$f'(x) = \lim_{h \to 0} \frac{f(x+h) - f(x)}{h}$$

를 함수 $f(x)$의 x에 관한 **도함수(derivative)**라 정의한다.

$y = f(x)$의 도함수는 다음과 같이 다양한 방법으로 표현한다.

$$f'(x),\ y',\ \frac{d}{dx}f(x),\ \frac{dy}{dx},\ D_x f$$

예제 2.1.4 $f(x) = 2 - x^2$의 도함수를 구하여라.

풀이

$$\frac{f(x+h) - f(x)}{h} = \frac{[2-(x+h)^2] - (2-x^2)}{h} = \frac{-2hx - h^2}{h} = -2x - h$$

이므로 도함수 정의에 의하여

$$\begin{aligned} f'(x) &= \lim_{h \to 0} \frac{f(x+h) - f(x)}{h} \\ &= \lim_{h \to 0}(-2x - h) = -2x \end{aligned}$$

이다. ■

연습문제 2.1

01 $f(x)=x-x^2$일 때

(1) $x=2$에서 $x=2.1$까지의 평균변화율을 구하여라.

(2) $x=2$에서 $x=1.9$까지의 평균변화율을 구하여라.

(3) $x=2$에서 순간변화율을 구하여라.

02 다음 각각의 함수에 대하여 주어진 점 a에서 미분가능성을 조사하고, 미분불가능하면 그 이유를 설명하여라.

(1) $f(x)=\dfrac{1}{x-3}$; $a=-2$

(2) $f(x)=\dfrac{2x}{x+1}$; $a=-1$

(3) $f(x)=x|x|$; $a=0$

(4) $f(x)=[x]$; $a=2$

(5) $f(x)=\begin{cases} 2x+1, & x \ge 4 \\ x^2-7, & x<4 \end{cases}$; $a=4$

(6) $f(x)=\begin{cases} x^2, & x \le 0 \\ -x^3, & x>0 \end{cases}$; $a=0$

03 $f(3)=5$, $f'(3)=-2$일 때 다음을 계산하여라.

(1) $\displaystyle\lim_{x\to 3}\frac{f(x)-f(3)}{x^2-9}$

(2) $\displaystyle\lim_{x\to 3}\frac{x^2 f(3)-9f(x)}{x-3}$

04 (1) 정삼각형의 한 변의 길이를 a라 하자. 정삼각형의 한 변의 길이에 관한 정삼각형의 넓이의 변화율을 구하여라.

(2) 공의 반지름이 5 cm일 때, 반지름에 관한 공의 부피의 변화율을 구하여라.

2.2 도함수의 공식 (I)

정의에 의하여 함수의 도함수를 구하려면 계산이 복잡하고 많은 시간이 소요될 수 있다. 이에 이 절에서는 도함수의 기본 공식을 유도하고 이와 관련하여 도함수의 사칙연산을 알아보고자 한다. 이러한 기본 공식을 사용하면 다양한 함수의 도함수를 쉽고 빠르게 구할 수 있다.

정리 2.2.1

c가 상수이고 $f(x)=c$이면 $f'(x)=0$이다.

증명 도함수의 정의에 의하여

$$f'(x)=\lim_{h\to 0}\frac{f(x+h)-f(x)}{h}=\lim_{h\to 0}\frac{c-c}{h}=0$$

이 성립한다. ■

정리

n이 자연수이고 $f(x)=x^n$이면 $f'(x)=nx^{n-1}$이다.

증명 도함수의 정의와 이항정리에 의하여

$$\begin{aligned}f'(x)&=\lim_{h\to 0}\frac{f(x+h)-f(x)}{h}\\&=\lim_{h\to 0}\frac{(x+h)^n-x^n}{h}\\&=\lim_{h\to 0}\frac{{}_nC_0x^n+{}_nC_1x^{n-1}h+{}_nC_2x^{n-2}h^2+\cdots+{}_nC_nh^n-x^n}{h}\\&=\lim_{h\to 0}\left[nx^{n-1}+\frac{n(n-1)}{2!}x^{n-2}h+\cdots+h^{n-1}\right]\end{aligned}$$

$$= nx^{n-1} \left(\text{여기서, } {}_nC_k = \frac{n!}{(n-k)!k!}\right)$$

이 성립한다. ■

n이 자연수가 아닌 경우 정리 2.2.2에서 사용한 이항정리를 적용할 수 없다.

정리

$f(x)$와 $g(x)$가 미분가능하고 c가 상수이면

(1) $(cf(x))' = cf'(x)$

(2) $(f(x)+g(x))' = f'(x)+g'(x)$

(3) $(f(x)-g(x))' = f'(x)-g'(x)$

가 성립한다.

증명 (1)

$$\begin{aligned}(cf(x))' &= \lim_{h\to 0}\frac{cf(x+h)-cf(x)}{h}\\ &= c\lim_{h\to 0}\frac{f(x+h)-f(x)}{h}\\ &= c\,f'(x)\end{aligned}$$

이다.

(2)

$$\begin{aligned}(f(x)+g(x))' &= \lim_{h\to 0}\frac{[f(x+h)+g(x+h)]-[f(x)+g(x)]}{h}\\ &= \lim_{h\to 0}\left[\frac{f(x+h)-f(x)}{h}+\frac{g(x+h)-g(x)}{h}\right]\\ &= \lim_{h\to 0}\frac{f(x+h)-f(x)}{h}+\lim_{h\to 0}\frac{g(x+h)-g(x)}{h}\\ &= f'(x)+g'(x)\end{aligned}$$

이다.

(3)

$$\begin{aligned}(f(x)-g(x))' &= \lim_{h\to 0}\frac{[f(x+h)-g(x+h)]-[f(x)-g(x)]}{h}\\ &= \lim_{h\to 0}\left[\frac{f(x+h)-f(x)}{h}-\frac{g(x+h)-g(x)}{h}\right]\end{aligned}$$

$$= \lim_{h \to 0} \frac{f(x+h) - f(x)}{h} - \lim_{h \to 0} \frac{g(x+h) - g(x)}{h}$$
$$= f'(x) - g'(x)$$

이다. ■

예제 2.2.1 $y = 3x^5 + 2x^3 + x + 7$일 때 y'을 구하여라.

풀이 정리 2.2.3에 의하여

$$y' = (3x^5)' + (2x^3)' + (x)' + (7)' = 15x^4 + 6x^2 + 1$$

이다. ■

정리

곱셈의 미분법

$f(x)$와 $g(x)$가 미분가능하면

$$(f(x)g(x))' = f'(x)g(x) + f(x)g'(x)$$

이다.

증명 도함수의 정의에 의하여

$$(f(x)g(x))'$$
$$= \lim_{h \to 0} \frac{f(x+h)g(x+h) - f(x)g(x)}{h}$$
$$= \lim_{h \to 0} \frac{f(x+h)g(x+h) - f(x)g(x+h) + f(x)g(x+h) - f(x)g(x)}{h}$$
$$= \lim_{h \to 0} \left[\frac{f(x+h) - f(x)}{h} g(x+h) \right] + \lim_{h \to 0} \left[f(x) \frac{g(x+h) - g(x)}{h} \right]$$
$$= \lim_{h \to 0} \frac{f(x+h) - f(x)}{h} \lim_{h \to 0} g(x+h) + f(x) \lim_{h \to 0} \frac{g(x+h) - g(x)}{h}$$
$$= f'(x)g(x) + f(x)g'(x)$$

가 성립한다. ■

예제 2.2.2 $y=(x^2+x)(4x^3+\sqrt{2}\,x+1)$일 때 y'을 구하여라.

풀이 정리 2.2.4에 의하여

$$
\begin{aligned}
y' &= (x^2+x)'(4x^3+\sqrt{2}\,x+1)+(x^2+x)(4x^3+\sqrt{2}\,x+1)' \\
&= (2x+1)(4x^3+\sqrt{2}\,x+1)+(x^2+x)(12x^2+\sqrt{2})
\end{aligned}
$$

이다. ■

정리

나눗셈의 미분법

$f(x)$와 $g(x)$가 미분가능하고 $g(x)\neq 0$이면

$$
\left(\frac{f(x)}{g(x)}\right)' = \frac{f'(x)g(x)-f(x)g'(x)}{[g(x)]^2}
$$

이다.

증명 도함수의 정의에 의하여

$$
\begin{aligned}
\left(\frac{1}{g(x)}\right)' &= \lim_{h\to 0}\frac{\dfrac{1}{g(x+h)}-\dfrac{1}{g(x)}}{h} \\
&= \lim_{h\to 0}\frac{g(x)-g(x+h)}{g(x+h)g(x)h} \\
&= -\frac{1}{g(x)}\lim_{h\to 0}\frac{1}{g(x+h)}\lim_{h\to 0}\frac{g(x+h)-g(x)}{h} \\
&= -\frac{g'(x)}{[g(x)]^2}
\end{aligned}
$$

가 성립한다. 따라서 정리 2.2.4에 의하여

$$
\begin{aligned}
\left(\frac{f(x)}{g(x)}\right)' &= (f(x))'\cdot\frac{1}{g(x)}+f(x)\left(\frac{1}{g(x)}\right)' \\
&= f'(x)\cdot\frac{1}{g(x)}-f(x)\cdot\frac{g'(x)}{[g(x)]^2}
\end{aligned}
$$

$$= \frac{f'(x)g(x) - f(x)g'(x)}{[g(x)]^2}$$

가 성립한다. ■

예제 2.2.3 다음 함수의 도함수를 구하여라.

(1) $y = \dfrac{x^2 + 2x + 1}{x^2 - 2x + 1}$ (2) $y = \dfrac{(x+2)(x+3)}{x+1}$

풀이 (1) 위의 정리들을 이용하면

$$y' = \frac{(x^2+2x+1)'(x^2-2x+1) - (x^2+2x+1)(x^2-2x+1)'}{(x^2-2x+1)^2}$$
$$= \frac{(2x+2)(x^2-2x+1) - (x^2+2x+1)(2x-2)}{(x^2-2x+1)^2}$$
$$= 2\frac{(x+1)(x-1)[x-1-(x+1)]}{(x^2-2x+1)^2}$$
$$= \frac{-4x^2+4}{(x^2-2x+1)^2}$$

이다.

(2)
$$y' = \frac{[(x+2)(x+3)]' \cdot (x+1) - [(x+2)(x+3)] \cdot (x+1)'}{(x+1)^2}$$
$$= \frac{[(x+3)+(x+2)](x+1) - [(x+2)(x+3)]}{(x+1)^2}$$
$$= \frac{x^2+2x-1}{(x+1)^2}$$

이다. ■

정리

n이 정수이고 $f(x) = x^n$이면 $f'(x) = nx^{n-1}$이다.

증명 (1) n이 양의 정수인 경우는 정리 2.2.2에서 증명하였다.

(2) $n = 0$인 경우 $x^0 = 1$이므로 $f(x)$는 상수함수이고 정리 2.2.1에 의하

여 성립한다.

(3) n이 음의 정수인 경우 $m=-n$이라 하면 m은 양의 정수가 되며 나눗셈의 미분법에 의하여

$$f'(x)=\left(\frac{1}{x^m}\right)'=\frac{(1)'x^m-1\cdot(x^m)'}{(x^m)^2}=\frac{-mx^{m-1}}{x^{2m}}$$
$$=(-m)x^{-m-1}=nx^{n-1}$$

이 성립한다. ■

예제 2.2.4 $y=x^2+x+1+\dfrac{1}{x}+\dfrac{1}{x^2}$일 때 y'을 구하여라.

풀이

$$y'=(x^2)'+(x)'+(1)'+(x^{-1})'+(x^{-2})'$$
$$=2x+1-x^{-2}-2x^{-3}$$

이다. ■

연습문제 2.2

01 다음 함수의 $\frac{dy}{dx}$를 구하여라.

(1) $y = 3x^5 + 2x + \sqrt{3}$

(2) $y = 13 - x - \frac{1}{2}x^4 + x^7$

(3) $y = \frac{2}{3x^4} + 1$

(4) $y = (3x^2 - 1)(x^2 + x + 5)$

(5) $y = (x+1)(x^3 - x^{-1})$

(6) $y = (x+1)(x+2)(x+3)$

(7) $y = (5x-3)^{-2}$

(8) $y = \frac{x^3 - 5x + 3}{x^2}$

(9) $y = \frac{x^3 + 1}{x^3 - 1}$

(10) $y = \frac{3x+5}{x^2 - x + 3}$

(11) $y = \frac{(x+2)(x+3)}{x+1}$

(12) $y = \frac{x^{-2} + 1}{x^{-2} - 1}$

02 포물선 $y = x^2 + 1$에 접하고 점 $(3, 6)$를 지나는 접선의 방정식을 모두 구하여라.

2.3 도함수의 공식 (II)

합성함수의 도함수는 다음의 연쇄법칙 정리(chain rule)에 의하여 계산할 수 있다.

정리 2.3.1

연쇄법칙 (합성함수의 미분법)

함수 $y=f(u)$, $u=g(x)$가 미분가능하면 합성함수 $y=f(g(x))$도 미분가능하며 합성함수의 도함수는

$$\frac{dy}{dx}=\frac{dy}{du}\frac{du}{dx}=f'(g(x))g'(x)$$

이다.

증명

$$g(x+\Delta x)-g(x)=\Delta u$$
$$f(u+\Delta u)-f(u)=\Delta y$$

라고 하면

$$g(x+\Delta x)=g(x)+\Delta u=u+\Delta u$$

이므로

$$\begin{aligned}\Delta y&=f(u+\Delta u)-f(u)\\&=f(g(x+\Delta x))-f(g(x))\end{aligned}$$

이다. g가 미분가능하므로 g는 연속이다. 따라서

$$\lim_{\Delta x\to 0} g(x+\Delta x)=g(x)$$

이며

$$\lim_{\Delta x \to 0} \Delta u = \lim_{\Delta x \to 0} [g(x+\Delta x) - g(x)] = 0$$

이다. 그러므로

$$\begin{aligned}
\frac{dy}{dx} &= \lim_{\Delta x \to 0} \frac{\Delta y}{\Delta x} \\
&= \lim_{\Delta x \to 0} \frac{\Delta y}{\Delta u} \cdot \frac{\Delta u}{\Delta x} \\
&= \lim_{\Delta u \to 0} \frac{f(u+\Delta u) - f(u)}{\Delta u} \cdot \lim_{\Delta x \to 0} \frac{g(x+\Delta x) - g(x)}{\Delta x} \\
&= f'(u)g'(x) = f'(g(x))g'(x)
\end{aligned}$$

이다. ■

예제 2.3.1 다음 함수의 $\dfrac{dy}{dx}$를 구하여라.

(1) $y = (x^3 - 3x + 1)^5$ (2) $y = \dfrac{1}{(2x^4 - x^3 + x)^2}$

풀이 (1) $u = x^3 - 3x + 1$이고 $y = u^5$라 하면

$$\frac{dy}{dx} = \frac{dy}{du}\frac{du}{dx} = 5u^4 \cdot (3x^2 - 3) = 5(x^3 - 3x + 1)^4 \cdot (3x^2 - 3)$$

이다.

(2) $u = 2x^4 - x^3 + x$이고 $y = \dfrac{1}{u^2}$라 하면

$$\frac{dy}{dx} = \frac{dy}{du}\frac{du}{dx} = -2u^{-3} \cdot (8x^3 - 3x^2 + 1) = -\frac{2(8x^3 - 3x^2 + 1)}{(2x^4 - x^3 + x)^3}$$

이다. ■

지금까지 다룬 대부분의 함수는 $y = f(x)$ 형태로 정의되었는데 이를 양함수(explicit function)라고 한다. 이에 반하여 두 변수 x, y를 포함하는 관계식

$$f(x, y) = 0$$

에 의하여 x의 함수 y가 정의되면 y를 x의 음함수(implicit function)라 한다.

이제 음함수의 미분법에 대하여 알아보자.

음함수 $6x^2-2y+4=0$에서 $\frac{dy}{dx}$을 구하려면 음함수를 $y=3x^2+2$로 바꾸면 $\frac{dy}{dx}=6x$가 된다. 그러나 음함수가 $x^3+y^3+3xy+1=0$인 경우, y를 x에 관한 함수로 고칠 수 없기 때문에 주어진 방정식 $f(x, y)=0$에서 y를 x에 관한 함수라 생각하고 연쇄법칙을 이용하여 양변을 x에 관하여 미분한다. 즉 방정식

$$x^3+y^3+3xy+1=0$$

의 양변을 x에 관하여 미분하면

$$3x^2+3y^2\frac{dy}{dx}+\left(3y+3x\frac{dy}{dx}\right)=0$$

이 되므로 이를 정리하면

$$\frac{dy}{dx}=-\frac{x^2+y}{y^2+x}$$

가 된다.

예제 2.3.2 다음 함수의 $\frac{dy}{dx}$를 구하여라.

(1) $y^3+x^2y^4+x=1$ (2) $x=\sqrt[3]{y^2+5}$

풀이 (1) $y^3+x^2y^4+x=1$의 양변을 x에 관하여 미분하면

$$3y^2\frac{dy}{dx}+\left(2xy^4+4x^2y^3\frac{dy}{dx}\right)+1=0$$

이며 이를 정리하면

$$\frac{dy}{dx}=-\frac{2xy^4+1}{3y^2+4x^2y^3}$$

이다.

(2) $x=\sqrt[3]{y^2+5}$의 양변을 x에 관하여 미분하면 계산이 복잡하다. 함수의 양변을 세제곱하여 얻은 함수

$$x^3 = y^2 + 5$$

를 x에 관하여 미분하면

$$3x^2 = 2y\frac{dy}{dx}$$

이고 이를 정리하면

$$\frac{dy}{dx} = \frac{3x^2}{2y}$$

이다. ■

정리

$y = x^n$ 이고 n 이 유리수일 때, $y' = nx^{n-1}$ 이다.

증명 n 이 유리수이므로 $n = \frac{a}{b}$ 인 정수 a, b가 존재하고 이때 $b \neq 0$이다.

$$y = x^n = x^{\frac{a}{b}}$$

이므로 $y^b = x^a$가 성립한다. a, b가 정수이므로 음함수의 미분법에 의하여 양변을 x에 대하여 미분하면

$$by^{b-1}y' = ax^{a-1}$$

이다. 따라서

$$\begin{aligned} y' &= \frac{ax^{a-1}}{by^{b-1}} = \frac{a}{b}\frac{x^{a-1}}{\left(x^{\frac{a}{b}}\right)^{b-1}} \\ &= \frac{a}{b}x^{a-1-\frac{a}{b}(b-1)} = \frac{a}{b}x^{\frac{a}{b}-1} \end{aligned}$$

이다. ■

예제 2.3.3 다음 함수의 $\frac{dy}{dx}$를 구하여라.

(1) $y = \sqrt{x^3+1}$ (2) $2\sqrt{x} + \sqrt{y} + 1 = 0$

풀이 (1) $y = (x^3+1)^{\frac{1}{2}}$ 이므로 연쇄법칙에 의하여

$$y' = \frac{1}{2}(x^3+1)^{\frac{1}{2}-1}(x^3+1)' = \frac{3x^2}{2}(x^3+1)^{-\frac{1}{2}}$$

이다.

(2) 음함수의 미분법에 의하여

$$x^{-\frac{1}{2}} + \frac{1}{2}y^{-\frac{1}{2}}\frac{dy}{dx} = 0 \text{이므로 } \frac{dy}{dx} = -2\left(\frac{x}{y}\right)^{-\frac{1}{2}} = -2\sqrt{\frac{y}{x}}$$

이다. ■

평면 위의 점 (x, y)가 두 함수 f와 g에 의하여

$$x = f(t),\ y = g(t) \qquad \cdots\cdots ①$$

로 표현될 때 방정식 ①을 **매개방정식**이라 하고 두 함수의 공통변수 t를 **매개변수**라고 한다. 매개방정식 ①은 t의 값에 따라 점 $(f(t), g(t))$의 값이 변하며 이 점의 궤적이 직교평면 위에서 매개방정식의 그래프가 된다.

만일 매개방정식이

$$x = t+1,\ y = t^2+1 \qquad \cdots\cdots ②$$

로 주어지면 $t = x-1$이므로

$$y = t^2 - 1 = (x-1)^2 - 1 = x^2 - 2x$$

이 되어 매개방정식의 그래프는 직교좌표 위에서 $y = x^2 - 2x$인 포물선이 된다. 따라서 매개방정식 ②의 도함수는 $\frac{dy}{dx} = 2x - 2$가 된다.

매개방정식에서 $\frac{dy}{dx}$를 구하기 위하여 방정식을 직교좌표에서의 함수로 바꾸지 않고 연쇄법칙과 역함수의 미분법을 이용하면 다음 정리를 유도할 수 있다.

정리

매개변수함수의 미분법

함수 $x=f(t)$, $y=g(t)$가 각각 미분가능하고 함수 f'가 [a,b]에서 연속이고 $t\in[a,b]$ 에서 $f'(t)\neq 0$이라 하자.

$$\frac{dy}{dx}=\frac{\frac{dy}{dt}}{\frac{dx}{dt}}=\frac{g'(t)}{f'(t)}$$

가 성립한다.

증명 $F=g\circ f^{-1}$로 정의하면 F도 미분가능하다.

$$y=g(t)=g(f^{-1}(x))=F(x)=F(f(t))$$

이고 양변을 t에 관하여 미분하면 연쇄법칙에 의하여

$$\frac{dy}{dt}=F'(f(t))f'(t)=\frac{dy}{dx}\frac{dx}{dt}$$

이다. $\frac{dx}{dt}=f'(t)\neq 0$이므로

$$\frac{dy}{dx}=\frac{\frac{dy}{dt}}{\frac{dx}{dt}}=\frac{g'(t)}{f'(t)}$$

가 성립한다. ■

예제 2.3.4 매개방정식 $x=t^3-1$, $y=t^3+t$에서 $\frac{dy}{dx}$를 구하여라.

풀이 $\frac{dx}{dt}=3t^2$, $\frac{dy}{dt}=3t^2+1$이고 $\frac{dx}{dt}=3t^2$은 연속이므로 $t\neq 0$이면

$$\frac{dy}{dx}=\frac{3t^2+1}{3t^2}$$

이다. ■

매개방정식 ①로 표현된 곡선에 대한 접선의 기울기는 $\dfrac{dy}{dx}$가 된다. 만일 $\dfrac{dy}{dt}=0$이고 $\dfrac{dx}{dt}\neq 0$이면 접선은 x축에 평행하고, $\dfrac{dx}{dt}=0$이고 $\dfrac{dy}{dt}\neq 0$이면 접선은 y축에 평행하다.

예제 2.3.5 매개방정식 $x=4t^2$, $y=t^3-12t$로 표현된 곡선 C에 관하여 다음을 구하여라.

(1) $t=1$에서 접선의 기울기를 구하여라.

(2) 접선이 x축에 평행 또는 y축에 평행이 되는 점을 모두 구하여라.

풀이 $\dfrac{dx}{dt}=8t$이고 $\dfrac{dy}{dt}=3t^2-12$이므로 $\dfrac{dy}{dx}=\dfrac{3t^2-12}{8t}$가 된다.

(1) $t=1$에서의 접선의 기울기는

$$\frac{dy}{dx}\Big|_{t=1}=\frac{3-12}{8}=-\frac{9}{8}$$

이다.

(2) $t=\pm 2$이면 $\dfrac{dy}{dt}=0$이므로 곡선 위의 점 $(16,-16)$과 $(16,16)$에서 접선은 x축에 평행하고, $t=0$이면 $\dfrac{dx}{dt}=0$이고 $\dfrac{dy}{dt}=12\neq 0$이므로 곡선위의 점 $(0,0)$에서 접선은 y에 평행하다. ■

연습문제 2.3

01 다음 함수의 $\frac{dy}{dx}$를 구하여라.

(1) $y = (x^3 + x^2 + 5)^7$

(2) $y = \left(\frac{x^2+1}{x^2-1}\right)^3$

(3) $y = \left(x^2 + \frac{1}{x^2}\right)^{\frac{7}{5}}$

(4) $y = \sqrt[3]{x - x^4 + x^6}$

(5) $y = [(x^3 - 3)^{-1} + x]^2$

(6) $y = 2\sqrt[3]{x^2 + 2x} + \frac{3}{\sqrt{x}}$

(7) $y = \frac{1}{u^3+1}$, $u = x^2 + 3x + 5$

(8) $y = u + \frac{1}{u}$, $u = (2x+1)^5$

02 $s^3t + t^2 + st = 1$일 때 $\frac{ds}{dt}$와 $\frac{dt}{ds}$를 구하여라.

03 $f(x) = x^3 + x + 5$이고 $g(1) = 2, h(1) = 1, g'(1) = 3, h'(1) = -1$일 때 $(f \circ g)'(1)$과 $(f \circ g \circ h)'(1)$을 구하여라.

04 $y = f(x^2)$이고 $f'(x) = \sqrt{2x-1}$일 때, $\frac{dy}{dx}$를 구하여라.

2.4 삼각함수의 도함수

이 절에서는 삼각함수와 역삼각함수의 도함수에 대하여 알아보기로 한다. $\lim_{x \to 0} \frac{\sin x}{x} = 1$을 이용하여 삼각함수에 관한 도함수를 구할 수 있다.

정리 2.4.1

(1) $y = \sin x$ 의 도함수는 $y' = \cos x$ 이다.

(2) $y = \cos x$ 의 도함수는 $y' = -\sin x$ 이다.

(3) $y = \tan x$ 의 도함수는 $y' = \sec^2 x$ 이다.

(4) $y = \csc x$ 의 도함수는 $y' = -\csc x \cot x$ 이다.

(5) $y = \sec x$ 의 도함수는 $y' = \sec x \tan x$ 이다.

(6) $y = \cot x$ 의 도함수는 $y' = -\csc^2 x$ 이다.

증명 (1) $\sin(x+h)$와 $\sin x$를 다음과 같이 표현할 수 있다.

$$\begin{aligned}\sin(x+h) &= \sin\left(x + \frac{h}{2} + \frac{h}{2}\right) \\ &= \sin\left(x + \frac{h}{2}\right)\cos\frac{h}{2} + \cos\left(x + \frac{h}{2}\right)\sin\frac{h}{2},\end{aligned}$$

$$\begin{aligned}\sin x &= \sin\left(x + \frac{h}{2} - \frac{h}{2}\right) \\ &= \sin\left(x + \frac{h}{2}\right)\cos\frac{h}{2} - \cos\left(x + \frac{h}{2}\right)\sin\frac{h}{2}.\end{aligned}$$

그러므로 도함수의 정의에 의하여

$$\begin{aligned}\frac{d}{dx}\sin x &= \lim_{h\to 0}\frac{\sin(x+h)-\sin x}{h}\\ &= \lim_{h\to 0}\frac{2\cos\left(x+\frac{h}{2}\right)\sin\frac{h}{2}}{h}\\ &= \lim_{h\to 0}\cos\left(x+\frac{h}{2}\right)\cdot\lim_{h\to 0}\frac{\sin\frac{h}{2}}{\frac{h}{2}}\\ &= \cos x\end{aligned}$$

이다.

(2) $\cos(x+h)$와 $\cos x$를 다음과 같이 표현할 수 있다.

$$\begin{aligned}\cos(x+h) &= \cos\left(x+\frac{h}{2}+\frac{h}{2}\right)\\ &= \cos\left(x+\frac{h}{2}\right)\cos\frac{h}{2}-\sin\left(x+\frac{h}{2}\right)\sin\frac{h}{2},\end{aligned}$$

$$\begin{aligned}\cos x &= \cos\left(x+\frac{h}{2}-\frac{h}{2}\right)\\ &= \cos\left(x+\frac{h}{2}\right)\cos\frac{h}{2}+\sin\left(x+\frac{h}{2}\right)\sin\frac{h}{2}.\end{aligned}$$

그러므로 도함수의 정의에 의하여

$$\begin{aligned}\frac{d}{dx}\cos x &= \lim_{h\to 0}\frac{\cos(x+h)-\cos x}{h}\\ &= \lim_{h\to 0}\frac{-2\sin\left(x+\frac{h}{2}\right)\sin\frac{h}{2}}{h}\\ &= \lim_{h\to 0}-\sin\left(x+\frac{h}{2}\right)\cdot\lim_{h\to 0}\frac{\sin\frac{h}{2}}{\frac{h}{2}}\\ &= -\sin x\end{aligned}$$

이다.

(3) $\tan x = \dfrac{\sin x}{\cos x}$ 이므로 나눗셈의 미분법에 의하여

$$\frac{d}{dx}\tan x = \frac{(\sin x)'\cos x - \sin x\,(\cos x)'}{\cos^2 x} = \frac{1}{\cos^2 x} = \sec^2 x$$

이다.

(4), (5), (6)은 (1), (2), (3)의 결과를 이용하여 쉽게 증명할 수 있다. ■

예제 2.4.1 다음 함수를 미분하여라.

(1) $y = \cot x \cos x$ (2) $y = \dfrac{1+\tan x}{1-\csc x}$

풀이 (1) 곱셈의 미분법에 의하여

$$\begin{aligned} y' &= (\cot x)' \cos x + \cot x (\cos x)' \\ &= -\csc^2 x \cos x + \cot x(-\sin x) \\ &= -(\csc x \cot x + \cos x) \end{aligned}$$

(2) 나눗셈의 미분법에 의하여

$$\begin{aligned} y' &= \frac{(1+\tan x)'(1-\csc x) - (1+\tan x)(1-\csc x)'}{(1-\csc x)^2} \\ &= \frac{\sec^2 x(1-\csc x) - (1+\tan x)(\csc x \cot x)}{(1-\csc x)^2} \\ &= \frac{\sec^2 x - \sec^2 x \csc x - \csc x \cot x - \csc x}{(1-\csc x)^2} \end{aligned}$$

이다. ■

예제 2.4.2 다음 함수의 $\dfrac{dy}{dx}$를 구하여라.

(1) $y = \sin(3x^2) + \cos^2(3x)$ (2) $y = \sec\sqrt{3-2x}$

풀이 (1) 연쇄법칙과 덧셈공식을 이용하자.

먼저 $y_1 = \sin u$이고 $u = 3x^2$이라 하면

$$\frac{d}{dx}\sin(3x^2) = \frac{dy_1}{du}\frac{du}{dx} = \cos u \cdot (6x) = 6x\cos(3x^2)$$

이다. 다음 $y_2 = u^2$, $u = \cos v$이고 $v = 3x$라 하면

$$\frac{d}{dx}\cos^2(3x) = \frac{dy_2}{du}\frac{du}{dv}\frac{dv}{dx} = 2u \cdot (-\sin v) \cdot 3$$

$$= -6\cos 3x \sin 3x$$

이므로

$$\frac{dy}{dx} = 6x\cos(3x^2) - 6\cos 3x \sin 3x$$

이다.

(2) $y = \sec u$, $u = \sqrt{v}$ 이고 $v = 3 - 2x$ 라 하면 연쇄법칙에 의하여

$$\frac{dy}{dx} = \frac{dy}{du}\frac{du}{dv}\frac{dv}{dx} = \sec u \ \tan u \cdot \frac{1}{2\sqrt{v}} \cdot (-2)$$

$$= -\frac{\sec\sqrt{3-2x} \ \tan\sqrt{3-2x}}{\sqrt{3-2x}}$$

이다. ■

예제 2.4.3 $y = \sin(x^2 + y^2)$일 때, $\frac{dy}{dx}$를 구하여라.

풀이 음함수의 미분법과 연쇄법칙에 의하여

$$\frac{dy}{dx} = \cos(x^2 + y^2) \cdot \frac{d}{dx}(x^2 + y^2)$$

$$= \cos(x^2 + y^2) \cdot \left(2x + 2y\frac{dy}{dx}\right)$$

이고 식을 정리하면

$$\frac{dy}{dx} = \frac{2x\cos(x^2+y^2)}{1 - 2y\cos(x^2+y^2)}$$

이다. ■

예제 2.4.4 매개방정식 $x = \cos\theta$, $y = \sin\theta$의 $\frac{dy}{dx}$를 구하여라.

풀이 $\frac{dx}{d\theta} = -\sin\theta$이고 $\frac{dy}{d\theta} = \cos\theta$이므로 $\theta \neq n\pi \ \ n = 0, \ \pm 1, \ \pm 2, \cdots$이면

$$\frac{dy}{dx} = -\frac{\cos\theta}{\sin\theta} = -\cot\theta$$

이다. ■

역삼각함수의 도함수는 다음과 같다.

정리

(1) $y = \sin^{-1}x$의 도함수는 $y' = \dfrac{1}{\sqrt{1-x^2}}$이다.

(2) $y = \cos^{-1}x$의 도함수는 $y' = -\dfrac{1}{\sqrt{1-x^2}}$이다.

(3) $y = \tan^{-1}x$의 도함수는 $y' = \dfrac{1}{1+x^2}$이다.

(4) $y = \cot^{-1}x$의 도함수는 $y' = -\dfrac{1}{1+x^2}$이다.

(5) $y = \sec^{-1}x$의 도함수는 $y' = \dfrac{1}{x\sqrt{x^2-1}}$이다.

(6) $y = \csc^{-1}x$의 도함수는 $y' = -\dfrac{1}{x\sqrt{x^2-1}}$이다.

증명 (1) $y = \sin^{-1}x$이면 $\sin y = x$이고 $-\dfrac{\pi}{2} \le y \le \dfrac{\pi}{2}$이다. $\sin y = x$의 양변을 x에 대하여 미분하면

$$\cos y \frac{dy}{dx} = 1$$

이다. $-\dfrac{\pi}{2} < y < \dfrac{\pi}{2}$이면 $-1 < x < 1$이고 $\cos y > 0$이므로 식을 정리하면

$$\frac{dy}{dx} = \frac{1}{\cos y} = \frac{1}{\sqrt{1-\sin^2 y}} = \frac{1}{\sqrt{1-x^2}}$$

이다.

(2) $y = \cos^{-1}x$는 $\cos y = x$이고 $0 \le y \le \pi$이다. $\cos y = x$의 양변을 x에 대하여 미분하면

$$-\sin y \frac{dy}{dx} = 1$$

이다. $0 < y < \pi$에서 $-1 < x < 1$이고 $\sin y > 0$이므로 식을 정리하면

$$\frac{dy}{dx} = -\frac{1}{\sin y} = -\frac{1}{\sqrt{1-\cos^2 y}} = -\frac{1}{\sqrt{1-x^2}}$$

이다.

(3) $y = \tan^{-1}x$는 $\tan y = x$이고 $-\frac{\pi}{2} < y < \frac{\pi}{2}$이다.

$\tan y = x$의 양변을 x에 대하여 미분하면 $\sec^2 y \frac{dy}{dx} = 1$이므로 이 식을 정리하면

$$\frac{dy}{dx} = \frac{1}{\sec^2 y} = \frac{1}{1+\tan^2 y} = \frac{1}{1+x^2}$$

이다. (4), (5), (6)도 쉽게 증명할 수 있다. ■

예제 2.4.5 다음 함수의 $\frac{dy}{dx}$를 구하여라.

(1) $y = \sin^{-1} x^2$ (2) $y = (3x+1)^2 \cos^{-1} 2x$

풀이 (1) $y = \sin^{-1} u$이고 $u = x^2$이라 하자. 연쇄법칙에 의하여

$$\frac{dy}{dx} = \frac{dy}{du}\frac{du}{dx} = \frac{1}{\sqrt{1-u^2}} \cdot 2x = \frac{2x}{\sqrt{1-x^4}}$$

이다.

(2) 곱셈공식과 연쇄법칙에 의하여

$$\begin{aligned}\frac{dy}{dx} &= \left[\frac{d}{dx}(3x+1)^2\right]\cos^{-1} 2x + (3x+1)^2 \frac{d}{dx}\cos^{-1} 2x \\ &= 2(3x+1)(3x)'\cos^{-1} 2x + (3x+1)^2 \cdot \left(-\frac{1}{\sqrt{1-(2x)^2}}\right)(2x)' \\ &= 6(3x+1)\cos^{-1} 2x - \frac{2(3x+1)^2}{\sqrt{1-(2x)^2}}\end{aligned}$$

이다. ■

예제 2.4.6 $x^2 + x\tan^{-1}y = y\cos x$ 일 때, $\dfrac{dy}{dx}$ 를 구하여라.

풀이 음함수의 미분법에 의하여 양변을 x에 관하여 미분하면

$$2x + \tan^{-1}y + x \cdot \frac{1}{1+y^2}\frac{dy}{dx} = \frac{dy}{dx}\cos x - y\sin x$$

이며 식을 정리하면

$$\left(\frac{x}{1+y^2} - \cos x\right)\frac{dy}{dx} = -\left(y\sin x + 2x + \tan^{-1}y\right)$$

이고

$$\frac{dy}{dx} = -\frac{(y\sin x + 2x + \tan^{-1}y)(1+y^2)}{x - (1+y^2)\cos x}$$

이다. ■

연습문제 2.4

01 다음 함수의 $\dfrac{dy}{dx}$를 구하여라.

(1) $y = \sin^2(3x+5)$

(2) $y = \cot^3\sqrt{x}$

(3) $y = \sec 3x \csc 5x$

(4) $y = \cos\left(\dfrac{1+x}{1-x}\right)$

(5) $y = \sqrt{\sec 2x}$

(6) $y = \dfrac{\sin 2x}{\tan x + \cot 3x}$

02 다음 함수의 $\dfrac{dy}{dx}$를 구하여라.

(1) $y = 2\sin^{-1}\sqrt{x}$

(2) $y = \csc^{-1}(3x^2)$

(3) $y = \cos(\tan^{-1}2x)$

(4) $y = \cos^{-1}\sin 3x$

(5) $y = \sec^{-1}(\sqrt{x^2+1})$

(6) $y = (\tan x + \tan^{-1}x)^3$

03 다음 함수의 $\dfrac{dy}{dx}$를 구하여라.

(1) $\sin(x+y) + y^2 = 1$

(2) $\cot^{-1}\sqrt{x} + xy + y\sec x = 0$

(3) $x = \sqrt{1-t^2}$, $y = \sin^{-1}t$

(4) $x = 3\tan t - 1$, $y = \sec t + 1$

2.5 초월함수의 도함수

함수는 일반적으로 대수함수와 초월함수로 나뉜다. 다항함수, 유리함수, 무리함수를 대수 함수라 하고 대수 함수가 아닌 함수들을 **초월함수**라고 한다. 이 절에서는 초월함수 중 지수함수와 로그함수 그리고 쌍곡선함수와 쌍곡선함수의 역함수의 도함수에 대하여 알아보기로 하자.

먼저 로그함수의 도함수는 다음 정리와 같다.

정리 2.5.1

a가 $a>0$이고 $a\neq 1$인 상수라고 하자. $x>0$일 때 $y=\log_a x$의 도함수는

$$y'=\frac{1}{x}\log_a e$$

이다. (여기서 $e=\lim_{x\to 0}(1+x)^{\frac{1}{x}}$이다.)

증명 도함수의 정의와 로그함수가 연속이라는 사실에 의하여

$$\begin{aligned}
y'&=\lim_{h\to 0}\frac{\log_a(x+h)-\log_a x}{h}\\
&=\lim_{h\to 0}\frac{1}{h}\log_a\left(1+\frac{h}{x}\right)\\
&=\lim_{h\to 0}\log_a\left(1+\frac{h}{x}\right)^{\frac{1}{h}}\\
&=\lim_{h\to 0}\log_a\left(1+\frac{h}{x}\right)^{\frac{x}{h}\cdot\frac{1}{x}}
\end{aligned}$$

$$= \frac{1}{x}\log_a \lim_{h\to 0}\left(1+\frac{h}{x}\right)^{\frac{x}{h}}$$

$$= \frac{1}{x}\log_a e$$

가 성립한다. ■

특히, $a = e$인 경우

$$\frac{d}{dx}(\log_e x) = \frac{d}{dx}(\ln x) = \frac{1}{x}\ln e = \frac{1}{x}$$

이 성립한다.

예제 2.5.1 다음 함수의 y'을 구하여라.

(1) $y = \log_2(2x^4 + 3x^2 + 1)$ (2) $y = x^3 \ln(7 - \cos x)$

풀이 (1) 연쇄법칙에 의하여

$$y' = \frac{1}{(2x^4 + 3x^2 + 1)}(2x^4 + 3x^2 + 1)'\log_2 e$$

$$= \frac{8x^3 + 6x}{2x^4 + 3x^2 + 1}\log_2 e$$

이다.

(2) 곱셈공식과 연쇄법칙에 의하여

$$y' = 3x^2\ln(7 - \cos x) + x^3 \cdot \frac{1}{7 - \cos x}\sin x$$

$$= 3x^2\ln(7 - \cos x) + \frac{x^3\sin x}{7 - \cos x}$$

이다. ■

로그함수의 도함수를 이용하여 지수함수의 도함수를 구할 수 있다.

정리

a가 $a > 0,\ a \neq 1$인 상수일 때 $y = a^x$의 도함수는 $y' = a^x \ln a$이다.

증명 $y = a^x$의 양변에 자연로그를 취하면 $\ln y = x \ln a$이다. 양변을 x에 대하여 미분하면

$$\frac{1}{y}\frac{dy}{dx} = \ln a$$

이고 이를 정리하면

$$\frac{dy}{dx} = y \ln a = a^x \ln a$$

이다. ■

따라서 $\frac{d}{dx} e^x = e^x$이다.

예제 2.5.2 다음 함수의 도함수를 구하여라.

(1) $y = 2^{x^3}$ (2) $y = e^{4x^2 + \sin x}$

풀이 (1) 연쇄법칙에 의하여

$$y' = 2^{x^3} \cdot \ln 2 \cdot (x^3)' = 2^{x^3} \cdot \ln 2 \cdot 3x^2 = 3\ln 2 \cdot x^2 2^{x^3}$$

이다.

(2) $y' = e^{4x^2 + \sin x} \cdot (4x^2 + \sin x)' = e^{4x^2 + \sin x} \cdot (8x + \cos x)$. ■

로그함수의 도함수를 이용하여 복잡한 함수의 도함수를 구해보자.

예제 2.5.3 다음 함수의 도함수를 구하여라.

(1) $y = \dfrac{x\sqrt{x+1}}{(x^3+1)^2}$ (2) $y = x^x$

풀이 (1) $y=\dfrac{x\sqrt{x+1}}{(x^3+1)^2}$의 양변에 ln을 취하면

$$\ln y=\ln x+\frac{1}{2}\ln(x+1)-2\ln(x^3+1)$$

이다. 양변을 x에 관하여 미분하면

$$\begin{aligned}\frac{1}{y}y'&=\frac{1}{x}+\frac{1}{2(x+1)}-\frac{2}{x^3+1}(x^3+1)'\\&=\frac{1}{x}+\frac{1}{2(x+1)}-\frac{2}{x^3+1}3x^2\end{aligned}$$

이다. 이 식을 정리하면

$$\begin{aligned}y'&=y\left(\frac{1}{x}+\frac{1}{2(x+1)}-\frac{6x^2}{x^3+1}\right)\\&=\frac{x\sqrt{x+1}}{(x^3+1)^2}\left(\frac{1}{x}+\frac{1}{2(x+1)}-\frac{6x^2}{x^3+1}\right)\end{aligned}$$

이다.

(2) $y=x^x$의 양변에 ln을 취하면 $\ln y=x\ln x$이다. 양변을 x에 관하여 미분하면

$$\frac{1}{y}y'=(x)'\ln x+x(\ln x)'=\ln x+1$$

이다. 이 식을 정리하면

$$y'=y(\ln x+1)=x^x(\ln x+1)$$

이다. ■

지수함수의 일차결합으로 정의된 쌍곡선함수의 도함수는 다음과 같으며 삼각함수의 도함수 결과와 매우 유사함을 알 수 있다.

정리

(1) $(\sinh x)'=\cosh x$ (2) $(\cosh x)'=\sinh x$

(3) $(\tanh x)' = \operatorname{sech}^2 x$ (4) $(\coth x)' = -\operatorname{csch}^2 x$

(5) $(\operatorname{sech} x)' = -\operatorname{sech} x \tanh x$ (6) $(\operatorname{csch} x)' = -\operatorname{csch} x \coth x$

증명 (1) $$(\sinh x)' = \left(\frac{1}{2}(e^x - e^{-x})\right)' = \frac{1}{2}(e^x + e^{-x}) = \cosh x$$

가 성립한다.

(2) $$(\cosh x)' = \left(\frac{1}{2}(e^x + e^{-x})\right)' = \frac{1}{2}(e^x - e^{-x}) = \sinh x$$

가 성립한다.

(3) 나눗셈 법칙과 (1), (2)에 의하여

$$\begin{aligned}(\tanh x)' &= \left(\frac{\sinh x}{\cosh x}\right)' \\ &= \frac{\cosh x \cosh x - \sinh x \sinh x}{\cosh^2 x} \\ &= \frac{1}{\cosh^2 x} \\ &= \operatorname{sech}^2 x\end{aligned}$$

가 성립한다.

(4), (5), (6)도 같은 방법으로 증명할 수 있다. ■

예제 2.5.4 다음 함수의 도함수를 구하여라.

(1) $y = \sinh^3 \dfrac{x}{2}$ (2) $y = \coth^2(\sqrt{x})$

풀이 연쇄법칙을 사용하자.

(1) $$y' = 3\sinh^2\frac{x}{2}\left(\sinh\frac{x}{2}\right)' = 3\sinh^2\frac{x}{2}\left(\cosh\frac{x}{2}\right)\cdot\frac{1}{2}$$

$$= \frac{3}{2}\sinh^2\frac{x}{2}\cosh\frac{x}{2}$$

(2) $y' = 2\coth\sqrt{x}(\coth\sqrt{x})' = 2\coth\sqrt{x}\cdot(-\operatorname{csch}^2\sqrt{x})(\sqrt{x})'$

$$= -\coth\sqrt{x}\cdot\operatorname{csch}^2\sqrt{x}\cdot\frac{1}{\sqrt{x}}$$ ■

쌍곡선함수의 역함수의 도함수는 다음과 같다.

정리

(1) $(\sinh^{-1}x)' = \dfrac{1}{\sqrt{1+x^2}}$ (2) $(\cosh^{-1}x)' = \dfrac{1}{\sqrt{x^2-1}}$

(3) $(\tanh^{-1}x)' = \dfrac{1}{1-x^2}$ (4) $(\coth^{-1}x)' = \dfrac{1}{1-x^2}$

(5) $(\operatorname{sech}^{-1}x)' = -\dfrac{1}{x\sqrt{1-x^2}}$ (6) $(\operatorname{csch}^{-1}x)' = -\dfrac{1}{|x|\sqrt{1+x^2}}$

증명 (1) $\sinh^{-1}x = \ln(x+\sqrt{x^2+1})$이므로

$$(\sinh^{-1}x)' = \frac{1}{x+\sqrt{x^2+1}}(x+\sqrt{x^2+1})'$$

$$= \frac{1}{x+\sqrt{x^2+1}}\cdot\left(1+\frac{x}{\sqrt{x^2+1}}\right) = \frac{1}{\sqrt{x^2+1}}$$

이다.

나머지는 연습문제로 한다. ■

예제 2.5.5 $y = \sinh^{-1}(\tan x)$일 때, y'을 구하여라.

풀이 연쇄법칙에 의하여

$$y' = \frac{1}{\sqrt{\tan^2 x+1}}\cdot(\tan x)' = \frac{1}{\sqrt{\sec^2 x}}\sec^2 x = \frac{\sec^2 x}{|\sec x|} = |\sec x|$$

이다. ■

연습문제 2.5

01 다음 함수의 y'을 구하여라.

(1) $y = \ln \sin(x^4 + 3)$

(2) $y = \cos(\log_3(\sin x^3))$

(3) $y = (x^2 + 5)3^x$

(4) $y = e^{x^2 + 3x}$

(5) $y = (x^2 + 1)^{5x}$

(6) $y = (5x + 1)^{(x^3 + x)}$

(7) $y = x^{\sin x}$

(8) $y = x^{x^x}$

(9) $y = \cosh e^x$

(10) $y = \ln \sinh(2x + 1)$

(11) $y = \sinh^{-1} \cos x$

(12) $y = \tanh^{-1} \sqrt{x}$

02 다음을 증명하여라.

(1) $(\coth x)' = -\operatorname{csch}^2 x$

(2) $(\operatorname{sech} x)' = -\operatorname{sech} x \tanh x$

(3) $(\operatorname{csch} x)' = -\operatorname{csch} x \coth x$

03 다음을 증명하여라.

(1) $(\cosh^{-1} x)' = \dfrac{1}{\sqrt{x^2 - 1}}$

(2) $(\tanh^{-1} x)' = \dfrac{1}{1 - x^2}$

(3) $(\operatorname{sech}^{-1} x)' = -\dfrac{1}{x\sqrt{1 - x^2}}$

(4) $(\operatorname{csch}^{-1} x)' = \dfrac{1}{|x|\sqrt{1 + x^2}}$

2.6 고계 도함수

$f(x)$의 도함수 $f'(x)$는 $f(x)$에서 유도된 또 하나의 새로운 함수이다. 이 함수 $f'(x)$를 $f(x)$의 일계 도함수라 하고, 이 일계 도함수 $f'(x)$의 도함수가 존재할 때 이를 $f(x)$의 이계 도함수라 하며 이계 도함수는 다음과 같이 표현한다.

$$f''(x) = \frac{d}{dx}\left(\frac{d}{dx}f(x)\right) = \frac{d^2 f}{dx^2}$$

$y = f(x)$일 때 같은 방법으로 $(n-1)$계 도함수로부터 n계 **도함수**를 정의할 수 있고, 다음과 같이 표현한다.

$$f'(x),\ f''(x),\ f'''(x),\ f^{(4)}(x),\ \cdots,\ f^{(n)}(x)$$

$$y',\ y'',\ y''',y^{(4)},\ \cdots,\ y^{(n)}$$

$$\frac{dy}{dx},\ \frac{d^2y}{dx^2},\ \cdots,\ \frac{d^ny}{dx^n},$$

$$D_x y,\ D_x^2 y,\ \cdots,\ D_x^n y$$

이계 이상의 도함수를 일반적으로 **고계 도함수**라고 한다.

예제 2.6.1 (1) $y = 3x^4 - 2x^3 + x^2 + 1$일 때, $y^{(3)}$을 구하여라.

(2) $x = t^3 + 2t,\ \ y = t^4 + 5t - 1$일 때, $\dfrac{dy}{dx},\ \dfrac{d^2y}{dx^2}$를 구하여라.

풀이 (1) $y' = 12x^3 - 6x^2 + 2x$이고 $y^{(2)} = 36x^2 - 12x + 2$이므로

$y^{(3)} = 72x - 12$이다.

(2) 매개변수함수의 미분법에 의하여

$$\frac{dy}{dx} = \frac{\frac{dy}{dt}}{\frac{dx}{dt}} = \frac{4t^3+5}{3t^2+2}$$

이고

$$\frac{d^2y}{dx^2} = \frac{d}{dx}\left(\frac{dy}{dx}\right)$$

$$= \frac{\frac{d\left(\frac{dy}{dx}\right)}{dt}}{\frac{dx}{dt}}$$

$$= \frac{\frac{12t^2(3t^2+2)-6t(4t^3+5)}{(3t^2+2)^2}}{3t^2+2}$$

$$= \frac{12t^4+24t^2-30t}{(3t^2+2)^3}$$

이다. ■

예제 2.6.2 $\frac{y^3}{3} - xy - x^2 = 0$일 때, y''을 구하여라.

풀이 음함수의 미분법에 의하여

$$y^2y' - (y+xy') - 2x = 0$$

이며 이를 정리하면

$$y' = \frac{y+2x}{y^2-x}$$

이므로

$$y'' = \frac{(y+2x)'(y^2-x) - (y^2-x)'(y+2x)}{(y^2-x)^2}$$

$$= \frac{(y'+2)(y^2-x) - (2yy'-1)(y+2x)}{(y^2-x)^2}$$

$$= \frac{\left(\frac{y+2x}{y^2-x}+2\right)(y^2-x)-\left(\frac{2y(y+2x)}{y^2-x}-1\right)(y+2x)}{(y^2-x)^2}$$

$$= \frac{2y^4-8xy^2-8x^2y-2xy-2x^2}{(y^2-x)^3}$$

이다. ■

예제 2.6.3 다음 함수의 n계 도함수를 구하여라.

(1) $y=\frac{1}{x}$ (2) $y=\sin x$

풀이 (1)

$$y' = -x^{-2}$$
$$y'' = 2x^{-3} = (-1)^2 2! x^{-3}$$
$$y''' = -2\cdot 3x^{-4} = (-1)^3 3! x^{-4}$$

이므로

$$y^{(n)} = (-1)^n n! x^{-(n+1)}$$

이다.

(2)

$$y' = \cos x = \sin\left(x+\frac{\pi}{2}\right)$$
$$y'' = \cos\left(x+\frac{\pi}{2}\right) = \sin\left(x+2\frac{\pi}{2}\right)$$
$$y''' = \cos\left(x+2\frac{\pi}{2}\right) = \sin\left(x+3\frac{\pi}{2}\right)$$

이므로

$$y^{(n)} = \sin\left(x+n\frac{\pi}{2}\right)$$

이다. ■

두 식

$$\lim_{x\to a}\frac{f(x)-f(a)}{x-a}=f'(a)\text{와 } \lim_{x\to a}\frac{g(x)-g(a)}{x-a}=g'(a)$$

로부터 x가 a로 접근하면

$$f(x)\approx f(a)+f'(a)(x-a)=f'(a)(x-a)$$
$$g(x)\approx g(a)+g'(a)(x-a)=g'(a)(x-a)$$

로 접근한다. 그러므로 만일 $g'(a)\neq 0$이면

$$\lim_{x\to a}\frac{f(x)}{g(x)}=\lim_{x\to a}\frac{f'(a)(x-a)}{g'(a)(x-a)}=\frac{f'(a)}{g'(a)}$$

이라 가정할 수 있다. 이것으로부터 다음 정리가 성립한다.

정리 2.6.1

부정형 $\frac{0}{0}$에 대한 로피탈(L'Hospital)의 법칙

f와 g가 a를 포함한 개구간 I에서 미분가능하고 (단, a에서 미분가능하지 않을 수 있음) 구간 I에서 $g'(x)\neq 0$라 하자. 만일

$$\lim_{x\to a}f(x)=0,\ \lim_{x\to a}g(x)=0$$

이고 $\lim_{x\to a}\frac{f'(x)}{g'(x)}=L$이면 $\lim_{x\to a}\frac{f(x)}{g(x)}=L$이다($L=\infty$ 또는 $L=-\infty$일 수도 있다). 좌극한 우극한에도 위의 정리가 성립한다.

예제 2.6.4 극한 $\lim_{x\to 1}\frac{\sin\pi x}{x-1}$을 구하여라.

풀이 $\frac{0}{0}$ 형태이고 정리 2.6.1의 모든 조건을 만족한다. 그러므로

$$\lim_{x\to 1}\frac{\sin\pi x}{x-1}=\lim_{x\to 1}\frac{\pi\cos\pi x}{1}=-\pi$$

이다. ■

예제 2.6.5 극한 $\lim\limits_{x\to 0}\dfrac{e^{2x}-2x-1}{x^2}$을 구하여라.

풀이 $f(x)=e^{2x}-2x-1$이고 $g(x)=x^2$이라 하면 $\dfrac{0}{0}$ 형태이고 정리 2.6.1의 모든 조건을 만족한다. 한편 $\dfrac{f'(x)}{g'(x)}=\dfrac{2e^{2x}-2}{2x}$이고, 이 또한 $\dfrac{0}{0}$ 형태이다. 그러므로 정리 2.6.1을 다시 쓸 수 있다. 따라서

$$\lim_{x\to 0}\frac{e^{2x}-2x-1}{x^2}=\lim_{x\to 0}\frac{2e^{2x}-2}{2x}=\lim_{x\to 0}\frac{4e^{2x}}{2}=2$$

이다. ■

정리

부정형 $\dfrac{\infty}{\infty}$에 대한 로피탈의 법칙

f와 g가 a를 포함한 개구간 I에서 미분가능하고 (단, a에서 미분가능하지 않을 수 있음) 구간 I에서 $g'(x)\neq 0$라 하자. 만일

$$\lim_{x\to a}f(x)=\pm\infty,\ \lim_{x\to a}g(x)=\pm\infty$$

이고 $\lim\limits_{x\to a}\dfrac{f'(x)}{g'(x)}=L$이면 $\lim\limits_{x\to a}\dfrac{f(x)}{g(x)}=L$이다($L=\infty$ 또는 $L=-\infty$일 수도 있다).

예제 2.6.6 극한 $\lim\limits_{x\to 0^+}\dfrac{\ln x}{\cot x}$를 구하여라.

풀이 $\dfrac{\infty}{\infty}$ 형태이고 정리 2.6.2의 모든 조건을 만족한다. 그러므로

$$\lim_{x\to 0^+}\frac{\ln x}{\cot x}=\lim_{x\to 0^+}\frac{\frac{1}{x}}{-\csc^2 x}=-\lim_{x\to 0^+}\frac{\sin^2 x}{x}$$

$$= -\lim_{x \to 0^+}\left(\frac{\sin x}{x} \cdot \sin x\right) = 0$$

이다. ■

로피탈의 정리에서 $x \to a$를 $x \to \infty$ 또는 $x \to -\infty$로 바꾸어도 정리는 성립한다

연습문제 2.6

01 다음 함수의 $\dfrac{dy}{dx}$, $\dfrac{d^2y}{dx^2}$를 구하여라.

(1) $y=\dfrac{x}{x^2+1}$ (2) $y=\sqrt[3]{2-3x}$

(3) $y=e^{-x^2}$ (4) $y=\sin^3(5x)$

(5) $x=t^3+3,\ y=t^2-2t$ (6) $x=3e^{-t},\ y=e^{2t}$

(7) $x^2-xy+y^2=1$ (8) $\sqrt{xy}+x+y=0$

02 $f(x)=x^4-2x^3-12x^2+26x-13$라 할 때, 다음을 만족하는 x의 집합을 구하여라.

(1) $f''(x)=0$ (2) $f'''(x)>0$

03 다음의 극한이 존재하면 극한을 구하여라.

(1) $\displaystyle\lim_{x\to2}\frac{\sqrt{x-1}-1}{x^2-4}$ (2) $\displaystyle\lim_{x\to3}\frac{x-3}{\sqrt[3]{x-2}-1}$

(3) $\displaystyle\lim_{x\to0}\frac{\tan2x}{x}$ (4) $\displaystyle\lim_{x\to0}\frac{\sin2x}{\sin5x}$

(5) $\displaystyle\lim_{x\to0}\frac{e^x-1}{x}$ (6) $\displaystyle\lim_{x\to2}\frac{e^{x-2}-1}{x^2-4}$

(7) $\displaystyle\lim_{x\to0}\frac{\sec x-\cos x}{x^2}$ (8) $\displaystyle\lim_{x\to0}\frac{x}{\tan^{-1}x}$

(9) $\displaystyle\lim_{x\to\infty}\frac{\ln x}{\sqrt{x}}$ (10) $\displaystyle\lim_{x\to\infty}\frac{\ln(\ln x)}{\ln x}$

(11) $\displaystyle\lim_{x\to0}(1+x)^{1/x}$ (12) $\displaystyle\lim_{x\to1^+}x^{\frac{1}{x-1}}$

(13) $\displaystyle\lim_{x\to0}(\cos x)^{\cot^2x}$ (14) $\displaystyle\lim_{x\to\infty}x^3 3^{-x}$

2.7 테일러 정리

a가 실수이고 $\{a_n\}$이 수열이라고 할 때 급수

$$\sum_{n=0}^{\infty} a_n(x-a)^n = a_0 + a_1(x-a) + a_2(x-a)^2 + \cdots + a_n(x-a)^n + \cdots$$

을 $x-a$에 관한 **멱급수(power series)**라고 한다. 특히 $a=0$일 때 x에 관한 멱급수

$$\sum_{n=0}^{\infty} a_n x^n = a_0 + a_1 x + a_2 x^2 + \cdots + a_n x^n + \cdots$$

을 x에 관한 **맥클로린 급수**라고 한다. 예를 들면 기하급수

$$1 + x + x^2 + \cdots + x^n + \cdots$$

은 맥클로린 급수이다. 이미 알고 있는 것처럼, $|x| < 1$이면 기하급수는 수렴하고 그 값은

$$\frac{1}{1-x} = \sum_{n=0}^{\infty} x^n$$

이며, $|x| \geq 1$이면 위 급수는 발산한다. 위 식은 다항식이 아닌 함수가 "무한차원의 다항식"으로 표현될 수 있다는 사실을 보여준다.

멱급수와 관련되어 우리는 2가지 의문점을 가질 수 있다. 그 첫 번째는 멱급수가 수렴하는 x의 값에 관한 의문이고, 두 번째는 어떤 함수를 멱급수로 표현할 수 있느냐 하는 것이다.

(1) 급수 $a_0 + a_1 x + a_2 x^2 + \cdots$는 모든 x에 대해 수렴하거나

(2) 급수 $a_0 + a_1 x + a_2 x^2 + \cdots$는 $|x| < R$인 x에 대해서 수렴하고, $|x| > R$이면 발산한다.

두 번째 경우 R을 급수의 수렴반지름(radius of convergence)이라고 한다. 첫 번째 경우는 수렴반지름은 무한대, 즉 $R=\infty$라고 한다. 기하급수의 경우 $|x|<1$이면 수렴하고 $|x|>1$이면 발산하므로 $R=1$이다.(물론 $x=-1,\ 1$에서 기하급수는 발산한다.) 수렴반지름 R을 갖는 멱급수는 $x=R$과 $x=-R$에서는 수렴할 수도 있고 그렇지 않을 수도 있다.

수렴 구간 내에서 멱급수는 다항식과 유사한 성질을 갖게 된다. 다음에는 멱급수의 미분을 포함한 연산에 대하여 알아본다.

정리 2.7.1

멱급수의 미분

$R>0$이고 멱급수 $\sum_{n=0}^{\infty} a_n x^n$은 $|x|<R$에서 $f(x)$에 수렴한다고 하자. 그때 $|x|<R$에서 f는 미분가능하고

$$f'(x)=\sum_{n=1}^{\infty} na_n x^{n-1}=a_1+2a_2x+3a_3x^2+\cdots$$

이다.

예제 2.7.1 함수 $\dfrac{1}{(1-x)^2}$의 멱급수를 구하여라.

풀이

$$\frac{1}{1-x}=1+x+x^2+x^3+\cdots,\quad |x|<1$$

이므로

$$\frac{1}{(1-x)^2}=0+1+2x+3x^2+\cdots=\sum_{n=0}^{\infty}(n+1)x^n,\quad |x|<1$$

이 성립한다. ■

$f(x)$가 멱급수형태의 표현을 갖는다면 계수 a_n을 구할 수 있다.

정리

$R > 0$이고 $|x| < R$에 대해 $f(x) = a_0 + a_1 x + a_2 x^2 + \cdots + a_n x^n + \cdots$ 라고 하자. 이때

$$a_n = \frac{f^{(n)}(0)}{n!}$$

이다.

증명 $x = 0$이면 $f(0) = a_0$이다. a_1을 구하기 위해 $f(x)$를 미분하면

$$f^{(1)}(x) = a_1 + 2a_2 x + 3a_3 x^2 + \cdots + na_n x^{n-1} + \cdots$$

이고 $x = 0$을 대입하면 $f^{(1)}(0) = a_1$을 얻는다. a_2를 구하기 위해 한 번 더 미분하면

$$f^{(2)}(x) = 2a_2 + 3 \cdot 2a_3 x + \cdots + n(n-1)a_n x^{n-2} + \cdots$$

이고 $x = 0$을 대입하면 $f^{(2)}(0) = 2a_2$이므로 $a_2 = \dfrac{f^{(2)}(0)}{2}$을 얻을 수 있다. a_3를 구하기 위해 한 번 더 미분하고 $x = 0$를 대입하면 $a_3 = \dfrac{f^{(3)}(0)}{3!}$을 얻을 수 있다. 이와 같은 방법을 n번 시행하면 $a_n = \dfrac{f^{(n)}(0)}{n!}$을 얻게 된다. ■

예제 2.7.2 $f(x) = e^x = a_0 + a_1 x + a_2 x^2 + \cdots + a_n x^n + \cdots$ 일 경우 계수를 결정하여라.

풀이 $f^{(n)}(x) = e^x \ (n = 1, 2, 3, \cdots)$이므로 항상 $f^{(n)}(0) = 1$이다. 따라서

$$a_n = \frac{1}{n!}$$

이므로 e^x를 맥클로린 급수로 표현하면

$$e^x = \frac{1}{0!} + \frac{x}{1!} + \frac{x^2}{2!} + \cdots + \frac{x^n}{n!} + \cdots = \sum_{n=0}^{\infty} \frac{x^n}{n!}$$

이다. ■

$f(x)=\sin x$와 $f(x)=\cos x$에서도 다음의 공식을 얻게 된다.

$$\sin x = x - \frac{x^3}{3!} + \frac{x^5}{5!} - \frac{x^7}{7!} + \cdots = \sum_{n=0}^{\infty} \frac{(-1)^n x^{2n+1}}{(2n+1)!}$$

$$\cos x = 1 - \frac{x^2}{2!} + \frac{x^4}{4!} - \frac{x^6}{6!} + \cdots = \sum_{n=0}^{\infty} \frac{(-1)^n x^{2n}}{(2n)!}$$

멱급수끼리는 다항식과 유사하게 덧셈, 뺄셈, 곱셈, 나눗셈 등의 연산이 가능하다.

정리

멱급수 연산

$|x| < R$에 대해

$$f(x) = a_0 + a_1 x + a_2 x^2 + \cdots + a_n x^n + \cdots,\ \ g(x) = b_0 + b_1 x + b_2 x^2 + \cdots + b_n x^n + \cdots$$

라고 하자. 이때

(1) $f(x)+g(x) = \sum_{n=0}^{\infty} (a_n + b_n) x^n$

(2) $f(x)-g(x) = \sum_{n=0}^{\infty} (a_n - b_n) x^n$

(3) $f(x)g(x) = a_0 b_0 + (a_0 b_1 + a_1 b_0)x + (a_0 b_2 + a_1 b_1 + a_2 b_0)x^2 + \cdots$

(4) $|x| < R$인 경우 $g(x) \neq 0$일 때 $f(x)/g(x)$는 다항식의 연산과 유사한 방법으로 얻을 수 있다.

예제 2.7.3 $e^x \dfrac{1}{1-x}$에 대한 맥클로린 급수를 처음 네 번째 항까지 표현하여라.

풀이

$$\begin{aligned} e^x \frac{1}{1-x} &= \left(1 + x + \frac{x^2}{2!} + \frac{x^3}{3!} + \cdots\right)(1 + x + x^2 + x^3 + \cdots) \\ &= 1 \cdot 1 + (1 \cdot 1 + 1 \cdot 1)x + \left(1 \cdot 1 + 1 \cdot 1 + \frac{1}{2!} \cdot 1\right)x^2 \\ &\quad + \left(1 \cdot 1 + 1 \cdot 1 + \frac{1}{2!} \cdot 1 + \frac{1}{3!} \cdot 1\right)x^3 + \cdots \end{aligned}$$

$$= 1 + 2x + \frac{5}{2}x^2 + \frac{8}{3}x^3 + \cdots, \quad |x| < 1$$ ■

$f(x)$를 $x-a$에 관한 멱급수로 표현할 수 있다면 그 급수는

$$f(a) + f^{(1)}(a)(x-a) + \frac{f^{(2)}(a)}{2!}(x-a)^2 + \cdots + \frac{f^{(n)}(a)}{n!}(x-a)^n + \cdots$$
$$= \sum_{n=0}^{\infty} \frac{f^{(n)}(a)}{n!}(x-a)^n$$

형태가 된다. 위 급수를 함수 $f(x)$에 대한 $x=a$에서의 **테일러 급수**라고 한다. $a=0$일 때는 함수 $f(x)$에 대한 **맥클로린 급수**이다.

특히 다항식

$$f(a) + f^{(1)}(a)(x-a) + \frac{f^{(2)}(a)}{2!}(x-a)^2 + \cdots + \frac{f^{(n)}(a)}{n!}(x-a)^n$$

을 $x=a$에서 f에 대한 n차의 **테일러 다항식(Taylor polynomial)**이라고 하며 $P_n(x\,;\,a)$로 표시하기로 한다.

예제 2.7.4 $x=0$에서 e^x에 대한 4차의 테일러 다항식을 구하여라.

풀이 $f(x) = e^x$라고 하면 $f^{(1)}(0) = f^{(2)}(0) = f^{(3)}(0) = f^{(4)}(0) = 1$이므로 테일러 다항식은

$$P_4(x\,;\,0) = 1 + \frac{1}{1!}(x-0) + \frac{1}{2!}(x-0)^2 + \frac{1}{3!}(x-0)^3 + \frac{1}{4!}(x-0)^4$$
$$= 1 + x + \frac{x^2}{2!} + \frac{x^3}{3!} + \frac{x^4}{4!}$$

이다. ■

그림 2-3은 $f(x) = e^x$에 대한 4차 이하의 테일러 다항식을 그린 것이다. 차수가 높아갈수록 테일러 다항식은 $x=0$ 주위에서 e^x에 접근하게 된다.

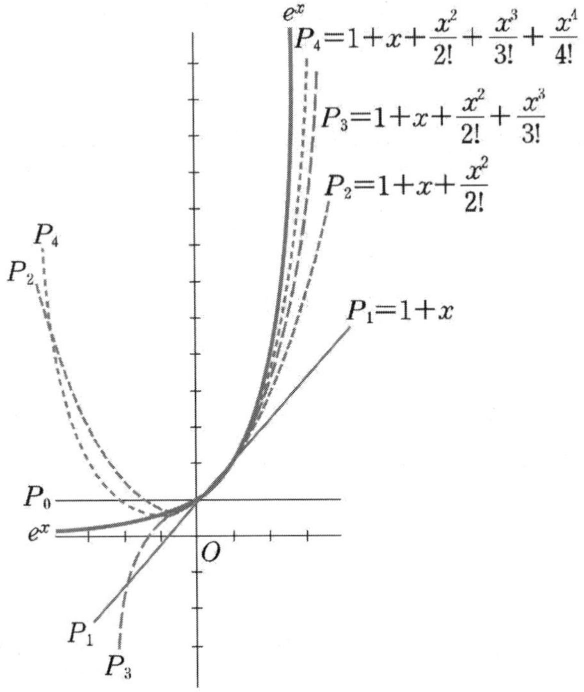

| 그림 2-3 |

특히 방정식 $f(x) = P_n(x\,;\,a) + R_n(x\,;\,a)$에 의해 정의된 수 $R_n(x\,;\,a)$를 나머지항 (remainder) 또는 오차(error)라고 한다.

연습문제 2.7

01 다음의 주어진 두 함수에 대하여 두 번째 함수의 맥클로린 급수를 미분하여 첫 번째 함수의 맥클로린 급수를 구하여라.

(1) $\sin x$; $\cos x$　　　(3) e^x ; e^x

02 다음 함수 f의 맥클로린 급수와 수렴반지름을 구하여라.

(1) $f(x) = \tan^{-1}x$

(2) $f(x) = x^2\cos x$

(3) $f(x) = \cosh x$

(4) $f(x) = \sin^2 x$ $\left[\text{힌트 : } \sin^2 x = \frac{1}{2}(1-\cos 2x)\right]$

03 다음 함수의 테일러 다항식 $P_0(x\,;0)$, $P_1(x\,;0)$, $P_2(x\,;0)$, $P_3(x\,;0)$을 구하고 각각의 그래프를 그려라.

(1) $\frac{1}{1+x}$　　　(2) $\cos x$　　　(3) $\sin x$

3장 도함수의 응용

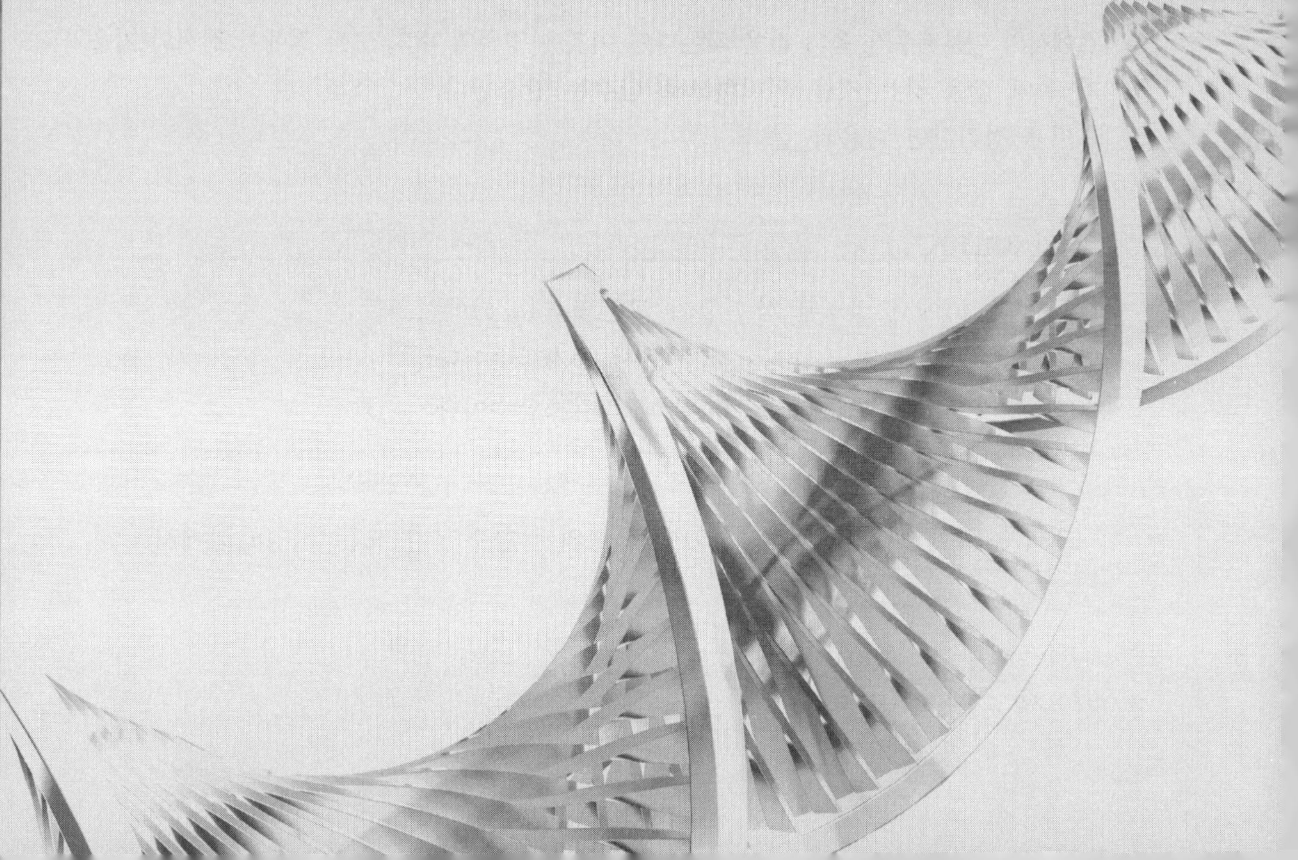

3.1 도함수의 응용

함수의 증가와 감소는 일계 도함수와 밀접한 관계가 있다. 만일 주어진 함수가 정의역 내의 모든 점에서의 미분계수가 양의 값을 갖는다면 이것은 정의역 내의 모든 점에서의 접선의 기울기가 양의 값을 갖는 것을 의미하므로 함수는 증가한다. 반대로 정의역 내의 모든

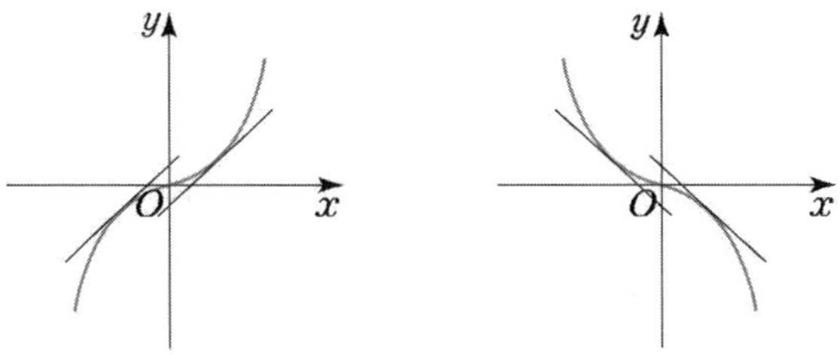

(a) 증가 함수와 접선 (b) 감소 함수와 접선

I 그림 3-1 I

점에서의 미분계수가 음의 값을 갖는다면 이것은 정의역 내의 모든 점에서 접선의 기울기가 음의 값을 갖는 것을 의미하므로 함수는 감소한다.

이를 정리하면 다음과 같다.

정리 3.1.1

구간 (a, b)에서 정의된 함수 f가 모든 $x \in (a, b)$에서

(1) $f'(x) > 0$이면 $f(x)$는 (a, b)에서 증가함수이다.

(2) $f'(x) < 0$이면 $f(x)$는 (a, b)에서 감소함수이다.

정리 3.1.1에 의하여 구간 (a, b)에서 정의된 함수 f가 모든 $x \in (a, b)$에서

$$f'(x) = 0$$

이면 $f(x)$는 (a, b) 에서 증가함수인 동시에 감소함수가 되어야 하므로 $f(x)$는 상수함수가 된다.

예제 3.1.1 $(-\infty, 0)$에서 $g(x) = x^2 + 1$은 감소함수임을 증명하여라.

증명 $g'(x) = 2x$ 이고 임의의 $x \in (-\infty, 0)$에 대하여

$$g'(x) < 0$$

이므로 정리 3.1.1에 의하여 $(-\infty, 0)$에서 $g(x) = x^2 + 1$은 감소함수이다.

■

예제 3.1.2 $f(x) = x^3 - 3x^2 - 9x$ 가 증가, 감소하는 구간을 구하여라.

풀이 $f(x) = x^3 - 3x^2 - 9x$ 의 도함수는

$$f'(x) = 3x^2 - 6x - 9 = 3(x-3)(x+1)$$

이다. 따라서 $x > 3$이거나 $x < -1$이면 $f'(x) > 0$이고 $-1 < x < 3$이면 $f'(x) < 0$이다. 따라서 $f(x)$는 $(-\infty, -1) \cup (3, \infty)$에서 증가하고 $(-1, 3)$에서 감소한다.

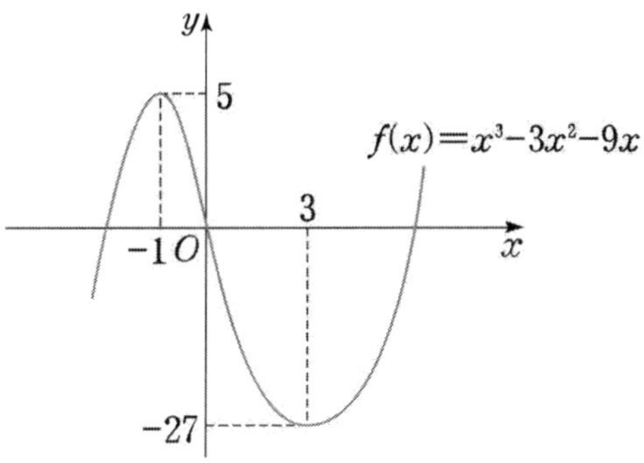

Ⅰ 그림 3-2 Ⅰ

■

앞 예제에서 $x=-1$, $x=3$에서 $f'(x)=0$이다. 이제 $f'(x)=0$ 또는 $f'(x)$이 존재하지 않는 점에 대한 정의를 하고자 한다.

정의 3.1.1

$f'(c)=0$ 또는 $f'(c)$가 존재하지 않는 f의 정의역 안의 점 $x=c$를 함수 f의 임계점(critical point)이라고 한다.

예제 3.1.3 다음 함수의 임계점을 구하여라.

(1) $f(x)=x^3-3x$ (2) $g(x)=\dfrac{1}{x^2+1}$ (3) $h(x)=|x|$

풀이 (1)

$$f'(x)=3x^2-3=3(x-1)(x+1)$$

이므로 $f'(1)=0$이고 $f'(-1)=0$이다. 따라서 임계점은 $x=1$과 $x=-1$이다.

(2)

$$g'(x)=\frac{-2x}{(x^2+1)^2}$$

이므로 $g'(0)=0$이다. 따라서 임계점은 $x=0$이다.

(3)

$$h'(x)=\frac{x}{|x|}$$

이므로 $h'(0)$은 정의되지 않는다. 따라서 임계점은 $x=0$이다. ■

함수가 어떤 점의 근방에서 가장 큰 값을 가지면 이를 극댓값이라고 한다. 이때 점의 근방은 주어진 점을 포함하는 작은 개구간을 의미한다. 같은 방법으로 함수가 어떤 점의 근방에서 가장 작은 값을 가지면 이를 극솟값이라고 하며 이에 대한 엄밀한 수학적 정의는 다음과 같다.

정의 3.1.2

함수 $f: D\to\mathbb{R}$이라고 하자. $c\in D$이고 적당한 개구간 I가 존재하여 $c\in I$라고 할 때

(1) 모든 $x \in I \cap D$에 대하여 $f(c) \ge f(x)$이면 함수 f는 $x = c$에서 극댓값 (local maximum)을 갖는다고 한다.

(2) 모든 $x \in I \cap D$에 대하여 $f(c) \le f(x)$이면 함수 f는 $x = c$에서 극솟값 (local minimum)을 갖는다고 한다.

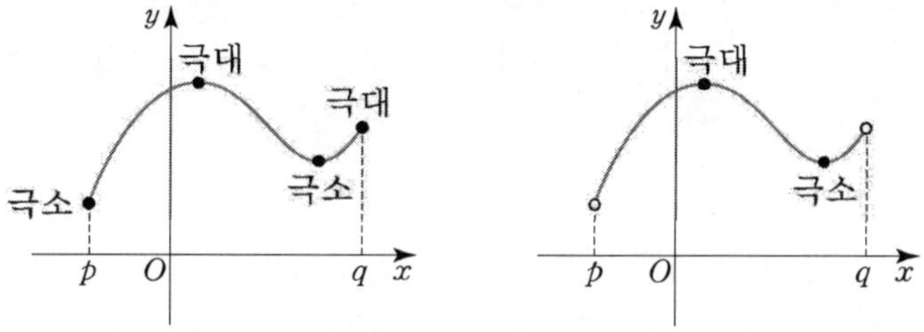

(a) 정의역 $= [p, q]$ (b) 정의역 $= (p, q)$

Ⅰ 그림 3-3 Ⅰ

함수의 증가, 감소상태의 변화와 함수의 극댓값과 극솟값의 관계에 대하여 알아보자.

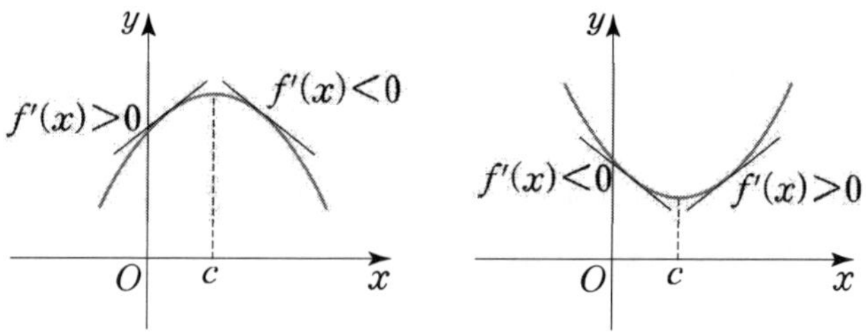

Ⅰ 그림 3-4 Ⅰ

이 그래프에서 알 수 있듯이 함수가 극댓값을 갖는 점의 근방에서 $f'(x)$의 부호는 양에서 음으로 바뀌며 함수가 극솟값을 갖는 점의 근방에서 $f'(x)$의 부호는 음에서 양으로 바뀐다. 이를 정리하면 다음과 같다.

정리 3.1.2

일계 도함수 판정법

$f(x)$가 $x = c$에서 연속이고 c의 근방에서 미분가능($x = c$에서 미분불가능이어도 무방하다)하며 $x = c$를 중심으로

(1) $f'(x)$의 부호가 양에서 음으로 바뀌면 $f(x)$는 $x = c$에서 극댓값을 갖는다.

(2) $f'(x)$의 부호가 음에서 양으로 바뀌면 $f(x)$는 $x=c$에서 극솟값을 갖는다.

만일 $x=c$의 근방에서 $f'(x)$의 부호가 바뀌지 않으면 함수 $f(x)$는 $x=c$에서 극값을 갖지 않는다.

일계 도함수 판정법을 이용하여 극댓값과 극솟값을 구하려면 우선 임계점을 구해야 한다. 임계점을 이용하여 도함수의 부호표를 만들면 쉽게 극댓값과 극솟값을 구할 수 있다.

예제 3.1.4 다음 함수의 극댓값과 극솟값을 구하여라.

(1) $f(x) = x^3 - 3x^2 - 1$ (2) $g(x) = x^{\frac{2}{3}}$ (3) $h(x) = x^{\frac{1}{3}}$

풀이 (1) $f'(x) = 3x^2 - 6x = 3x(x-2)$ 이므로 임계점은 $x=0,\ 2$ 이다.

x	$\cdots$	0	$\cdots$	2	$\cdots$
$f'(x)$	+	0	−	0	+

$f(x)$는 $x=0$에서 극댓값 $f(0) = -1$를 갖고 $x=2$에서 극솟값 $f(2) = -5$를 갖는다.

(2) $g'(x) = \dfrac{2}{3}x^{-\frac{1}{3}} = \dfrac{2}{3\sqrt[3]{x}}$ 이므로 임계점은 $x=0$이다.

x	$\cdots$	0	$\cdots$
$g'(x)$	−	존재하지 않는다.	+

따라서 $g(x)$는 $x=0$에서 극솟값 $g(0)=0$을 갖는다.

(3) $h'(x) = \dfrac{1}{3}x^{-\frac{2}{3}} = \dfrac{1}{3\sqrt[3]{x^2}}$ 이므로 임계점은 $x=0$이다.

x	$\cdots$	0	$\cdots$
$h'(x)$	+	존재하지 않는다.	+

따라서 $h(x)$는 극댓값과 극솟값을 갖지 않는다. ■

이제 최댓값과 최솟값을 정의하여 보자.

정의 3.1.3

$f : D \to \mathbb{R}$이고 $c \in D$라고 하자.

(1) 모든 $x \in D$에 대하여 $f(c) \geq f(x)$이면 $f(x)$는 $x = c$에서 최댓값(absolute maximum)을 갖는다고 한다.

(2) 모든 $x \in D$에 대하여 $f(c) \leq f(x)$이면 $f(x)$는 $x = c$에서 최솟값(absolute minimum)을 갖는다고 한다.

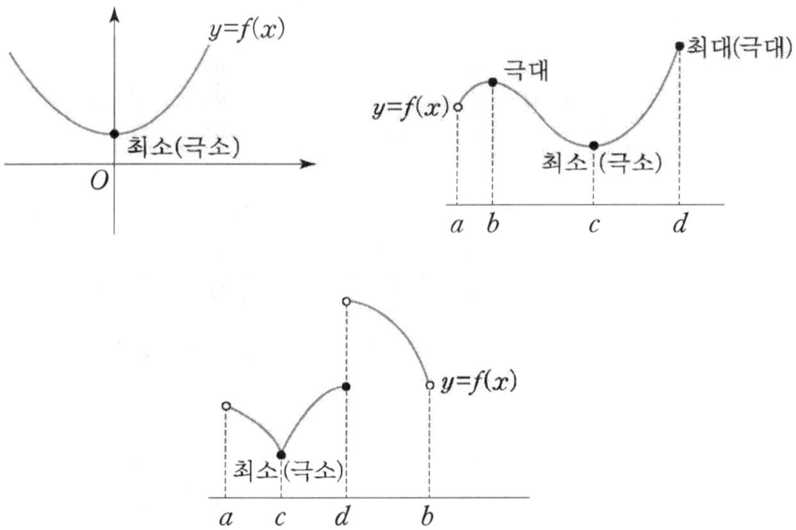

Ⅰ 그림 3-5 Ⅰ

연속인 함수는 반드시 최댓값과 최솟값을 갖는가? 이 질문의 대답은 연속인 함수의 정의역에 의해 결정된다.

예제 3.1.5 $f: D \to \mathbb{R}$가 $f(x) = x^2 + 1$일 때 다음 각각의 정의역에 대하여 $f(x)$의 최솟값과 최댓값을 구하여라.

(1) $D = (-1, 2)$ (2) $D = [-1, 2]$

(3) $D = (0, 2)$ (4) $D = (0, 2]$

풀이 주어진 정의역에서 $f(x)$의 그래프를 그려보면 쉽게 알 수 있다.

(1) $f(x)$는 $x = 0$에서 최솟값 $f(0) = 1$을 갖지만 최댓값은 갖지 않는다.

(2) $f(x)$는 $x = 0$에서 최솟값 $f(0) = 1$을 갖고 $x = 2$에서 최댓값 $f(2) = 5$를 갖는다.

(3) $f(x)$는 최솟값과 최댓값 모두를 갖지 않는다.

(4) $f(x)$는 최솟값을 갖지 않지만 $x = 2$에서 최댓값 $f(2) = 5$를 갖는다.

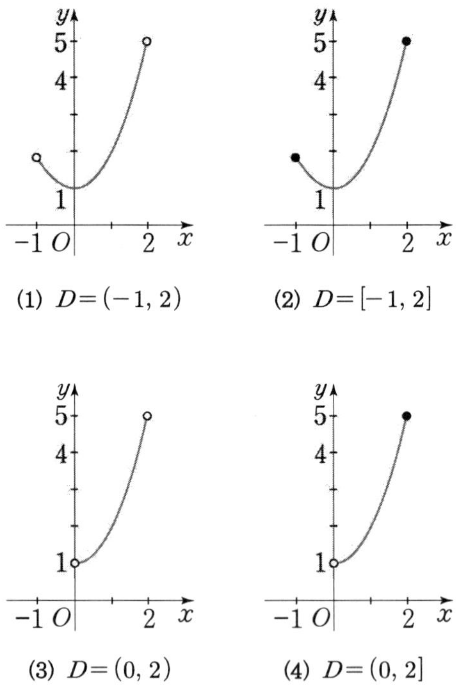

(1) $D=(-1, 2)$ (2) $D=[-1, 2]$ (3) $D=(0, 2)$ (4) $D=(0, 2]$

I 그림 3-6 I ■

예제 3.1.6 $f(x)=\dfrac{1}{x}$은 $(0, 1)$에서 연속이지만 이 구간에서 최댓값과 최솟값을 갖지 않는다.

다음은 함수가 최댓값과 최솟값을 가질 수 있는 조건에 관한 정리이다.

정리 3.1.3

최대, 최소정리

함수 f가 폐구간 $[a, b]$에서 연속이면 $f(x)$는 최댓값과 최솟값을 갖는다.

폐구간 $[a, b]$에서 정의된 연속함수의 최댓값과 최솟값은 다음과 같이 구한다.

(1) (a, b) 내의 함수 f의 임계점에서의 함숫값을 구한다.
(2) $f(a)$와 $f(b)$를 구한다.
(3) (1)과 (2)의 값들 중 가장 큰 값이 최댓값, 가장 작은 값이 최솟값이다.

예제 3.1.7 구간 $[0,1]$에서 함수 $f(x)=x-x^3$의 최댓값과 최솟값을 구하여라.

풀이 함수 $f(x)=x-x^3$는 폐구간 $[0,1]$에서 연속이다.
$f'(x)=1-3x^2$이므로 $x=-\dfrac{\sqrt{3}}{3}$과 $x=\dfrac{\sqrt{3}}{3}$이 임계점이고 구간 $[0,1]$에 속한 값은 $x=\dfrac{\sqrt{3}}{3}$이다. $f\left(\dfrac{\sqrt{3}}{3}\right)=\dfrac{2\sqrt{3}}{9}$이고, 또한 폐구간의 양쪽 끝점에서의 함수 값은 $f(0)=0$이고 $f(1)=0$이다. 따라서 최댓값은 $\dfrac{2\sqrt{3}}{9}$이고 최솟값은 0이다. ■

예제 3.1.8 구간 $[-2, 3]$에서 함수 $f(x)=|x|+1$의 최댓값과 최솟값을 구하여라.

풀이 함수 $f(x)=|x|+1$은 폐구간 $[-2, 3]$에서 연속이다.

$$f'(x) = \begin{cases} 1, & x > 0 \\ -1, & x < 0 \\ \text{존재하지 않는다}, & x = 0 \end{cases}$$

이므로 임계점은 $x = 0$이고 $f(0) = 1$이다. 또한 폐구간의 양쪽 끝점에서의 함숫값은 $f(-2) = 3$이고 $f(3) = 4$이다. 따라서 최솟값은 1이고 최댓값은 4이다. ■

연습문제 3.1

01 다음 각각의 함수의 극값과 증가 또는 감소 구간을 구하여라.

(1) $f(x) = x^2 - 4x + 2$, $[1, 5]$

(2) $f(x) = x^2 - 4x + 2$, $[0, 3]$

(3) $f(x) = x^3 + 3x + 1$

(4) $f(x) = 2x^3 - 9x^2 + 12x + 7$

(5) $f(x) = -x^4 + 2x^2 + 1$, $[-3, 3]$

(6) $f(x) = x^3 - 3x + 7$, $[-2, 2]$

02 다음 함수의 임계점을 구하여라.

(1) $f(x) = x^3 + 7x^2 - 5x$

(2) $f(x) = -x^3 - 2x^2 + x + 7$

(3) $f(x) = x^4 + 4x^3 - 2x^2 - 12x$

(4) $f(x) = 2x^4 - 4x^2 + 1$

(5) $f(x) = x^{\frac{6}{5}} - 12x^{\frac{1}{5}}$

(6) $f(x) = x^{\frac{4}{3}} + x^{\frac{1}{3}}$

(7) $f(x) = (x^2 - 4)^{\frac{2}{3}}$

(8) $f(x) = (x^3 + 1)^{\frac{5}{3}}$

(9) $f(x) = \dfrac{x}{x^2 - 9}$

(10) $f(x) = \dfrac{x}{x^2 + 1}$

03 주어진 구간에서 함수의 최댓값과 최솟값을 구하여라.

(1) $y = \dfrac{1}{x}$, $[-2, 3]$

(2) $y = \dfrac{2x}{x-2}$, $[0, 4]$

(3) $y = \dfrac{4}{(x-3)^2}$, $[2, 5]$

(4) $y = -\dfrac{1}{(2-x)^2}$, $[0, 4]$

(5) $y = x - [x]$, $(1, 3)$

(6) $y = x + [x]$, $(-3, -1)$

3.2 평균값의 정리

이 절에서는 미분과 관련된 가장 중요한 정리인 롤의 정리와 평균값의 정리에 대하여 알아보고자 한다.

롤의 정리(Rolle's theorem)는 다음과 같다.

정리 3.2.1

롤의 정리
함수 f가 폐구간 $[a, b]$에서 연속이고 개구간 (a, b)에서 미분가능하다고 하자. 만일 $f(a)=f(b)$이면 $f'(c)=0$인 $c\in(a, b)$가 적어도 하나 존재한다.

롤의 정리의 엄밀한 증명은 복잡하므로 생략하고 기하학적 그림을 이용하여 정리가 다음과 같이 설명할 수 있다.

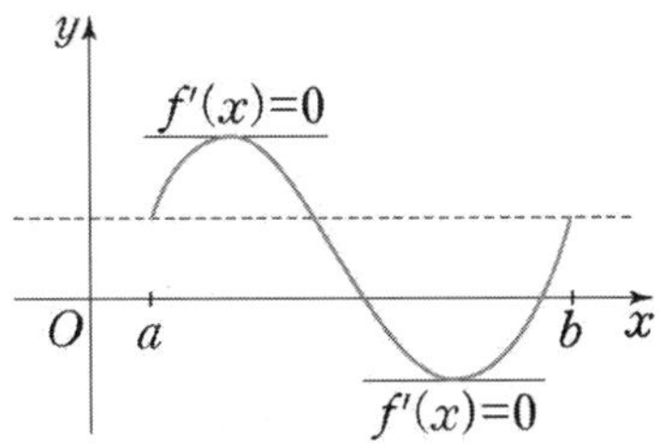

I 그림 3-7 I

예제 3.2.1 구간 $[1, 4]$에서 $f(x)=x^2-5x+4$일 때 $f'(c)=0$인 $c\in(1, 4)$가 존재함을 증명하여라.

풀이 $f(x) = x^2 - 5x + 4$는 $[1, 4]$에서 연속이고 $(1, 4)$에서 미분가능하며 $f(1) = 0 = f(4)$이다. 따라서 롤의 정리에 의하여 $f'(c) = 0$인 $c \in (1, 4)$가 존재한다. ■

실제로 $f'(c) = 2c - 5 = 0$ 인 c는 $c = \frac{5}{2} \in (1, 4)$이다.

예제 3.2.2 $f(x) = 1 - |x|$는 $(-1, 1)$에서 $f'(c) = 0$인 c가 없음을 증명하여라.

풀이 $f(x) = 1 - |x|$는 $[-1, 1]$에서 연속이고 $f(-1) = 0 = f(1)$이다.
$f'(x) = \begin{cases} -1 : x > 0 \\ 1 : x < 0 \end{cases}$ 이므로 $x = 0$에서 $f(x) = 1 - |x|$는 미분불능이다. 따라서 롤의 정리가 성립하지 않으므로 $(-1, 1)$에서 $f'(c) = 0$인 c가 존재하지 않는다. ■

롤의 정리에서는 $f'(c) = 0$인 c가 (a, b) 내에 적어도 하나 존재한다는 것은 실제로는 $f'(c) = 0$인 c가 (a, b)내에 여러 개 존재할 수 있음을 의미한다. 하지만 특별한 함수의 경우 $f'(c) = 0$인 $c \in (a, b)$는 단 하나 존재한다.

예제 3.2.3 방정식 $x^3 + 5x + 1 = 0$은 단 하나의 실근만을 가짐을 보여라.

풀이 이 문제는 근이 존재함을 보여주는 존재성과 단 하나임을 보여주는 유일성으로 나누어 증명을 해야 한다.

존재성

$f(x) = x^3 + 5x + 1$이라 하면 $f(x)$는 $\mathbb{R}$에서 연속인 함수이다. 또한

$$f(-1) = -5 < 0, \ f(0) = 1 > 0$$

이므로 중간값 정리에 의하여 $f(c) = 0$인 적당한 실수 $c \in (-1, 0) \subset \mathbb{R}$가 존재한다. 따라서 방정식은 $\mathbb{R}$에서 적어도 한 개의 실근을 갖는다.

유일성

방정식 $x^3 + 5x + 1 = 0$이 두 개의 서로 다른 실근 a, b를 갖는다고 가

정하면 $f(a)=f(b)=0$이다. 한편 $f(x)=x^3+5x+1$는 다항함수이므로 $[a, b]$에서 연속이고 (a, b)에서 미분가능하다. 따라서 롤의 정리에 의하여

$$f'(c)=0$$

인 적당한 $c\in(a, b)$가 존재하여야 한다. 그러나 모든 실수 x에 대하여

$$f'(x)=3x^2+5\geq 5$$

이므로 $f'(c)=0$인 c는 존재할 수 없다. 그러므로 방정식은 단 한 개의 실근만을 갖는다. ■

이제 롤의 정리를 일반화한 평균값의 정리에 대하여 알아보자.

정리

평균값 정리(Mean value theorem)
함수 f가 폐구간 $[a, b]$에서 연속이고 개구간 (a, b)에서 미분가능하면

$$f'(c)=\frac{f(b)-f(a)}{b-a}$$

인 $c\in(a, b)$가 적어도 하나 존재한다.

증명 두 점 $A(a, f(a))$와 $B(b, f(b))$를 지나는 직선의 방정식 $g(x)$는

$$g(x)-f(a)=\frac{f(b)-f(a)}{b-a}(x-a)$$

이므로

$$g(x)=f(a)+\frac{f(b)-f(a)}{b-a}(x-a)$$

이다. $F(x)=f(x)-g(x)$라 하면

$$F(x)=f(x)-f(a)-\frac{f(b)-f(a)}{b-a}(x-a)$$

이고 $F(x)$는 $[a, b]$에서 연속이고 (a, b)에서 미분가능하며

$$F(a)=F(b)=0$$

이므로 롤의 정리에 의하여 $F'(c)=0$인 $c\in(a, b)$가 존재한다. 여기서

$$F'(x)=f'(x)-\frac{f(b)-f(a)}{b-a}$$

이므로 $F'(c)=0$에서 $f'(c)-\dfrac{f(b)-f(a)}{b-a}=0$이고 이를 정리하면

$$f'(c)=\frac{f(b)-f(a)}{b-a}$$

이다. ■

평균값 정리의 기하학적 의미는 다음과 같다.

미분가능한 함수의 그래프 위의 두 점 $A(a, f(a))$, $B(b, f(b))$를 잇는 선분의 기울기는 $\dfrac{f(b)-f(a)}{b-a}$이고 $f'(c)$는 그래프 위의 점 $(c, f(c))$에서의 접선의 기울기를 의미한다. 따라서 평균값 정리는 접선의 기울기가 선분 AB의 기울기와 같게 되는 점 $(c, f(c))$가 적어도 하나 존재함을 의미한다.

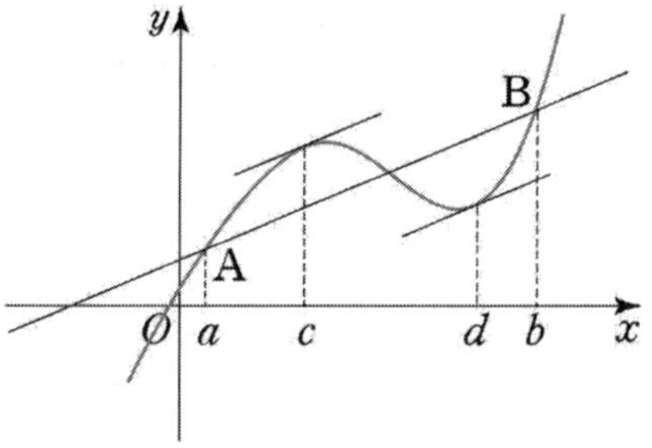

Ⅰ 그림 3-8 Ⅰ

예제 3.2.4 (1) 폐구간 $[1, 4]$에서 $f(x)=\sqrt{x}$일 때 평균값 정리를 만족하는 $c\in(1, 4)$가 존재하는가?

(2) 폐구간 $[-2, 2]$에서 $g(x)=x^{\frac{2}{3}}$일 때 평균값 정리를 만족하는 $c\in(-2, 2)$가 존재하는가?

풀이 (1) $f(x)=\sqrt{x}$는 $[1, 4]$에서 연속이고 $(1, 4)$에서 미분가능하므로 평균

값 정리에 의하여

$$f'(c)=\frac{f(4)-f(1)}{4-1}=\frac{1}{3}$$

를 만족하는 $c\in(1,4)$가 존재한다. 실제로 $f'(x)=\frac{1}{2\sqrt{x}}$이므로 방정식 $\frac{1}{2\sqrt{c}}=\frac{1}{3}$을 풀면 $c=\frac{9}{4}$이다. 따라서 평균값 정리를 만족하는 c가 한 개 존재한다.

(2) $g'(x)=\frac{2}{3}x^{-\frac{1}{3}}=\frac{2}{3\sqrt[3]{x}}$이고 $\frac{g(2)-g(-2)}{2-(-2)}=\frac{0}{4}=0$이다. 임의의 $c\in(-2,2)$에 대하여 $g'(c)\neq 0$이므로 평균값 정리를 만족하는 $c\in(-2,2)$는 존재하지 않는다. ■

실제로 예제 3.2.4의 (2)에서 함수 g는 $(-2,2)$에서 미분가능하지 않으므로 평균값 정리가 적용되지 않는다.

평균값 정리의 식 $f'(c)=\frac{f(b)-f(a)}{b-a}$를 고쳐쓰면

$$f(b)=f(a)+(b-a)f'(c)$$

형으로 쓸 수 있고, 이 식에 $b=a+h$, $c=a+\theta h$, $0<\theta<1$를 대입하면 평균값 정리의 다른 형

$$f(a+h)=f(a)+hf'(a+\theta h),\ 0<\theta<1$$

을 얻는다. 여기서 h가 충분히 작은 수이면 $a+\theta h$는 a와 근사적으로 같으므로

$$f(a+h)\approx f(a)+hf'(a)$$

으로 나타낼 수 있다.

예제 3.2.5 평균값 정리를 이용하여 $\sqrt{102}$의 근삿값을 구하여라.

풀이 $f(x)=\sqrt{x}$라고 하면 $f(x)$는 구간 $[100,102]$에서 연속이고 $(100,102)$에서 미분가능하므로 평균값 정리를 활용할 수 있고, $a=100$, $h=2$로 나타내면 $\sqrt{102}$의 근삿값은

$$\sqrt{102} = f(102) \approx f(100) + hf'(100)$$
$$= \sqrt{100} + 2 \cdot \frac{1}{2\sqrt{100}} = 10 + 0.1 = 10.1$$

을 얻는다. ■

예제 3.2.6 함수 f가 $[-1, 3]$에서 연속이고 모든 $x \in (-1, 3)$에 대하여

$$2 \le f'(x) \le 5$$

일 때,

$$8 \le f(3) - f(-1) \le 20$$

이 성립함을 증명하여라.

증명 $f(x)$가 $[-1, 3]$에서 연속이고 모든 $x \in (-1, 3)$에 대하여 미분가능하므로 평균값 정리에 의하여

$$f'(c) = \frac{f(3) - f(-1)}{3 - (-1)} = \frac{1}{4}(f(3) - f(-1))$$

인 $c \in (-1, 3)$가 존재한다. 가정에 의하여 $2 \le f'(x) \le 5$이므로

$$2 \le \frac{1}{4}(f(3) - f(-1)) \le 5$$

이 성립하고 이를 정리하면

$$8 \le f(3) - f(-1) \le 20$$

이다. ■

정리

모든 $x \in (a, b)$에 대하여 $f'(x) = 0$이면 $f(x)$는 (a, b)에서 상수함수이다.

증명 x_1과 x_2를 (a, b) 내의 서로 다른 두 점이라 하고 $x_1 < x_2$라 하자. 가정에 의하여 함수 $f(x)$는 $[x_1, x_2]$에서 연속이고 (x_1, x_2)에서 미분가능하

므로 평균값 정리에 의하여

$$f'(c) = \frac{f(x_2) - f(x_1)}{x_2 - x_1}$$

인 $c \in (x_1, x_2)$가 존재한다. 가정에 의하여 $f'(c)=0$이므로 $f(x_2) - f(x_1) = 0$이고 x_1과 x_2는 (a, b)의 임의의 두 점이므로 $f(x)$는 (a, b)에서 상수함수이다. ■

연습문제 3.2

01 다음의 함수와 주어진 구간에 대하여 평균값 정리를 만족하는 c를 구하여라.

(1) $f(x) = 3x^2 - 5x + 7,\ [1, 9]$ (2) $f(x) = -x^2 - 5x + 3,\ [-3, 3]$

(3) $f(x) = \sin \pi x + 1,\ [0, 4]$ (4) $f(x) = \cos 2\pi x,\ [-1, 1]$

(5) $f(x) = x^3 - 2,\ [-4, 5]$ (6) $f(x) = \dfrac{3x+1}{x},\ \left[\dfrac{1}{3}, 6\right]$

02 이차함수 $y = px^2 + qx + r$가 구간 $[a, b]$에서 평균값 정리를 만족하는 c의 값이 $c = \dfrac{a+b}{2}$임을 증명하여라.

03 $f(x) = \dfrac{1}{x-1}$일 때 $\dfrac{f(2)-f(0)}{2-0} = f'(c)$인 $c \in (0, 2)$가 존재하는가? 이유를 설명하여라.

04 함수 $f(x)$가 $[a, b]$에서 연속이고 (a, b)에서 미분가능하다고 할 때

(1) 모든 $x \in (a, b)$에 대하여 $f'(x) > 0$이면 $f(x)$가 (a, b)에서 증가함을 증명하여라.

(2) 모든 $x \in (a, b)$에 대하여 $f'(x) < 0$이면 $f(x)$가 (a, b)에서 감소함을 증명하여라.

05 $f(3) = 4$이고 모든 x에 대하여 $f'(x) \geq -3$이 성립할 때 $f(-1)$의 최댓값을 구하여라.

4장 부정적분법

4.1 부정적분

우리는 함수 $f(x)=x^2$의 도함수는 $f'(x)=2x$가 되는 것을 살펴보았다. 이 절에서는 주어진 함수 $f(x)=2x$에 대하여 $F'(x)=f(x)$가 되는 함수 $F(x)$를 구하는 도함수의 역산에 대하여 살펴본다. 어떤 구간에서 정의된 함수 $f(x)$에 대하여 이 구간의 모든 x에 관하여

$$F'(x)=f(x)$$

를 만족하는 함수 $F(x)$가 존재할 때 $F(x)$를 $f(x)$의 **원시함수(primitive function)** 또는 **부정적분(indefinite integral)**이라고 한다. $f(x)$가 주어졌을 때에 그 부정적분 $F(x)$를 구하는 것을 $f(x)$를 **적분한다**고 한다.

$f(x)$의 부정적분을 $\int f(x)\,dx$로 나타내고 $\int$를 **적분기호**, $f(x)$를 **피적분함수**, dx를 **적분변수**라고 한다. $F(x)$가 $f(x)$의 한 부정적분이면

$$\int f(x)dx = F(x)+C \quad (C\text{는 임의의 상수})$$

임을 알 수 있다. 이때 C를 **적분상수**라고 한다. 앞으로 부정적분의 계산을 할 때에는 편의상적분상수 C를 생략하고

$$\int f(x)dx = F(x)$$

와 같이 쓴다.

함수 $f(x)$의 원시함수를 미분하면 다시 $f(x)$를 얻을 수 있다. 즉,

$$\frac{d}{dx}\left(\int f(x)dx\right)=f(x)$$

이 결과를 이용하여 적분의 선형적인 성질을 얻을 수 있다.

(1) $\int kf(x)dx = k\int f(x)dx$, k는 상수

(2) $\int (f(x)+g(x))dx = \int f(x)dx + \int g(x)dx$

부정적분의 계산의 기초가 되는 공식을 열거하면 다음과 같다.

(1) $\int x^k dx = \dfrac{x^{k+1}}{k+1}$ $(k \neq -1)$ (2) $\int \dfrac{1}{x}dx = \ln|x|$

(3) $\int \cos x\, dx = \sin x$ (4) $\int \sin x\, dx = -\cos x$

(5) $\int \sec^2 x\, dx = \tan x$ (6) $\int \csc^2 x\, dx = -\cot x$

(7) $\int \sec x \tan x\, dx = \sec x$ (8) $\int \csc x \cot x\, dx = -\csc x$

(9) $\int e^x dx = e^x$ (10) $\int a^x dx = \dfrac{a^x}{\ln a}$ $(a>0,\ a\neq 1)$

(11) $\int \dfrac{dx}{x^2+k^2} = \dfrac{1}{k}\tan^{-1}\dfrac{x}{k}$ $(k\neq 0)$ (12) $\int \dfrac{dx}{x^2-k^2} = \dfrac{1}{2k}\ln\left|\dfrac{x-k}{x+k}\right|$ $(k\neq 0)$

(13) $\int \dfrac{dx}{\sqrt{k^2-x^2}} = \sin^{-1}\dfrac{x}{k}$ $(k\neq 0)$ (14) $\int \dfrac{dx}{\sqrt{x^2+A}} = \ln|x+\sqrt{x^2+A}|$ $(A\neq 0)$

(15) $\int \sec x\, dx = \ln|\sec x + \tan x|$ (16) $\int \csc x dx = \ln|\csc x - \cot x|$

이들 공식은 모두 우변을 미분하면 된다. 한편 $\int f(t)dt = F(t)$일 때 $ax+b=t$로 놓으면 $a\,dx = dt$이므로

$$\int f(ax+b)\,dx = \frac{1}{a}\int f(t)\,dt = \frac{1}{a}F(t)$$

이다. 따라서

$$\int f(ax+b)\,dx = \frac{1}{a}F(ax+b)\quad (a\neq 0)$$

인 관계를 얻는다. 그러면 위의 공식 (1)~(16)에서 x 대신 $ax+b$를 대입시키면 우변의

결과의 함수 앞에 $\frac{1}{a}$이 곱해짐을 알 수 있다. 예컨대

$$\int \cos(ax+b)\,dx = \frac{1}{a}\sin(ax+b)$$

이들 사실로부터 직접 계산할 수 있는 부정적분의 예를 들어 보기로 한다.

(1) $\displaystyle\int \frac{dx}{ax+b} = \frac{1}{a}\ln|ax+b| \quad (a \neq 0)$

(2) $\displaystyle\int \tan x\,dx = \int \frac{\sin x}{\cos x}dx = -\int \frac{(\cos x)'}{\cos x}dx = -\ln|\cos x|$

(3) $\displaystyle\int \frac{dx}{a^2x^2+b^2} = \int \frac{dx}{(ax)^2+b^2} = \frac{1}{ab}\tan^{-1}\frac{ax}{b} \quad (a>0,\ b>0)$

(4) $\displaystyle\int \frac{dx}{x^2+2x-3} = \int \frac{dx}{(x+1)^2-2^2} = \frac{1}{4}\ln\left|\frac{x+1-2}{x+1+2}\right| = \frac{1}{4}\ln\left|\frac{x-1}{x+3}\right|$

(5) $\displaystyle\int \frac{dx}{\sqrt{1-a^2x^2}} = \frac{1}{a}\int \frac{dx}{\sqrt{\left(\frac{1}{a}\right)^2-x^2}} = \frac{1}{a}\sin^{-1}ax \quad (a>0)$

연습문제 4.1

01 다음 부정적분을 구하여라.

(1) $\int (5x^4 - 3x^2 + 6)dx$

(2) $\int \left(-\frac{3}{x\sqrt{x}} + \frac{8}{x^5}\right)dx$

(3) $\int 2x(x-1)^3 dx$

(4) $\int (4\sin x + 2\cos x)dx$

02 다항함수 $y = f(x)$의 도함수와 그 그래프 위의 한 점이 다음과 같이 주어졌을 때, 함수 $y = f(x)$를 구하여라.

(1) $\frac{dy}{dx} = x^3 + x - 5$; $(1, 3)$

(2) $\frac{dy}{dx} = 3x^2 + x + 1$; $(1, 1)$

03 $f(x) = \int (3x^2 + 4x)dx$일 때, $\lim_{h \to 0} \frac{f(1-h) - f(1)}{h}$를 구하여라.

04 $f'(x) = 2x^2 + ax - 1$가 다음 조건을 만족할 때, $y = f(x)$를 구하여라.

(1) $\lim_{h \to 0} \frac{f(1+h) - f(1)}{h} = 2$

(2) $\lim_{h \to 0} \frac{f(1-h) - f(1)}{h} = 2$

4.2 치환적분법

이 절에서는 가장 기본적인 치환적분법을 살펴본다. 예를 들어, $F(x) = (x^3 - 1)^2$에 대하여 도함수 $f(x) = F'(x)$를 구한다면, 연쇄법칙에 의하여

$$f(x) = \frac{d}{dx}(x^3 - 1)^2 = 2(x^3 - 1)(3x^2)$$

을 얻는다. 한편 적분은 미분의 역산이므로 위의 식을 다음과 같이 변형할 수 있다.

$$\frac{d}{dx}\left[\frac{1}{2}(x^3 - 1)^2\right] = (x^3 - 1)(3x^2)$$

$$\frac{1}{2}(x^3 - 1)^2 + C = \int (x^3 - 1)(3x^2)\,dx$$

다시 말해서, 피적분함수 $f(x) = (x^3 - 1)(3x^2)$의 부정적분은

$$\int (x^3 - 1)(3x^2)\,dx = \frac{1}{2}(x^3 - 1)^2$$

이다. 이때 $u = x^3 - 1$이라 하면, u의 미분은 $du = 3x^2\,dx$이므로

$$\int u\,du = \frac{1}{2}u^2 + C = \frac{1}{2}(x^3 - 1)^2$$

와 같이 앞에서 구한 부정적분과 동일한 결과를 얻을 수 있다. 이 절에서는 이와 같이 복잡한 피적분함수에 대하여 어떤 식을 다른 변수로 바꿈으로써 좀 더 쉽게 부정적분을 구하는 방법을 살펴본다.

$$\int f(x)dx = F(x)$$

에서 $x = g(t)$라 놓으면 x는 t의 함수로 바뀌고

$$\frac{d}{dt}F(x) = \frac{d}{dx}F(x) \cdot \frac{dx}{dt} = f(x) \cdot g'(t) = f\{g(t)\} \cdot g'(t)$$

이므로 $f\{g(t)\} \cdot g'(t)$가 t에 관하여 연속이면

$$F(x) = \int f(x)dx = \int f\{g(t)\}g'(t)dt$$

인 관계식을 얻는다.

여기서 $g(t)$를 적당히 잡아서 $f\{g(t)\}g'(t)$가 t의 함수로서 적분이 되는 경우이면, 이 적분을 계산하고 이것을 본래의 변수 x로 환원하면 구하는 부정적분을 얻을 수 있다. 이러한 방법을 **치환적분법(method of integration by substitution)**이라 한다. 실제로 위의 식은 x를 $g(t)$로, dx를 $g'(t)dt$로 바꾼 결과가 되는 것이다.

예제 4.2.1 $\int \frac{1}{x^2+2x+5}dx$를 구하여라.

풀이 $x^2+2x+5=(x+1)^2+4$이므로 $x+1=t$로 놓으면 $dx=dt$가 된다. 따라서

$$\int \frac{dx}{x^2+2x+5} = \int \frac{dt}{t^2+4} = \frac{1}{2}\tan^{-1}\frac{t}{2} = \frac{1}{2}\tan^{-1}\frac{x+1}{2}$$

이다. ■

예제 4.2.2 $\int \frac{dx}{\sqrt{ax-x^2}}\ (a>0)$를 구하여라.

풀이 $ax-x^2 = \frac{a^2}{4} - \left(x-\frac{a}{2}\right)^2$이므로 $x-\frac{a}{2}=t$로 놓으면 $dx=dt$가 된다. 따라서

$$\int \frac{dx}{\sqrt{ax-x^2}} = \int \frac{dt}{\sqrt{\left(\frac{a}{2}\right)^2 - t^2}} = \sin^{-1}\frac{2t}{a} = \sin^{-1}\frac{2x-a}{a}$$

이다. ■

한편, $\sqrt{x^2+A}=t$라 놓으면 $x^2+A=t^2$, $2x\,dx=2t\,dt$, 즉 $x\,dx=t\,dt$ 이다. 이것을 이용하면 다음과 같은 부정적분의 계산이 가능하다.

(a) $\int \frac{x\,dx}{\sqrt{x^2+A}}=\int \frac{t\ dt}{t}=t=\sqrt{x^2+A}$

(b) $\int x\sqrt{x^2+A}\,dx=\int t\cdot t\,dt=\frac{t^3}{3}=\frac{1}{3}\left(\sqrt{x^2+A}\right)^3$

예제 4.2.3 $I=\int \frac{x}{\sqrt{2-x^4}}dx$ 를 구하여라.

풀이 $x^2=t$ 라 놓으면 $2xdx=dt$ 이므로

$$I=\frac{1}{2}\int \frac{dt}{\sqrt{2-t^2}}=\frac{1}{2}\sin^{-1}\frac{t}{\sqrt{2}}=\frac{1}{2}\sin^{-1}\frac{x^2}{\sqrt{2}}$$

이다. ■

예제 4.2.4 $\int \frac{4x^2}{\sqrt{x^3+8}}dx$ 를 구하여라.

풀이 $x^3+8=t$라 놓으면 $3x^2dx=dt$이므로

$$\int \frac{4x^2}{\sqrt{x^3+8}}dx=\frac{4}{3}\int \frac{dt}{\sqrt{t}}=\frac{4}{3}\cdot 2\sqrt{t}=\frac{8}{3}\sqrt{x^3+8}$$

이다. ■

예제 4.2.5 $\int \frac{dx}{e^x+e^{-x}}$를 구하여라.

풀이 $e^x=t$ 라 놓으면 $e^x dx=dt$, 곧 $dx=\frac{dt}{t}$ 이다. 따라서

$$\int \frac{dx}{e^x+e^{-x}}=\int \frac{1}{t+\frac{1}{t}}\frac{dt}{t}=\int \frac{dt}{t^2+1}=\tan^{-1}e^x$$

이다. ■

예제 4.2.6 $\displaystyle\int \frac{dy}{(y-1)\sqrt{y}}$를 구하여라.

풀이 $\sqrt{y}=t$라 놓으면 $\dfrac{1}{2\sqrt{y}}dy=dt$이므로

$$\int \frac{dy}{(y-1)\sqrt{y}}=2\int \frac{dt}{t^2-1}=2\cdot\frac{1}{2}\ln\left|\frac{t-1}{t+1}\right|=\ln\left|\frac{\sqrt{y}-1}{\sqrt{y}+1}\right|$$

이다. ■

예제 4.2.7 $\displaystyle\int \frac{\cos\theta}{\sqrt{1+\sin^2\theta}}d\theta$을 구하여라.

풀이 $\sin\theta=t$라 놓으면 $\cos\theta\, d\theta=dt$이므로

$$\begin{aligned}\int \frac{\cos\theta}{\sqrt{1+\sin^2\theta}}d\theta &= \int \frac{dt}{\sqrt{1+t^2}}=\ln|t+\sqrt{1+t^2}\,| \\ &= \ln|\sin\theta+\sqrt{1+\sin^2\theta}\,|\end{aligned}$$

이다. ■

연습문제 4.2

01 다음 부정적분을 구하여라.

(1) $\int (4x+1)^3\,dx$

(2) $\int x\,(2x^2-1)^2\,dx$

(3) $\int 3x^2\,(x^3+3)^{100}\,dx$

(4) $\int (x+1)(x^2+2x+3)^2\,dx$

(5) $\int \frac{1}{(2x+1)^2}\,dx$

(6) $\int \frac{x^2}{x^3-1}\,dx$

(7) $\int \frac{2x^2}{(x^3+1)^2}\,dx$

(8) $\int \frac{2x-1}{(x-2)(x+1)}\,dx$

(9) $\int 4x\,\sqrt{1+2x^2}\,dx$

(10) $\int x\,\sqrt{x^2+1}\,dx$

(11) $\int \frac{1}{\sqrt{x-1}}\,dx$

(12) $\int x\,\sqrt{2x+1}\,dx$

(13) $\int (1-x)^3\sqrt{2x-x^2}\,dx$

(14) $\int \frac{1-x}{\sqrt{2x-x^2}}\,dx$

(15) $\int \frac{x}{\sqrt{9-x^2}}\,dx$

(16) $\int \frac{x^2+1}{\sqrt{x^3+3x+4}}\,dx$

4.3 부분적분법

두 함수의 곱에 대한 미분법과 마찬가지로 두 함수의 곱의 형태에 대한 적분법을 살펴본다. 그러면 두 함수 $u=f(x)$, $v=g(x)$의 곱 $f(x)g(x)$에 대한 미분공식

$$\frac{d}{dx}f(x)g(x)=f'(x)g(x)+f(x)g'(x)$$

에 대하여, 부정적분의 정의로부터

$$\begin{aligned} f(x)g(x) &= \int [f(x)g'(x)+f'(x)g(x)]\,dx \\ &= \int f(x)g'(x)dx + \int f'(x)g(x)dx \end{aligned}$$

가 성립하는 것을 알 수 있다. 따라서 피적분함수가 두 함수의 곱 $f(x)\,g'(x)$로 주어진 경우의 부정적분은

$$\int f(x)g'(x)dx = f(x)g(x) - \int f'(x)g(x)dx$$

이고, 이와 같은 방법에 의하여 원시함수를 구하는 것을 **부분적분법(integration by part)**이라 한다. 특히 이러한 부분적분법을 사용하는 경우는

미분하여 결과가 간단히 되는 함수: $f(x)$
적분을 쉽게 할 수 있는 함수: $g'(x)$

로 택하여, 우변의 피적분함수가 좌변의 피적분함수보다 간단한 형태가 되도록 유도한다. 예를 들어, 피적분함수가 다항식과 초월함수의 곱으로 구성된 경우에 다항식을 $f(x)$, 초월함수를 $g'(x)$로 놓는 것이 좋다.

예제 4.3.1 다음 부정적분을 구하여라.

(1) $\int x\,e^{x}\,dx$ (2) $\int \ln x\,dx$ (3) $\int \sin^{3}x\,dx$

풀이 (1) $f(x)=x,\ g'(x)=e^{x}$라 하면

$$f'(x)=1,\quad g(x)=e^{x}$$

이므로

$$\int xe^{x}\,dx = x\cdot e^{x}-\int e^{x}\,dx$$
$$=x\,e^{x}-e^{x}$$

이다.

(2) $f(x)=\ln x,\ g'(x)=1$이라 하면

$$f'(x)=\frac{1}{x},\quad g(x)=x$$

이므로

$$\int \ln x\,dx=\int \ln x\cdot 1\,dx=\ln x\cdot x-\int \frac{1}{x}\cdot x\,dx$$
$$=x\ln x-\int \frac{1}{x}\cdot x\,dx$$
$$=x\ln x-\int dx$$
$$=x\ln x-x$$

이다.

(3) $f(x)=\sin^{2}x,\ g'(x)=\sin x$라 하면

$$f'(x)=2\sin x\cos x,\quad g(x)=-\cos x$$

이므로

$$\int \sin^{3}dx=\int \sin^{2}x\cdot\sin x\,dx$$
$$=-\sin^{2}x\cos x+\int 2\sin x\cos^{2}x\,dx$$

$$=-\sin^2 x\cos x+2\int \sin x\,(1-\sin^2 x)\,dx$$

$$=-\sin^2 x\cos x+2\int \sin x\,dx-2\int \sin^3 x\,dx$$

이다. 따라서

$$\int \sin^3 x\,dx=\frac{1}{3}(-\sin^2 x\cos x-2\cos x)$$

이다. ■

예제 4.3.2 $\int \sin^{-1}x\,dx$를 구하여라.

풀이 $u'=1,\ v=\sin^{-1}x$라 하면

$$u=x,\quad v'=\frac{1}{\sqrt{1-x^2}}$$

이므로

$$\int \sin^{-1}x\,dx=x\sin^{-1}x-\int\frac{x\,dx}{\sqrt{1-x^2}}=x\sin^{-1}x+\sqrt{1-x^2}$$

$\int\frac{x}{\sqrt{1-x^2}}dx$ 의 계산에 있어서는 $\sqrt{1-x^2}=t$라 놓으면 된다. ■

예제 4.3.3 $I=\int\sqrt{x^2+A}\,dx\ \ (A\neq 0)$를 구하여라.

풀이 $u'=1,\ v=\sqrt{x^2+A}$라 놓으면

$$u=x,\ v'=\frac{x}{\sqrt{x^2+A}}$$

따라서

$$I=x\sqrt{x^2+A}-\int\frac{x^2}{\sqrt{x^2+A}}dx$$

여기서

$$\int \frac{x^2}{\sqrt{x^2+A}}dx = \int \frac{x^2+A-A}{\sqrt{x^2+A}}dx$$
$$= \int \sqrt{x^2+A}\,dx - A\int \frac{dx}{\sqrt{x^2+A}}$$
$$= I - A\ln\left| x+\sqrt{x^2+A}\right|$$

그러므로

$$I = x\sqrt{x^2+A} - \left(I - A\ln\left|x+\sqrt{x^2+A}\right|\right)$$

이고,

$$I = \int \sqrt{x^2+A}\,dx = \frac{1}{2}\left(x\sqrt{x^2+A} + A\ln\left|x+\sqrt{x^2+A}\right|\right)$$

이다. 마찬가지 방법으로

$$\int \sqrt{a^2-x^2}\,dx = \frac{1}{2}\left(x\sqrt{a^2-x^2} + a^2\sin^{-1}\frac{x}{a}\right) \quad (a>0)$$

을 얻는다. ■

예제 4.3.4 $I = \int \sec^3 x\,dx$ 를 구하여라.

풀이 $f(x) = \sec x$, $g'(x) = \sec^2 x$ 라 두면

$$f'(x) = \sec x\tan x, \quad g(x) = \tan x$$

이므로

$$\int \sec^3 dx = \int \sec x \cdot \sec^2 x\,dx$$
$$= \sec x\tan x - \int \tan x(\sec x\tan x)\,dx$$
$$= \sec x\tan x - \int \tan^2 x\sec x\,dx$$
$$= \sec x\tan x - \int \sec x(\sec^2 x - 1)\,dx$$
$$= \sec x\tan x - I + \int \sec x\,dx$$

$$= \sec x \tan x - I + \ln|\sec x + \tan x|.$$

따라서

$$\int \sec^3 x\, dx = \frac{1}{2}(\sec x \tan x + \ln|\sec x + \tan x|)$$

이다. ■

예제 4.3.5 $I = \int e^x \cos x\, dx$를 구하여라.

풀이 $f(x) = e^x$, $g'(x) = \cos x$라 하면

$$f'(x) = e^x, \quad g(x) = \sin x$$

이므로

$$I = e^x \cdot \sin x - \int e^x \cdot \sin x\, dx$$

그런데

$$\int e^x \cdot \sin x\, dx = e^x \cdot (-\cos x) + \int e^x \cos x\, dx$$

이므로

$$I = \frac{e^x(\sin x + \cos x)}{2}$$

이다. ■

예제 4.3.6 $I_n = \int \sin^n x\, dx$ (n은 1보다 큰 양의 정수)를 구하여라.

풀이 $f(x) = \sin^{n-1} x$, $g'(x) = \sin x$로 두면

$$f'(x) = (n-1)\sin^{n-2} x \cdot \cos x, \quad g(x) = -\cos x$$

이므로

$$I_n = \sin^{n-1} x \cdot (-\cos x) - \int (n-1)\sin^{n-2} x \cdot \cos x \cdot (-\cos x)\, dx$$

$$
\begin{aligned}
&= -\sin^{n-1}x\cos x + (n-1)\int \sin^{n-2}x\cos^2 x\,dx \\
&= -\sin^{n-1}x\cos x + (n-1)\int \sin^{n-2}x\,dx - (n-1)\int \sin^n x\,dx
\end{aligned}
$$

이다. 따라서

$$nI_n = -\sin^{n-1}x\cos x + (n-1)I_{n-2}$$

이고

$$I_n = -\frac{1}{n}\sin^{n-1}x\cos x + \frac{n-1}{n}I_{n-2}$$

이다. ■

연습문제 4.3

01 다음 부정적분을 구하여라.

(1) $\int x^3 \ln x \, dx$

(2) $\int x^2 e^x \, dx$

(3) $\int e^{ax} \cos bx \, dx$

(4) $\int x \tan^{-1} x \, dx$

(5) $\int \frac{x \sin^{-1} x}{\sqrt{1-x^2}} \, dx$

(6) $\int (\ln x)^2 \, dx$

(7) $\int (\sin^{-1} x)^2 \, dx$

02 다음 식을 증명하여라.

(1) $\int \tan^n x \, dx = \frac{\tan^{n-1} x}{n-1} - \int \tan^{n-2} x \, dx \quad (n>1)$

(2) $\int \sec^n x \, dx = \frac{\sec^{n-2} x \tan x}{n-1} + \frac{n-2}{n-1} \int \sec^{n-2} x \, dx \quad (n>1)$

4.4 유리함수의 적분법

앞 절에서는 치환적분법과 부분적분법에 의하여 여러 가지 함수의 부정적분을 구하였는데 거기에서는 개개의 경우에 따라서 개별적인 방법을 고찰할 필요가 있었다. 이 절에서는 유리함수의 부정적분에 관하여 일반적인 방법을 생각해 보기로 한다.

우선 유리함수

$$\frac{f(x)}{g(x)}, \quad (f(x),\ g(x)\text{는 다항함수})$$

는 다음과 같은 꼴로 변형할 수 있다. 즉

1. $f(x)$의 차수 $\geq g(x)$의 차수인 경우

$f(x)$를 $g(x)$로 나누어서 몫 $q(x)$, 나머지 $r(x)$를 얻는다고 하면

$$\frac{f(x)}{g(x)} = q(x) + \frac{r(x)}{g(x)} \quad (r(x)\text{의 차수} < g(x)\text{의 차수})$$

형태로 바꾼다.

2. $f(x)$의 차수 $< g(x)$의 차수인 경우

(i) $g(x) = (x-a)^m g_1(x)$이면 상수 $c_1, c_2, \cdots, c_m$에 대하여

$$\frac{f(x)}{g(x)} = \frac{c_1}{x-a} + \frac{c_2}{(x-a)^2} + \dots + \frac{c_m}{(x-a)^m} + \frac{f_1(x)}{g_1(x)}$$

형태로 부분분수분해한다.

(ii) $g(x) = (x^2+ax+b)^m \cdot g_1(x)$ (즉 x^2+ax+b는 실수의 범위에서 인수분해할 수 없는 2차식)이면, 적당한 상수 $p_1, p_2, \cdots, p_m,\ q_1, q_2 \cdots, q_m$에 대하여

$$\frac{f(x)}{g(x)}=\frac{p_1x+q_1}{x^2+ax+b}+\frac{p_2x+q_2}{(x^2+ax+b)^2}+\cdots+\frac{p_mx+q_m}{(x^2+ax+b)^m}+\frac{f_1(x)}{g_1(x)}$$

형태로 부분분수분해한다. 위 (ⅰ), (ⅱ)의 증명은 여기서는 생략하기로 한다. 임의의 실계수의 다항식은 몇 개의 실계수의 1차식 또는 2차식의 곱으로 인수분해된다는 것(대수학의 기본정리)이 증명되어 있다.

예제 4.4.1 $\int \frac{x^3+2x^2}{x^2-1}dx$를 구하여라.

풀이

$$\frac{x^3+2x^2}{x^2-1}=x+2+\frac{x+2}{x^2-1}=\frac{x+2}{(x-1)(x+1)}$$

이므로 우변의 끝항을

$$\frac{x+2}{x^2-1}=\frac{A}{x-1}+\frac{B}{x+1}\quad (A,\ B\text{: 상수})$$

로 부분분수분해하고 A, B를 정한다. 우변을 통분하고 분자를 비교하면

$$x+2=A(x+1)+B(x-1)$$

이고, 이것은 x에 관한 항등식이므로 $x=-1$일 때 $1=-2B$, 즉 $B=-\frac{1}{2}$이고 $x=1$일 때 $3=2A$, 즉 $A=\frac{3}{2}$이다. 따라서

$$\int \frac{x^3+2x^2}{x^2-1}dx=\int (x+2)dx+\frac{3}{2}\int\frac{dx}{x-1}-\frac{1}{2}\int\frac{dx}{x+1}$$
$$=\frac{x^2}{2}+2x+\frac{3}{2}\ln|x-1|-\frac{1}{2}\ln|x+1|$$

이다. ■

예제 4.4.2 $\int \frac{dx}{x^3+1}$를 구하여라.

풀이

$$\frac{1}{x^3+1}=\frac{1}{(x+1)(x^2-x+1)}=\frac{A}{x+1}+\frac{Bx+C}{x^2-x+1}$$

라 놓는다. 우변을 통분하고 분자를 비교하면

$$\begin{aligned}1 &= A(x^2-x+1)+(Bx+C)(x+1)\\ &= (A+B)x^2+(-A+B+C)x+A+C\end{aligned}$$

따라서

$$A+B=0,\ -A+B+C=0,\ A+C=1$$

이고

$$A=\frac{1}{3},\ B=-\frac{1}{3},\ C=\frac{2}{3}$$

임을 알 수 있다. 따라서

$$\begin{aligned}\int\frac{dx}{x^3+1} &= \frac{1}{3}\int\frac{1}{x+1}dx+\frac{1}{3}\int\frac{-x+2}{x^2-x+1}dx\\ &= \frac{1}{3}\int\frac{1}{x+1}dx-\frac{1}{6}\int\frac{(2x-1)-3}{x^2-x+1}dx\\ &= \frac{1}{3}\ln|x+1|-\frac{1}{6}\ln(x^2-x+1)+\frac{1}{2}\int\frac{1}{\left(x-\frac{1}{2}\right)^2+\frac{3}{4}}dx\\ &= \frac{1}{3}\ln|x+1|-\frac{1}{6}\ln(x^2-x+1)+\frac{1}{\sqrt{3}}\tan^{-1}\frac{2x-1}{\sqrt{3}}\end{aligned}$$

이다. ■

예제 4.4.3 $\int\frac{1}{x^4-1}dx$ 를 구하여라.

풀이

$$\frac{1}{x^4-1}=\frac{A}{x-1}+\frac{B}{x+1}+\frac{Cx+D}{x^2+1}$$

라 놓고 우변을 통분하여 양변의 분자를 비교하면

$$1=A(x+1)(x^2+1)+B(x-1)(x^2+1)+(Cx+D)(x-1)(x+1)$$

$x=-1$과 $x=1$로 놓으면 $B=-\frac{1}{4}$, $A=\frac{1}{4}$을 얻는다. 또 $x=0$일 때 $1=A-B-D$이므로 $D=-\frac{1}{2}$을 얻을 수 있다. 또한, 양변의 x^3의 계수를 비교하면 $0=A+B+C$이므로 $C=0$임을 알 수 있다. 따라서

$$\int \frac{dx}{x^4-1} = \frac{1}{4}\int \left(\frac{1}{x-1} - \frac{1}{x+1} - \frac{2}{x^2+1}\right)dx$$
$$= \frac{1}{4}\ln\left|\frac{x-1}{x+1}\right| - \frac{1}{2}\tan^{-1}x$$

이다. ■

예제 4.4.4 $I = \int \frac{1}{x(x^2+x+1)}dx$ 를 구하여라.

풀이

$$\frac{1}{x(x^2+x+1)} = \frac{A}{x} + \frac{Bx+C}{x^2+x+1}$$

라 놓고 우변을 통분하여 양변의 분자를 비교하면

$$1 = A(x^2+x+1) + (Bx+C)x$$

에서 $A=1$, $B=-1$이므로

$$\int \frac{1}{x(x^2+x+1)}dx$$
$$= \int \left(\frac{1}{x} - \frac{x+1}{x^2+x+1}\right)dx$$
$$= \int \frac{1}{x}dx - \frac{1}{2}\int \frac{2x+1}{x^2+x+1}dx - \frac{1}{2}\int \frac{1}{x^2+x+1}dx$$
$$= \ln|x| - \frac{1}{2}\ln(x^2+x+1) - \frac{1}{2}\int \frac{1}{x^2+x+1}dx$$

이다. 마지막 적분은

$$\int \frac{1}{x^2+x+1}dx = \int \frac{1}{\left(x+\frac{1}{2}\right)^2 + \left(\frac{\sqrt{3}}{2}\right)^2}dx$$
$$= \frac{2}{\sqrt{3}}\tan^{-1}\frac{2}{\sqrt{3}}\left(x+\frac{1}{2}\right)$$

이므로

$$\int \frac{1}{x(x^2+x+1)}dx$$

$$= \ln|x| - \frac{1}{2}\ln(x^2+x+1) - \frac{1}{\sqrt{3}}\tan^{-1}\frac{2}{\sqrt{3}}\left(x+\frac{1}{2}\right)$$

이다. ■

예제 4.4.5 $\displaystyle\int \frac{2x^2-x+1}{(x-1)^3(x-2)^2}dx$ 를 구하여라.

풀이 피적분함수를 부분분수로 분해하기 위하여 다음과 같이 놓고 분모를 없앤다. 즉

$$\frac{2x^2-x+1}{(x-1)^3(x-2)^2} = \frac{A}{(x-1)^3} + \frac{B}{(x-1)^2} + \frac{C}{x-1} + \frac{D}{(x-2)^2} + \frac{E}{x-2}$$

에서부터

$$\begin{aligned} 2x^2-x+1 &= A(x-2)^2 + B(x-1)(x-2)^2 + C(x-1)^2(x-2)^2 \\ &\quad + D(x-1)^3 + E(x-1)^3(x-2) \end{aligned}$$

$x=1$이라 놓으면 $A=2$를 얻는다. 이 A의 값을 우변에 대입하고 이항한 다음 $(x-1)$로 나누면

$$7 = B(x-2)^2 + C(x-1)(x-2)^2 + D(x-1)^2 + E(x-1)^2(x-2)$$

이고, 여기서 $x=1$을 대입하면 $B=7$을 얻을 수 있다. 이 B의 값을 대입하고 이항한 다음 $(x-1)$로 나누면

$$-7x+21 = C(x-2)^2 + D(x-1) + E(x-1)(x-2)$$

이고, 여기서 다시 $x=1$을 대입하면 $C=14$를 얻는다. 이 C의 값을 대입하고 이항한 다음 $x-1$로 나누면

$$-14x+35 = D + E(x-2)$$

이고, $x=2$를 대입하여 $D=7$을 구할 수 있고 $E=-14$를 얻는다. 그러므로 구하려는 적분은

$$\int \frac{2x^2-x+1}{(x-1)^3(x-2)^2}dx$$

$$
\begin{aligned}
&= 2\int \frac{dx}{(x-1)^3} + 7\int \frac{dx}{(x-1)^2} + 14\int \frac{dx}{x-1} \\
&\quad + 7\int \frac{dx}{(x-2)^2} - 14\int \frac{dx}{x-2} \\
&= -\frac{1}{(x-1)^2} - \frac{7}{x-1} + 14\ln|x-1| - \frac{7}{x-2} - 14\ln|x-2| \\
&= -\frac{1}{(x-1)^2} - \frac{7}{x-1} - \frac{7}{x-2} + 14\ln\left|\frac{x-1}{x-2}\right|
\end{aligned}
$$

이다. ■

연습문제 4.4

01 다음 부정적분을 구하여라.

(1) $\int x^3\sqrt{x^4+1}\,dx$

(2) $\int xe^{-x^2}dx$

(3) $\int x\cos(1+x^2)dx$

(4) $\int \frac{x^5}{x^{12}+1}dx$

(5) $\int \frac{x^2}{\sqrt{x^6-4}}dx$

(6) $\int \frac{dx}{1+\cos x}$

(7) $\int \frac{dx}{x(\ln|x|+1)^2}$

(8) $\int \frac{dx}{e^x+4e^{-x}+3}$

(9) $\int \frac{dx}{(1+x^2)(\tan^{-1}x)^2}$

(10) $\int x^2\sin^{-1}x\,dx$

(11) $\int x^3\tan^{-1}x\,dx$

(12) $\int \frac{dx}{x^4(x^2+1)^2}$

(13) $\int x\ln(x^2+a^2)dx$

(14) $\int x(\tan^{-1}x)^2dx$

(15) $\int e^{-x}\sin^2x\,dx$

(16) $\int \ln(1+\sqrt{x})dx$

(17) $\int \frac{5x+1}{2x^2+5x+3}dx$

(18) $\int \frac{x^3+1}{x(x-1)^3}dx$

(19) $\int \frac{dx}{x^6-1}$

(20) $\int \frac{x-1}{x(x+1)(x^2+1)}dx$

(21) $\int \frac{x(x^2+3)}{(x^2-1)(x^2+1)^2}dx$

(22) $\int \frac{dx}{x^3(1-x)^3}$

4.5 삼각함수의 적분법

삼각함수의 부정적분은 그 자신은 물론이거니와 기타의 부정적분을 계산하는 수단으로 사용되는 경우가 많기 때문에 이 절에서는 그것을 종합적으로 정리해 보기로 한다.

① $\int \sin^n x\,dx$ 와 $\int \cos^n x\,dx$

② $\int \sin^m x \cos^n x\,dx$

③ $\int \tan^n x\,dx$ 와 $\int \cot^n x\,dx$

④ $\int \tan^m x \sec^n x\,dx$ 와 $\int \cot^m x \csc^n x\,dx$

⑤ $\int \sin mx \cos nx\,dx$, $\int \sin mx \sin nx\,dx$, $\int \cos mx \cos nx\,dx$

[유형 ①, ②] $\left(\int \sin^m x \cos^n x\,dx\right)$: m 또는 n이 홀수이면 $\sin x$ 또는 $\cos x$를 인수로 꺼내고 항등식 $\sin^2 x + \cos^2 x = 1$을 사용한다. m과 n이 양수이고 짝수이면 피적분함수의 차수를 줄이기 위하여 반각의 공식 $\left(\sin^2 x = \frac{1-\cos 2x}{2},\ \cos^2 x = \frac{1+\cos 2x}{2}\right)$을 사용한다.

예제 4.5.1 $\int \sin^5 x\,dx$ 를 구하여라.

풀이

$$\begin{aligned}\int \sin^5 x\,dx &= \int \sin^4 x \sin x\,dx \\ &= \int (1-\cos^2 x)^2 \sin x\,dx \\ &= \int (1-2\cos^2 x + \cos^4 x)\sin x\,dx \\ &= -\int (1-2\cos^2 x+\cos^4 x)\,d(\cos x)\end{aligned}$$

$$=-\cos x+\frac{2}{3}\cos^3 x-\frac{1}{5}\cos^5 x$$ ■

예제 4.5.2 $\int \cos^4 x\,dx$ 를 구하여라.

풀이

$$\int \cos^4 x\,dx=\int\left(\frac{1+\cos 2x}{2}\right)^2 dx$$

$$=\frac{1}{4}\int(1+2\cos 2x+\cos^2 2x)\,dx$$

$$=\frac{1}{4}\int dx+\frac{1}{4}\int(\cos 2x)(2)dx+\frac{1}{8}\int(1+\cos 4x)\,dx$$

$$=\frac{3}{8}\int dx+\frac{1}{4}\int\cos 2x\,d(2x)+\frac{1}{32}\int\cos 4x\,d(4x)$$

$$=\frac{3}{8}x+\frac{1}{4}\sin 2x+\frac{1}{32}\sin 4x$$ ■

예제 4.5.3 $\int \sin^3 x\cos^{-4}x\,dx$ 를 구하여라.

풀이

$$\int \sin^3 x\cos^{-4}x\,dx=\int(1-\cos^2 x)(\cos^{-4}x)(\sin x)\,dx$$

$$=-\int(\cos^{-4}x-\cos^{-2}x)\,d(\cos x)$$

$$=-\left[\frac{(\cos x)^{-3}}{-3}-\frac{(\cos x)^{-1}}{-1}\right]$$

$$=\frac{1}{3}\sec^3 x-\sec x$$ ■

예제 4.5.4 $\int \sin^2 x\cos^4 x\,dx$를 구하여라.

풀이

$$\int \sin^2 x\cos^4 x\,dx=\int\left(\frac{1-\cos 2x}{2}\right)\left(\frac{1+\cos 2x}{2}\right)^2 dx$$

$$=\frac{1}{8}\int(1+\cos 2x-\cos^2 2x-\cos^3 2x)\,dx$$

$$=\frac{1}{8}\int\Big[1+\cos 2x-\frac{1}{2}(1+\cos 4x)$$

$$-(1-\sin^2 2x)\cos 2x\Big]\,dx$$

$$= \frac{1}{8}\int\left[\frac{1}{2} - \frac{1}{2}\cos 4x + \sin^2 2x \cos 2x\right]dx$$

$$= \frac{1}{8}\left[\int \frac{1}{2}dx - \frac{1}{8}\int \cos 4x \, d(4x) + \frac{1}{2}\int \sin^2 2x \, d(\sin 2x)\right]$$

$$= \frac{1}{8}\left[\frac{1}{2}x - \frac{1}{8}\sin 4x + \frac{1}{6}\sin^3 2x\right] \quad ■$$

[유형 ③] $\left(\int \tan^n x \, dx, \int \cot^n x \, dx\right)$: $\tan^2 x + 1 = \sec^2 x$ 또는 $\cot^2 x + 1 = \mathrm{cosec}^2 x$ 과 치환법을 이용한다.

예제 4.5.5 $\int \cot^4 x \, dx$ 를 구하여라.

풀이
$$\int \cot^4 x \, dx = \int \cot^2 x(\csc^2 x - 1)dx$$
$$= \int \cot^2 x \csc^2 x \, dx - \int \cot^2 x \, dx$$
$$= -\int \cot^2 x \, d(\cot x) - \int (\csc^2 x - 1)dx$$
$$= -\frac{1}{3}\cot^3 x + \cot x + x \quad ■$$

예제 4.5.6 $\int \tan^5 x \, dx$ 를 구하여라.

풀이
$$\int \tan^5 x \, dx = \int \tan^3 x(\sec^2 x - 1)dx$$
$$= \int \tan^3 x \sec^2 x \, dx - \int \tan^3 x \, dx$$
$$= \int \tan^3 x \, d(\tan x) - \int \tan x(\sec^2 x - 1)dx$$
$$= \int \tan^3 x \, d(\tan x) - \int \tan x \, d(\tan x) + \int \tan x \, dx$$
$$= \frac{1}{4}\tan^4 x - \frac{1}{2}\tan^2 x - \ln|\cos x| \quad ■$$

[유형 ④] $\left(\int \tan^m x \sec^n x\, dx, \int \cot^m x \csc^n x\, dx\right)$: 지수 n이 짝수이면, $\sec^2 x$ 또는 $\text{cosec}^2 x$를 빼내고 공식 $\tan^2 x + 1 = \sec^2 x$ 또는 $\cot^2 x + 1 = \text{cosec}^2 x$와 치환적분법을 이용한다. 지수 m이 홀수이고 n이 임의의 수이면, $\sec x \tan x$ 또는 $\text{cosec} x \cot x$를 빼내어 $\sec x$ 또는 $\text{cosec} x$를 치환한다.

예제 4.5.7 $\int \tan^{-3/2} x \sec^4 x\, dx$를 구하여라.

풀이

$$\begin{aligned}\int \tan^{-3/2} x \sec^4 x\, dx &= \int (\tan^{-3/2} x)(1+\tan^2 x)\sec^2 x\, dx \\ &= \int (\tan^{-3/2} x)\sec^2 x\, dx + \int (\tan^{1/2} x)\sec^2 x\, dx \\ &= -2\tan^{-1/2} x + \frac{2}{3}\tan^{3/2} x\end{aligned}$$

■

예제 4.5.8 $\int \tan^3 x \sec^{-1/2} x\, dx$를 구하여라.

풀이

$$\begin{aligned}\int \tan^3 x \sec^{-1/2} x\, dx &= \int (\tan^2 x)(\sec^{-3/2} x)(\sec x \tan x) dx \\ &= \int (\sec^2 x - 1)\sec^{-3/2} x\, d(\sec x) \\ &= \int \sec^{1/2} x\, d(\sec x) - \int \sec^{-3/2} x\, d(\sec x) \\ &= \frac{2}{3}\sec^{\frac{3}{2}} x + 2\sec^{-1/2} x\end{aligned}$$

■

[유형 ⑤] $\left(\int \sin mx \cos nx\, dx, \int \sin mx \sin nx\, dx, \int \cos mx \cos nx\, dx\right)$: 이런 형태의 적분은 교류이론, 열전달 문제, 푸리에 급수가 사용되는 문제에서 나타난다. 이런 적분을 구하기 위하여 삼각함수의 곱의 항등식을 사용한다.

$$\sin mx \cos nx = \frac{1}{2}[\sin(m+n)x + \sin(m-n)x]$$

$$\sin mx \sin nx = -\frac{1}{2}[\cos(m+n)x - \cos(m-n)x]$$

$$\cos mx \cos nx = \frac{1}{2}[\cos(m+n)x + \cos(m-n)x]$$

■

예제 4.5.9 $\int \sin 2x \cos 3x\, dx$ 를 구하여라.

풀이

$$\begin{aligned}\int \sin 2x \cos 3x\, dx &= \frac{1}{2}\int [\sin 5x + \sin(-x)]\, dx \\ &= \frac{1}{10}\int \sin 5x\, d(5x) - \frac{1}{2}\int \sin x\, dx \\ &= -\frac{1}{10}\cos 5x + \frac{1}{2}\cos x\end{aligned}$$

■

예제 4.5.10 $\int \sin x \sin 2x \sin 3x\, dx$ 를 구하여라.

풀이

$$\begin{aligned}\int \sin x \sin 2x \sin 3x\, dx &= \int \left(\frac{1}{2}\cos x - \frac{1}{2}\cos 3x\right)\sin 3x\, dx \\ &= \frac{1}{2}\int (\cos x \sin 3x - \cos 3x \quad \sin 3x)\, dx \\ &= \frac{1}{2}\int \left\{\frac{1}{2}(\sin 2x + \sin 4x) - \frac{1}{2}\sin 6x\right\} dx \\ &= \frac{1}{4}\int (\sin 2x + \sin 4x - \sin 6x)\, dx \\ &= -\frac{1}{8}\cos 2x - \frac{1}{16}\cos 4x + \frac{1}{24}\cos 6x\end{aligned}$$

■

연습문제 4.5

01 다음 부정적분을 구하여라.

(1) $\int \cos^2 x\, dx$

(2) $\int \cos^3 x\, dx$

(3) $\int \sin^5 t\, dt$

(4) $\int \tan^3 y\, dy$

(5) $\int \sin^7 3x \cos^2 3x\, dx$

(6) $\int \cos^3\theta \sin^{-2}\theta\, d\theta$

(7) $\int \sin^4 2t \cos^4 2t\, dt$

(8) $\int \tan^3 3y \sec^3 3y\, dy$

(9) $\int \cot x \csc^3 x\, dx$

(10) $\int \tan^{-3} t \sec^2 t\, dt$

(11) $\int \sin 4y \cos 5y\, dy$

(12) $\int \cot^4 2x\, dx$

5장 정적분

5.1 정적분의 정의

함수 $y=f(x)$가 구간 $[a, b]$에서 연속인 함수라 하고 $P_n=\{x_0, x_1, \cdots, x_n\}$을 $[a, b]$의 분할이라고 하자.

함수 f가 구간 $[a, b]$에서 연속이므로 각 소구간 $[x_{i-1}, x_i]$에서 f는 최솟값 m_i와 최댓값 M_i를 갖는다. 따라서 내접하는 직사각형들 넓이의 합은

$$\sum_{i=1}^{n} m_i \Delta x_i$$

이고, 외접하는 직사각형들 넓이의 합은

$$\sum_{i=1}^{n} M_i \Delta x_i$$

이다. 만일 w_i를 소구간 $[x_{i-1}, x_i]$ 내의 임의의 점이라 하면

$$\sum_{i=1}^{n} m_i \Delta x_i \le \sum_{i=1}^{n} f(w_i) \Delta x_i \le \sum_{i=1}^{n} M_i \Delta x_i$$

가 성립한다. 구간 $[x_{i-1}, x_i]$ 내의 임의의 점 w_i를 선택하여 만든 합

$$A_n = \sum_{i=1}^{n} f(w_i)\, \Delta x_i$$

을 분할 P_n에 대한 함수 f의 **리만합**(Riemann sum)이라 정의한다(그림 5-1).

이 합은 구간 $[a, b]$의 분할방법 및 점 w_i의 선택방법에 따라 달라짐을 알 수 있다. 그러나 만일 위의 부등식에서 좌변의 극한과 우변의 극한이 같은 값 L을 갖는다면

$$\lim_{n \to \infty} \sum_{i=1}^{n} f(w_i) \Delta x_i = L$$

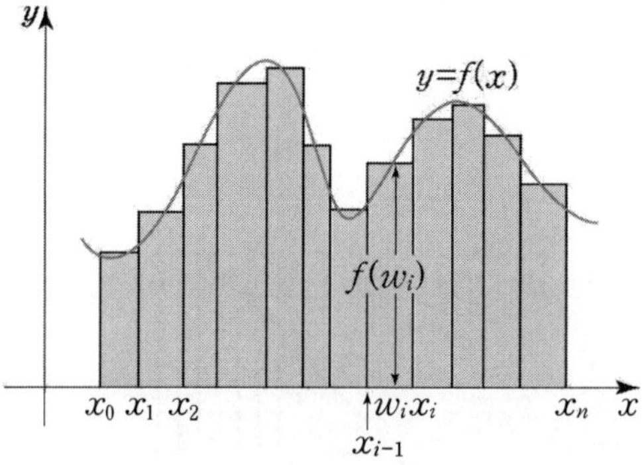

| 그림 5-1 |

이 된다.

이제 리만합을 이용하여 정적분을 정의하도록 한다.

정의 5.1.1

f가 구간 $[a, b]$에서 정의된 유계인 함수이고 $P_n = \{x_0, x_1, \cdots, x_n\}$이 구간 $[a, b]$의 분할이며 w_i가 소구간 $[x_{i-1}, x_i]$ 내의 한 점이라 하자.

$\lim\limits_{n \to \infty} \sum\limits_{i=1}^{n} f(w_i) \Delta x_i$를 $[a, b]$에서 함수 f의 정적분이라 하고

$$\int_a^b f(x)\ dx = \lim_{n \to \infty} \sum_{i=1}^{n} f(w_i) \Delta x_i$$

로 표시한다. 만일 우변의 극한이 존재하면 f는 구간 $[a, b]$에서 적분가능하다 (integrable)고 한다.

예제 5.1.1 $\int_0^2 (x+2)\, dx$를 구하여라.

풀이 $[0, 2]$를 균등하게 n등분하자. 그러면

$$0 = x_0 < x_1 < \cdots < x_n = 2,\ \ \Delta x = \frac{2}{n},\ \ x_i = i\Delta x = \frac{2}{n} i$$

이다. 소구간 $[x_{i-1}, x_i]$ 에서 w_i를 구간의 오른쪽 끝점인 x_i로 선택하여 직사각형 넓이의 합을 구하면 다음과 같다.

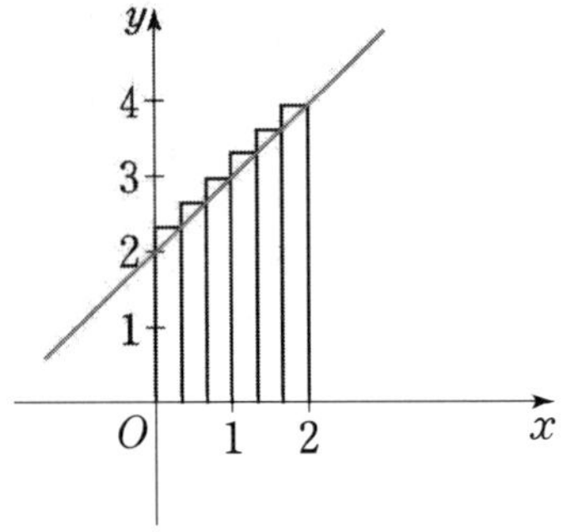

| 그림 5-2 |

$$
\begin{aligned}
& f(x_1)\Delta x + f(x_2)\Delta x + \cdots + f(x_n)\Delta x \\
&= \left(\frac{2}{n}+2\right)\cdot\frac{2}{n} + \left(\frac{4}{n}+2\right)\cdot\frac{2}{n} + \cdots + \left(\frac{2n}{n}+2\right)\cdot\frac{2}{n} \\
&= \sum_{i=1}^{n}\left(\frac{2}{n}i + 2\right)\frac{2}{n} \\
&= \frac{4}{n^2}\cdot\frac{n(n+1)}{2} + 4
\end{aligned}
$$

따라서

$$\int_0^2 (x+2)\,dx = \lim_{n\to\infty}\sum_{i=1}^{n} f(x_i)\Delta x = \lim_{n\to\infty}\left(\frac{4n(n+1)}{2n^2}+4\right) = 6$$

이다. ■

예제 5.1.2 $\int_{-1}^{1}(1-x^2)\,dx$를 구하여라.

풀이 $[-1, 1]$을 균등하게 n등분하자. 그러면

$$-1 = x_0 < x_1 < \cdots < x_n = 1,\ \Delta x_i = \Delta x = \frac{2}{n},\ x_i = -1 + \frac{2}{n}i$$

이다. 소구간 $[x_{i-1}, x_i]$ 에서 w_i를 구간의 오른쪽 끝점인 x_i로 선택하여

직사각형 넓이의 합을 구하면 다음과 같다.

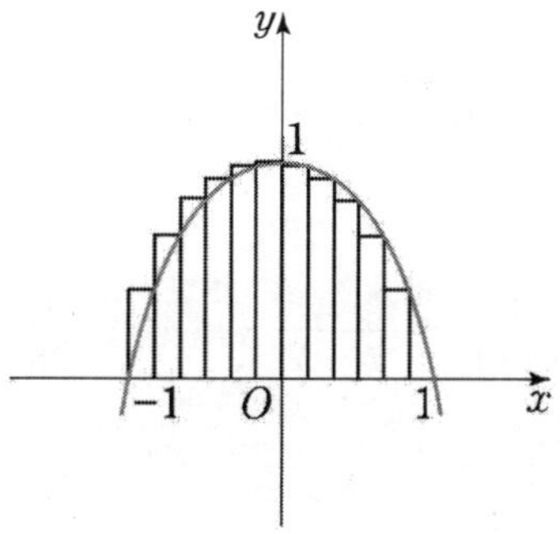

| 그림 5-3 |

$$\sum_{i=1}^{n} f(x_i)\Delta x_i = \sum_{i=1}^{n}\left[1-\left(-1+\frac{2}{n}i\right)^2\right]\frac{2}{n}$$

$$= \sum_{i=1}^{n}\left[\frac{8}{n^2}i-\frac{8}{n^3}i^2\right]$$

$$= \frac{8}{n^2}\cdot\frac{n(n+1)}{2}-\frac{8}{n^3}\cdot\frac{n(n+1)(2n+1)}{6}$$

$$= \frac{4(n+1)}{n}-\frac{4(n+1)(2n+1)}{3n^2}$$

따라서

$$\int_{-1}^{1}(1-x^2)\,dx = \lim_{n\to\infty}\sum_{i=1}^{n} f(x_i)\Delta x_i$$

$$= \lim_{n\to\infty}\left[\frac{4(n+1)}{n}-\frac{4(n+1)(2n+1)}{3n^2}\right]$$

$$= \frac{4}{3}$$

이다. ■

구간 $[a, b]$에서 연속인 함수 f에 대한 정적분과 무한급수와의 관계를 정리하면 다음과 같다.

(1) $\displaystyle\int_{0}^{1} f(x)dx = \lim_{n\to\infty}\sum_{i=1}^{n} f\left(\frac{i}{n}\right)\frac{1}{n}$

(2) $\displaystyle\int_0^1 f(a+x)dx = \lim_{n\to\infty}\sum_{i=1}^{n} f\left(a+\frac{i}{n}\right)\frac{1}{n}$

(3) $\displaystyle\int_a^{a+p} f(x)dx = \lim_{n\to\infty}\sum_{i=1}^{n} f\left(a+\frac{p}{n}i\right)\frac{p}{n}$

예제 5.1.3 $\displaystyle\lim_{n\to\infty}\left(\frac{1}{n+1}+\frac{1}{n+2}+\cdots+\frac{1}{2n}\right)$을 정적분으로 나타내어라.

풀이

$$\begin{aligned}\frac{1}{n+1}+\frac{1}{n+2}+\cdots+\frac{1}{2n} &= \sum_{i=1}^{n}\frac{1}{n+i}\\ &= \sum_{i=1}^{n}\frac{1}{1+\frac{i}{n}}\cdot\frac{1}{n}\end{aligned}$$

이므로

$$\begin{aligned}\lim_{n\to\infty}\left(\frac{1}{n+1}+\frac{1}{n+2}+\cdots+\frac{1}{2n}\right) &= \lim_{n\to\infty}\sum_{i=1}^{n}\frac{1}{1+\frac{i}{n}}\cdot\frac{1}{n}\\ &= \int_0^1\frac{1}{1+x}\,dx\end{aligned}$$

이다. ■

연습문제 5.1

01 $f(x) = 2x + 3$일 때

(1) 구간 $[0, 2]$에서 $f(x)$와 x축 사이의 넓이를 외접하는 직사각형들 넓이의 합을 이용하여 구하여라.

(2) 구간 $[0, 2]$에서 $f(x)$와 x축 사이의 넓이를 내접하는 직사각형들 넓이의 합을 이용하여 구하여라.

02 정적분의 정의를 이용하여 다음을 구하여라.

(1) $\displaystyle\int_1^2 (3x+1)\,dx$

(2) $\displaystyle\int_0^4 \left(4 - \frac{3}{4}x\right) dx$

(3) $\displaystyle\int_1^2 (x^2 + 2)\,dx$

(4) $\displaystyle\int_{-2}^{-1} (2 - x^3)\,dx$

03 구간 $[1, 4]$에서 $f(x) = \dfrac{1}{x}$에 내접하는 직사각형의 넓이와 외접하는 직사각형의 넓이를 이용하여

$$\frac{13}{12} < \int_1^4 \frac{1}{x}\,dx < \frac{11}{6}$$

이 성립함을 증명하여라.

5.2 정적분의 성질

$\int_b^a f(x)\,dx$ 를 리만합을 이용하여 정의하게 되면 $\Delta x = \dfrac{a-b}{n}$ 가 된다. 또한 $a=b$ 인 경우, $\Delta x = \dfrac{a-a}{n} = 0$ 이므로 이 사실로부터 다음 정의를 쉽게 얻을 수 있다.

정의 5.2.1

(1) $\int_a^a f(x)\ dx = 0$

(2) $\int_b^a f(x)\ dx = -\int_a^b f(x)\ dx$

다음 정리는 정적분에 관련된 기본적인 정리로 정적분을 쉽게 계산하고자 할 때 사용하는 중요한 정리이다.

정리 5.2.1

함수 f 와 g 가 구간 $[a, b]$ 에서 적분가능하고 k 가 실수일 때 다음 관계식이 성립한다.

(1) $\int_a^b (f(x)+g(x))\,dx = \int_a^b f(x)dx + \int_a^b g(x)dx$

(2) $\int_a^b (f(x)-g(x))\,dx = \int_a^b f(x)dx - \int_a^b g(x)dx$

(3) $\int_a^b kf(x)dx = k\int_a^b f(x)dx$

증명 $P_n = \{x_0, x_1, \cdots, x_n\}$ 이 $[a, b]$ 의 분할이고 w_i 를 소구간 $[x_{i-1}, x_i]$ 의

임의의 점, $\Delta x_i = x_i - x_{i-1}$이라 하면 다음이 성립한다.

$$(1)\ \int_a^b (f(x)+g(x))dx = \lim_{n\to\infty}\sum_{i=1}^{n}[f(w_i)+g(w_i)]\Delta x_i$$
$$= \lim_{n\to\infty}\sum_{i=1}^{n} f(w_i)\Delta x_i + \lim_{n\to\infty}\sum_{i=1}^{n} g(w_i)\Delta x_i$$
$$= \int_a^b f(x)dx + \int_a^b g(x)dx$$

$$(2)\ \int_a^b (f(x)-g(x))dx = \lim_{n\to\infty}\sum_{i=1}^{n}[f(w_i)-g(w_i)]\Delta x_i$$
$$= \lim_{n\to\infty}\sum_{i=1}^{n} f(w_i)\Delta x_i - \lim_{n\to\infty}\sum_{i=1}^{n} g(w_i)\Delta x_i$$
$$= \int_a^b f(x)dx - \int_a^b g(x)dx$$

$$(3)\ \int_a^b k\,f(x)dx = \lim_{n\to\infty}\sum_{i=1}^{n} k\,f(w_i)\Delta x_i$$
$$= k\lim_{n\to\infty}\sum_{i=1}^{n} f(w_i)\Delta x_i$$
$$= k\int_a^b f(x)\,dx$$

■

정적분의 기본적인 정리를 이용하여 다음 예제를 풀어보자.

예제 5.2.1 $\int_0^1 f(x)\,dx = 2$이고 $\int_0^1 g(x)\,dx = -3$일 때 다음을 구하여라.

(1) $\int_0^1 (f(x)+g(x))\,dx$ (2) $\int_0^1 (f(x)-g(x))\,dx$

(3) $\int_0^1 4f(x)\,dx$ (4) $\int_1^0 3g(x)\,dx$

풀이 (1) $\int_0^1 (f(x)+g(x))\,dx = 2-3 = -1$

(2) $\int_0^1 (f(x)-g(x))\,dx = 2-(-3) = 5$

(3) $\int_0^1 4f(x)\,dx = 4\int_0^1 f(x)\,dx = 4\times 2 = 8$

(4) $\int_1^0 3g(x)\,dx = -3\int_0^1 g(x)\,dx = (-3)\times(-3) = 9$

다음 정리는 정적분을 계산할 때 적분구간을 소구간으로 나누어 적분할 수 있음을 설명한다.

정리

$a < c < b$이고 함수 f가 구간 $[a, b]$에서 적분가능하면

$$\int_a^b f(x)dx = \int_a^c f(x)dx + \int_c^b f(x)dx$$

가 성립한다.

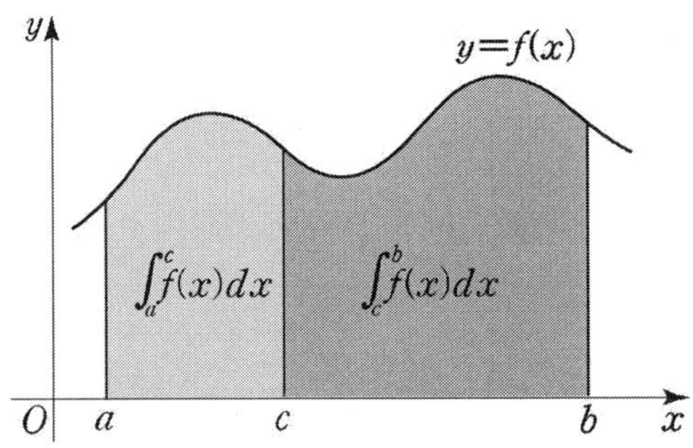

| 그림 5-4 |

그림 5-4에서 $\int_a^b f(x)\,dx$는 $x=a$부터 $x=b$까지 x축과 함수 사이의 넓이를 나타고 $\int_a^c f(x)\,dx$와 $\int_c^b f(x)\,dx$의 합이 같은 넓이를 나타낸다는 사실을 쉽게 이해할 할 수 있다.

예제 5.2.2 $\int_0^1 f(x)\,dx = 4$이고 $\int_0^4 f(x)\,dx = -3$일 때 $\int_1^4 f(x)\,dx$를 구하여라.

풀이 정리 5.2.2에 의하여

$$\int_1^4 f(x)\,dx = \int_0^4 f(x)\,dx - \int_0^1 f(x)\,dx$$

$$= -3-4$$
$$= -7$$

이다. ■

예제 5.2.3 f가 구간 $[-1, 1]$에서 적분가능한 함수일 때

$$\int_{-1}^{0} f(x)dx - \int_{-1}^{1} f(x)dx$$

를 하나의 정적분으로 나타내어라.

풀이 정리 5.2.2에 의하여

$$\int_{-1}^{1} f(x)dx = \int_{-1}^{0} f(x)dx + \int_{0}^{1} f(x)dx$$

가 성립한다. 따라서 좌변과 우변의 항을 이항하면

$$-\int_{0}^{1} f(x)dx = \int_{-1}^{0} f(x)dx - \int_{-1}^{1} f(x)dx$$

이므로 주어진 적분을 하나의 정적분으로 나타내면

$$-\int_{0}^{1} f(x)dx$$

이다. ■

정적분의 정의와 정리 5.2.2를 이용하여 다음 정리를 증명할 수 있다.

정리

함수 f와 g가 구간 $[a, b]$에서 적분가능하다고 하자.

(1) $f(x) \geq 0$이면 $\int_{a}^{b} f(x)dx \geq 0$이다.

(2) $f(x) \geq g(x)$이면 $\int_{a}^{b} f(x)dx \geq \int_{a}^{b} g(x)dx$이다.

증명 (1) $P_n = \{x_0, x_1, \cdots, x_n\}$이 구간 $[a, b]$의 분할이고 w_i를 소구간 $[x_{i-1}, x_i]$의 임의의 점, $\Delta x_i = x_i - x_{i-1}$이라 하자. $\sum_{i=1}^{n} f(w_i)$ $\Delta x_i \geq 0$이므로

$$\int_a^b f(x)dx = \lim_{n\to\infty}\sum_{i=1}^{n} f(w_i)\Delta x_i \geq 0$$

이 성립한다.

(2) $f(x) - g(x) \geq 0$이므로

$$\int_a^b f(x)dx - \int_a^b g(x)dx = \int_a^b (f(x) - g(x))\, dx \geq 0$$

이다. 따라서

$$\int_a^b f(x)dx \geq \int_a^b g(x)dx$$

가 성립한다. ■

앞의 결과를 이용하여 다음 정리를 유도한다.

정리

함수 f가 구간 $[a, b]$에서 적분가능하면

$$\left|\int_a^b f(x)dx\right| \leq \int_a^b |f(x)|dx$$

가 성립한다.

증명 구간 $[a, b]$ 내의 모든 점 x에 대하여

$$-|f(x)| \leq f(x) \leq |f(x)|$$

가 성립한다. 따라서

$$-\int_a^b |f(x)|dx \leq \int_a^b f(x)\, dx \leq \int_a^b |f(x)|dx$$

가 성립한다. 이 부등식을 정리하면

$$\left|\int_a^b f(x)dx\right| \le \int_a^b |f(x)|dx$$

이다. ■

다음 정리는 적분의 평균값 정리로 이 정리는 다음 절에서 학습할 미적분학의 기본정리를 증명하는 데 중요하게 사용된다.

정리

적분의 평균값 정리
함수 f가 구간 $[a, b]$에서 연속이면

$$\int_a^b f(x)dx = f(c)(b-a)$$

를 만족하는 $c \in (a, b)$가 존재한다. 이때 $f(c)$를 구간 $[a, b]$에서 $f(x)$의 **평균값**이라 한다.

증명 함수 f가 구간 $[a, b]$에서 연속이므로 f는 최댓값 M, 최솟값 m을 갖는다. 즉

$$m \le f(x) \le M$$

이므로

$$\int_a^b m dx \le \int_a^b f(x)dx \le \int_a^b M dx$$

이 성립한다. 그러므로

$$m(b-a) \le \int_a^b f(x)dx \le M(b-a)$$

이고

$$m \leq \frac{\int_a^b f(x)dx}{b-a} \leq M$$

이다. 함수 f가 구간 $[a, b]$에서 연속이므로 중간값 정리에 의하여

$$\frac{\int_a^b f(x)dx}{b-a} = f(c)$$

즉,

$$\int_a^b f(x)dx = f(c)(b-a)$$

를 만족하는 $c \in (a, b)$가 존재한다. ■

적분의 평균값 정리는 구간 $[a, b]$에서 함수 $y = f(x)$가 양의 값을 갖는 함수일 경우에 x축과 $y = f(x)$ 사이의 영역의 넓이는 적당한 점 $c \in [a, b]$에서 $f(c)$를 세로의 길이로, $b-a$를 가로의 길이로 갖는 직사각형의 넓이와 같음을 설명하고 있다(그림 5-5).

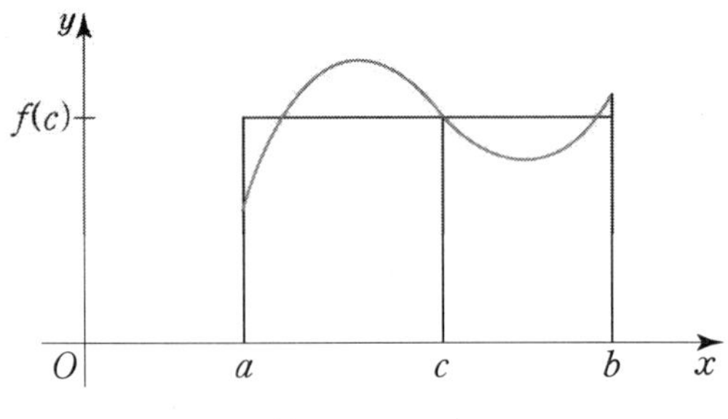

| 그림 5-5 |

예제 5.2.4 (1) 구간 $[0, 2]$에서 $f(x) = x$의 평균값을 구하라.

(2) 구간 $[0, 2]$에서 $g(x) = x^2$의 평균값을 구하라.

풀이 (1) 구간 $[0, 2]$에서 $f(x)$의 평균값은

$$f(c) = \frac{\displaystyle\int_0^2 x\,dx}{2-0} = \frac{2}{2} = 1$$

이다.

(2) 구간 $[0, 2]$에서 $g(x)$의 평균값은

$$g(c) = \frac{\displaystyle\int_0^2 x^2\,dx}{2-0} = \frac{4}{3}$$

이다. ■

연습문제 5.2

01 $\int_0^2 f(x)\,dx = 2$, $\int_2^5 f(x)\,dx = 5$, $\int_0^2 g(x)\,dx = -3$, $\int_2^5 g(x)\,dx = -1$일 때 다음을 구하여라.

(1) $\int_0^5 f(x)\,dx$

(2) $\int_5^0 g(x)\,dx$

(3) $\int_2^5 (2f(x)+3g(x))\,dx$

(4) $\int_5^2 (-f(x)+4g(x))\,dx$

02 (1) $f(x)=|x-1|$일 때 $\int_{-2}^2 f(x)\,dx$를 구하여라.

(2) $g(x)=|x^2-1|$일 때 $\int_{-3}^3 g(x)\,dx$를 구하여라.

03 (1) 구간 $[-1, 2]$에서 $f(x)=e^x$의 평균값을 구하여라.

(2) 구간 $\left[0, \frac{\pi}{2}\right]$에서 $g(x)=\sin x+\cos x$의 평균값을 구하여라.

(3) 구간 $[-1, 1]$에서 $h(x)=xe^{-x}$의 평균값을 구하여라.

5.3 미적분학의 기본정리

이 절에서는 정적분을 계산할 때 가장 중요하게 사용되는 미적분학의 기본정리를 알아보고 이 정리를 활용하여 정적분을 계산하는 다양한 방법을 학습한다.

정리 5.3.1

미적분학의 기본정리 (1)

함수 f가 구간 $[a, b]$에서 연속일 때 $x \in [a, b]$에 대하여

$$F(x) = \int_a^x f(t)dt$$

라 하자. 그러면 F는 $[a, b]$에서 미분가능하고 임의의 $x \in (a, b)$에 대하여 $F'(x) = f(x)$이다.

증명 $h > 0$이라 하자. $F(x) = \int_a^x f(t)dt$이므로

$$\begin{aligned} F(x+h) - F(x) &= \int_a^{x+h} f(t)dt - \int_a^x f(t)dt \\ &= \int_a^{x+h} f(t)dt + \int_x^a f(t)dt \qquad \cdots\cdots ① \\ &= \int_x^{x+h} f(t)dt \end{aligned}$$

이다. 적분의 평균값의 정리에 의하여

$$\int_x^{x+h} f(t)dt = f(c_h)h \qquad \cdots\cdots ②$$

인 $c_h \in (x, x+h)$가 존재한다. 식 ②를 식 ①에 대입하여 정리하면

$$\frac{F(x+h)-F(x)}{h}=\frac{\displaystyle\int_x^{x+h} f(t)dt}{h}=f(c_h)$$

이다. $\lim\limits_{h\to 0} c_h = x$이고 f가 $[a, b]$에서 연속이므로

$$\begin{aligned} F'(x) &= \lim_{h\to 0}\frac{F(x+h)-F(x)}{h} \\ &= \lim_{h\to 0}\frac{\displaystyle\int_x^{x+h} f(t)dt}{h} \\ &= \lim_{h\to 0} f(c_h) \\ &= f(x) \end{aligned}$$

가 성립한다. ■

정리 5.3.1의 미적분학의 기본정리 (1)을 이용하여 다음 예제를 풀어보자.

예제 5.3.1 $\dfrac{d}{dx}\displaystyle\int_2^x (t^3 - 2\cos t)\, dt$를 구하여라.

풀이 $f(t) = t^3 - 2\cos t$라 하면 미적분학의 기본정리 (1)에 의하여

$$\begin{aligned} \frac{d}{dx}\int_2^x (t^3-2\cos t)\,dt &= \frac{d}{dx}\int_2^x f(t)\,dt \\ &= f(x) \\ &= x^3 - 2\cos x \end{aligned}$$

이다. ■

예제 5.3.2 $\dfrac{d}{dx}\displaystyle\int_x^3 (e^t - \tan t^3)\, dt$을 구하여라.

풀이 $f(t) = e^t - \tan t^3$이라 하면 미적분학의 기본정리 (1)에 의하여

$$\begin{aligned}\frac{d}{dx}\int_x^3 (e^t - \tan t^3)dt &= \frac{d}{dx}\int_x^3 f(t)\,dt \\ &= -\frac{d}{dx}\int_3^x f(t)\,dt \\ &= -f(x) \\ &= -e^x + \tan x^3\end{aligned}$$

이다. ■

연쇄법칙과 미적분학의 기본정리 (1)을 이용하여 다음 예제를 풀어보자.

예제 5.3.3 $\frac{d}{dx}\int_0^{\sin x} \frac{1}{t^2+2}\,dt$를 구하여라.

풀이 $u = \sin x$라 하고 $F(u) = \int_0^u \frac{1}{t^2+2}\,dt$라 하자.

미적분학의 기본정리 (1)에 의하여

$$\frac{d}{du}F(u) = \frac{1}{u^2+2}$$

이다. 그리고 연쇄법칙에 의하여

$$\begin{aligned}\frac{d}{dx}F(u) &= F'(u(x)) \cdot u'(x) \\ &= \frac{1}{u^2+2} \cdot (\cos x) \\ &= \frac{\cos x}{\sin^2 x + 2}\end{aligned}$$

이다. 따라서

$$\frac{d}{dx}\int_0^{\sin x} \frac{1}{t^2+2}\,dt = \frac{\cos x}{\sin^2 x + 2}$$

이다. ■

미적분학의 기본정리 (1)을 이용하여 정적분을 계산할 때 가장 많이 사용되는 미적분학의 기본정리 (2)를 증명할 수 있다.

정리

미적분학의 기본정리 (2)

f가 구간 $[a, b]$에서 연속이고 F가 f의 원시함수일 때

$$\int_a^b f(x)dx = F(b) - F(a)$$

이다.

증명

$$G(x) = \int_a^x f(t)\,dt$$

라 하면 미적분학의 기본정리 (1)에 의하여 임의의 $x \in [a, b]$에 대하여

$$G'(x) = f(x)$$

이므로 G는 f의 원시함수이다. 그러므로 적절한 상수 C에 대하여

$$F(x) = G(x) + C$$

이다. 그런데

$$G(a) = \int_a^a f(x)dx = 0$$

이므로

$$\int_a^b f(x)dx = G(b) = G(b) - G(a) = F(b) - F(a)$$

가 성립한다. ■

미적분학의 기본정리 (2)의 내용을 식으로 다시 정리하면 다음과 같다.

$$\int_a^b f(x)dx = F(x)\Big|_a^b = F(b) - F(a)$$

예제 5.3.4 $\int_0^1 (3x + e^x)\, dx$를 구하여라.

[풀이] $F(x) = \frac{3}{2}x^2 + e^x$는 $f(x) = 3x + e^x$의 원시함수이므로 미적분학의 기본정리 (2)에 의하여

$$\begin{aligned}\int_0^1 (3x + e^x)dx &= F(1) - F(0) \\ &= \left(\frac{3}{2} + e\right) - 1 \\ &= \frac{1}{2} + e\end{aligned}$$

이다. ■

미적분학의 기본정리 (2)를 이용하여 정적분을 계산하고자 할 때 원시함수가 쉽게 구해지지 않을 경우 치환적분법이나 부분적분법을 이용한다.

치환적분법에 의하여 정적분을 계산할 때에는 적분구간을 치환된 변수에 맞게 변경하여 계산을 수행한다.

정리

정적분의 치환적분법

폐구간 $[a, b]$에서 함수 g의 도함수가 연속이고 함수 f가 함수 g의 치역에서 연속이면

$$\int_a^b f(g(x))g'(x)dx = \int_{g(a)}^{g(b)} f(u)du$$

가 성립한다.

[증명] f의 원시함수를 F라 하면 미적분학의 기본정리 (2)에 의하여

$$\int_{g(a)}^{g(b)} f(u)du = F(g(b)) - F(g(a))$$

이다. 한편 부정적분의 치환적분법에 의하여

$$\int f(g(x))g'(x)dx = F(g(x)) + C \quad (\text{단, } C\text{는 상수})$$

이므로 미적분학의 기본정리 (2)에 의하여

$$\int_a^b f(g(x))g'(x)dx = F(g(b)) - F(g(a))$$

이다. 그러므로

$$\int_a^b f(g(x))g'(x)dx = \int_{g(a)}^{g(b)} f(u)du$$

가 성립한다. ■

정적분의 치환적분법을 이용하여 다음 예제를 풀어보자.

예제 5.3.5 $\int_0^1 \frac{x^2+1}{x^3+3x+1}dx$를 구하여라.

풀이 $u = x^3+3x+1$이라 하면 $du = (3x^2+3)dx$이다. $x=0$일 때 $u=1$이고 $x=1$일 때 $u=5$이다. 정적분의 치환적분법에 의하여

$$\begin{aligned}\int_0^1 \frac{x^2+1}{x^3+3x+1}dx &= \frac{1}{3}\int_1^5 \frac{1}{u}du \\ &= \frac{1}{3}\ln u \Big|_1^5 \\ &= \frac{1}{3}\ln 5\end{aligned}$$

이다. ■

예제 5.3.6 $\int_1^2 x\sqrt{x+1}\,dx$를 구하여라.

풀이 $u = x+1$이라 하면 $du = dx$이다. $x=1$일 때 $u=2$이고 $x=2$일 때 $u=3$이다. 정적분의 치환적분법에 의하여

$$\begin{aligned}\int_1^2 x\sqrt{x+1}\,dx &= \int_2^3 (u-1)\sqrt{u}\,du \\ &= \int_2^3 (u\sqrt{u} - \sqrt{u})\,du \\ &= \left(\frac{2}{5}u^2\sqrt{u} - \frac{2}{3}u\sqrt{u}\right)\Bigg|_2^3 \\ &= \frac{8}{5}\sqrt{3} - \frac{4}{15}\sqrt{2}\end{aligned}$$

이다. ■

부정적분의 부분적분법과 미적분학의 기본정리 (2)를 사용하여 정적분의 부분적분법을 유도할 수 있다.

정리

정적분의 부분적분법

함수 f와 g가 $[a, b]$에서 미분가능하면

$$\int_a^b f(x)g'(x)dx = (f(b)g(b) - f(a)g(a)) - \int_a^b f'(x)g(x)dx$$

가 성립한다.

증명 곱셈에 관한 미분 정리로부터

$$\frac{d}{dx}(f(x)g(x)) = f'(x)g(x) + f(x)g'(x)$$

가 성립한다. 따라서 $f'(x)g(x) + f(x)g'(x)$는 $f(x)g(x)$의 원시함수이다. 미적분학의 기본정리 (1)과 기본정리 (2)로부터

$$\begin{aligned}f(b)g(b) - f(a)g(a) &= (f(x)g(x))\Big|_a^b \\ &= \int_a^b (f(x)g(x))'\,dx\end{aligned}$$

$$= \int_a^b f'(x)g(x)\,dx + \int_a^b f(x)g'(x)\,dx$$

이다. 그러므로 우변의 $\int_a^b f(x)g'(x)dx$ 를 좌변으로 이항하면

$$(f(b)g(b) - f(a)g(a)) - \int_a^b f'(x)g(x)dx = \int_a^b f(x)g'(x)dx$$

가 성립한다. ■

정적분의 부분적분법을 이용하여 다음 예제를 풀어보자.

예제 5.3.7 $\int_0^\pi x \sin x\, dx$ 를 구하여라.

풀이 $f(x) = x,\ g'(x) = \sin x$ 라 놓으면 $f'(x) = 1,\ g(x) = -\cos x$ 이다. 정적분의 부분적분법에 의하여

$$\begin{aligned}\int_0^\pi x \sin x\, dx &= (-x\cos x)\Big|_0^\pi + \int_0^\pi \cos x\, dx \\ &= \pi + \int_0^\pi \cos x\, dx \\ &= \pi + \sin x\Big|_0^\pi \\ &= \pi\end{aligned}$$

이다. ■

예제 5.3.8 $\int_0^{\frac{\pi}{2}} e^x \cos x\, dx$ 를 구하여라.

풀이 $f(x) = \cos x,\ g'(x) = e^x$ 라 놓으면 $f'(x) = -\sin x,\ g(x) = e^x$ 이다. 정적분의 부분적분법에 의하여

$$\begin{aligned}\int_0^{\frac{\pi}{2}} e^x \cos x\, dx &= (e^x \cos x)\Big|_0^{\frac{\pi}{2}} + \int_0^{\frac{\pi}{2}} e^x \sin x\, dx \\ &= -1 + \int_0^{\frac{\pi}{2}} e^x \sin x\, dx \qquad \cdots\cdots ①\end{aligned}$$

이다. $\int_0^{\frac{\pi}{2}} e^x \sin x\, dx$에서 $f(x)=\sin x$, $g'(x)=e^x$라 놓으면 $f'(x)=\cos x$, $g(x)=e^x$이다. 정적분의 부분적분법에 의하여

$$\int_0^{\frac{\pi}{2}} e^x \sin x\, dx = (e^x \sin x)\Big|_0^{\frac{\pi}{2}} - \int_0^{\frac{\pi}{2}} e^x \cos x\, dx$$

$$= e^{\frac{\pi}{2}} - \int_0^{\frac{\pi}{2}} e^x \cos x\, dx \qquad \cdots\cdots ②$$

이다. 식 ②의 결과를 식 ①에 대입하면

$$\int_0^{\frac{\pi}{2}} e^x \cos x\, dx = (-1 + e^{\frac{\pi}{2}}) - \int_0^{\frac{\pi}{2}} e^x \cos x\, dx$$

이므로

$$\int_0^{\pi} e^x \cos x\, dx = \frac{1}{2}(-1 + e^{\frac{\pi}{2}})$$

이다. ■

연습문제 5.3

01 다음 도함수를 구하여라.

(1) $\dfrac{d}{dx}\displaystyle\int_1^x \sqrt{2t^3+1}\,dt$

(2) $\dfrac{d}{dx}\displaystyle\int_2^x \frac{1}{\sqrt{t}+1}dt$

(3) $\dfrac{d}{dx}\displaystyle\int_x^2 \frac{1}{1+\cos^2 t}\,dt$

(4) $\dfrac{d}{dx}\displaystyle\int_x^{-1} \frac{\cos u}{-3+\sin^3 u}\,du$

(5) $\dfrac{d}{dx}\displaystyle\int_0^{x^3} (3^{-s}+\tan s)\,ds$

(6) $\dfrac{d}{dx}\displaystyle\int_3^{\sin x} \frac{1}{2s^2+3}\,ds$

(7) $\dfrac{d}{dx}\displaystyle\int_{\sin x}^{x^2} \sqrt{u+u^3}\,du$

(8) $\dfrac{d}{dx}\displaystyle\int_{-\sqrt{x}}^{\cos x} \frac{1}{u^4+1}\,du$

02 다음 정적분을 계산하여라.

(1) $\displaystyle\int_0^1 x e^x\,dx$

(2) $\displaystyle\int_0^1 x e^{-x}\,dx$

(3) $\displaystyle\int_0^1 x^2 e^x\,dx$

(4) $\displaystyle\int_0^1 x^2 e^{-x}\,dx$

(5) $\displaystyle\int_0^1 \cos\frac{\pi}{2}x\,dx$

(6) $\displaystyle\int_0^1 x\sin\frac{\pi}{3}x\,dx$

(7) $\displaystyle\int_1^5 \ln x\,dx$

(8) $\displaystyle\int_1^5 (\ln x)^2\,dx$

5.4 이상적분

정적분 $\int_a^b f(x)dx$를 계산할 때 미적분학의 기본정리를 주로 사용하는데 이때 우리는 다음의 두 가지 제한 조건을 부여한다.

(1) 적분구간 $[a, b]$에서 피적분함수 $f(x)$는 유한하다.

(2) 적분구간에서 피적분함수 $f(x)$는 연속이다.

이제 우리는 정적분의 두 가지 제한 조건을 풀었을 때의 적분을 계산하고자 하는데 이 경우에 해당하는 적분을 **이상적분(improper integral)**이라 한다. 기본적으로 이상적분의 계산은 정적분 계산을 한 후 극한을 이용하여 결과를 얻는다.

정의 5.4.1

(a) 구간 $[a, \infty)$에서 $f(x)$가 연속일 때

$$\int_a^\infty f(x)dx = \lim_{t\to\infty}\int_a^t f(x)dx$$

라 정의한다.

(b) 구간 $(-\infty, b]$에서 $f(x)$가 연속일 때

$$\int_{-\infty}^b f(x)dx = \lim_{t\to-\infty}\int_t^b f(x)dx$$

라 정의한다.

만일 (a)와 (b)에서 우변의 극한이 존재하면 **이상적분은 수렴한다고** 하고 우변의 극한이 존재하지 않으면 **이상적분은 발산한다고** 한다.

정의 5.4.1에서 구간 $[a, \infty)$에서 $f(x)$가 연속이면 임의의 $t \in \mathbb{R}$에 대하여 유한 구간 $[a, t]$에서 $f(x)$가 연속이므로 미적분학의 기본정리에 의하여 $\int_a^t f(x)\,dx$를 계산할 수 있다. 또한 구간 $(-\infty, b]$에서 $f(x)$가 연속이면 임의의 $t \in \mathbb{R}$에 대하여 유한 구간 $[t, b]$에서 $f(x)$가 연속이므로 미적분학의 기본정리에 의하여 $\int_t^b f(x)\,dx$를 계산할 수 있다.

예제 5.4.1 $\int_0^\infty e^{-x}\,dx$를 계산하여라.

풀이 $t \geq 0$에 대하여 $A(t) = \int_0^t e^{-x}dx$라 하면 미적분학의 기본정리에 의하여

$$A(t) = \int_0^t e^{-x}dx = (-e^{-x})\Big|_0^t = 1 - e^{-t}$$

이다. 따라서

$$\begin{aligned}\int_0^\infty e^{-x}\,dx &= \lim_{t\to\infty}\int_0^t e^{-x}\,dx \\ &= \lim_{t\to\infty} A(t) \\ &= \lim_{t\to\infty}(1 - e^{-t}) = 1\end{aligned}$$

이다. ■

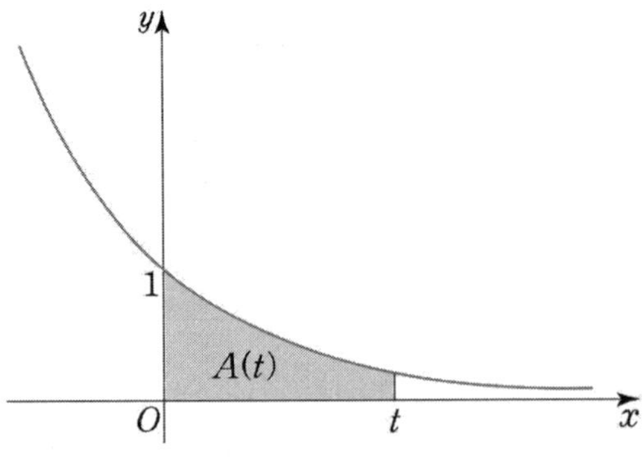

| 그림 5-6 |

예제 5.4.2 $\int_{-\infty}^{0} x^2\,dx$ 를 계산하여라.

풀이

$$\int_{-\infty}^{0} x^2\,dx = \lim_{s\to-\infty}\int_{s}^{0} x^2\,dx = \lim_{s\to-\infty}\frac{1}{3}x^3\Big|_{s}^{0}$$
$$= \lim_{s\to-\infty}\left(0-\frac{1}{3}s^3\right) = \infty$$

이다. ■

다음 예제는 이상적분의 특징을 잘 설명해 준다.

예제 5.4.3 $\int_{1}^{\infty}\frac{1}{x^p}dx$는 $p>1$일 때 수렴하고 $p\le 1$일 때 발산함을 보여라.

풀이 (i) $p=1$일 때

$$\int_{1}^{\infty}\frac{1}{x}dx = \lim_{t\to\infty}\int_{1}^{t}\frac{1}{x}dx = \lim_{t\to\infty}\ln x\Big|_{1}^{t}$$
$$= \lim_{t\to\infty}(\ln t - \ln 1) = \infty$$

이므로 이상적분은 발산한다.

(ii) $p\neq 1$일 때

$$\int_{1}^{\infty}\frac{1}{x^p}dx = \lim_{t\to\infty}\int_{1}^{t}\frac{1}{x^p}dx$$
$$= \lim_{t\to\infty}\left[\frac{x^{-p+1}}{-p+1}\right]\Bigg|_{1}^{t}$$
$$= \frac{1}{1-p}\lim_{t\to\infty}\left[\frac{1}{t^{p-1}}-1\right] = \begin{cases}\dfrac{1}{p-1}, & p>1\\ \infty, & p<1\end{cases}$$

이다. 그러므로 이상적분은 $p>1$일 때 수렴하고 $p\le 1$일 때 발산한다. ■

예제 5.4.3에서 $p = 1$일 때 $f(x) = \dfrac{1}{x}$라 하고 $p = 1.1$일 때 $g(x) = \dfrac{1}{x^{1.1}}$이라 하자. 두 함수를 같은 좌표평면에 그리면 다음과 같다.

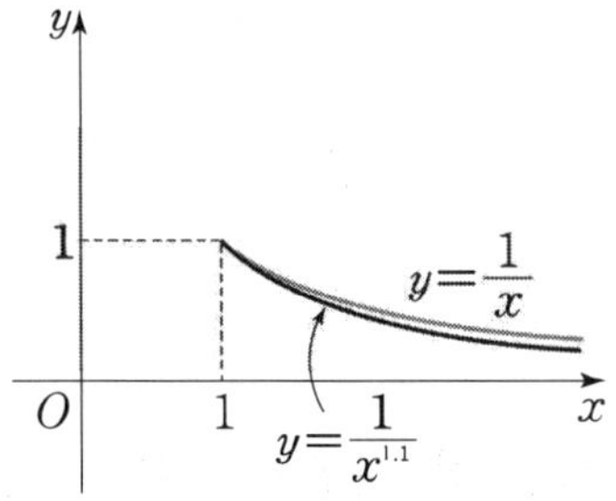

| 그림 5-7 |

$\displaystyle\int_1^\infty \frac{1}{x}\,dx$는 $f(x) = \dfrac{1}{x}$과 $x = 1$, x축에 의하여 둘러싸인 영역의 넓이인데 예제 5.4.3의 계산결과에 따르면 그 넓이는 ∞이다. $\displaystyle\int_1^\infty \frac{1}{x^{1.1}}\,dx$는 $g(x) = \dfrac{1}{x^{1.1}}$과 $x = 1$, x축에 의하여 둘러싸인 영역의 넓이인데 예제 5.4.3의 계산결과에 따르면 그 넓이는 $\dfrac{1}{1.1-1} = 10$으로 유한한다.

그림 5-7에서 알 수 있듯이 $f(x) = \dfrac{1}{x}$과 $g(x) = \dfrac{1}{x^{1.1}}$의 그래프는 구간 $[1, \infty)$에서 매우 비슷하지만 이상적분을 계산하면 전혀 다른 결과를 나타날 수 있음을 보여준다.

정의 5.4.2

구간 $(-\infty, \infty)$에서 $f(x)$가 연속일 때 실수 a에 대하여

$$\begin{aligned}\int_{-\infty}^{\infty} f(x)dx &= \int_{-\infty}^{a} f(x)dx + \int_a^\infty f(x)\,dx \\ &= \lim_{t\to-\infty}\int_t^a f(x)dx + \lim_{s\to\infty}\int_a^s f(x)\,dx\end{aligned}$$

로 정의한다.

정의 5.4.2에서 우변에 있는 두 개의 극한이 모두 수렴할 때 이상적분 $\displaystyle\int_{-\infty}^{\infty} f(x)dx$

는 수렴한다고 하고 우변에 있는 두 개의 극한 중 어느 하나라도 수렴하지 않으면 이 상적분 $\int_{-\infty}^{\infty} f(x)dx$는 발산한다고 한다.

예제 5.4.4 $\int_{-\infty}^{\infty} \frac{1}{x^2+1}\,dx$를 구하여라.

풀이 $y = \frac{1}{x^2+1}$ 의 그래프는 그림 5-8과 같다.

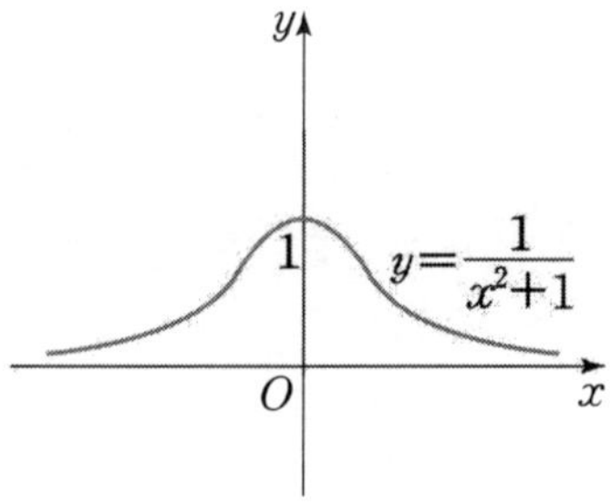

| 그림 5-8 |

정의 5.4.2에서 $a = 0$이라 하면

$$\int_{-\infty}^{\infty} \frac{1}{x^2+1}\,dx = \int_{-\infty}^{0} \frac{1}{x^2+1}\,dx + \int_{0}^{\infty} \frac{1}{x^2+1}\,dx$$

이다. 이때

$$\int_{-\infty}^{0} \frac{1}{x^2+1}\,dx = \lim_{t\to-\infty}\int_{t}^{0} \frac{1}{x^2+1}\,dx = \lim_{t\to-\infty} tan^{-1}x\Big|_{t}^{0}$$

$$= \lim_{t\to-\infty}(\tan^{-1}0 - \tan^{-1}t) = \frac{\pi}{2}$$

이고

$$\int_{0}^{\infty} \frac{1}{x^2+1}\,dx = \lim_{s\to\infty}\int_{0}^{s} \frac{1}{x^2+1}\,dx = \lim_{s\to\infty} \tan^{-1}x\Big|_{0}^{s}$$

$$= \lim_{s\to\infty}(\tan^{-1}s - \tan^{-1}0) = \frac{\pi}{2}$$

이므로

$$\int_{-\infty}^{\infty} \frac{1}{x^2+1}\,dx = \frac{\pi}{2} + \frac{\pi}{2} = \pi$$

이다. ■

연습문제 5.4

01 다음 이상적분을 계산하여라.

(1) $\displaystyle\int_1^{\infty} \frac{1}{x^4}\, dx$　　(2) $\displaystyle\int_1^{\infty} \frac{1}{\sqrt[4]{x}}\, dx$

(3) $\displaystyle\int_{-\infty}^{0} \frac{1}{\sqrt{2-x}}\, dx$　　(4) $\displaystyle\int_{-\infty}^{-1} \frac{1}{(x-1)^2}\, dx$

(5) $\displaystyle\int_0^{\infty} e^{-x}\, dx$　　(6) $\displaystyle\int_{-\infty}^{0} x\, e^{x}\, dx$

02 다음 이상적분을 계산하여라.

(1) $\displaystyle\int_{-\infty}^{\infty} x\, e^{-x^2}\, dx$　　(2) $\displaystyle\int_{-\infty}^{\infty} \frac{x}{1+x^2}\, dx$

03 다음 이상적분의 수렴 발산여부를 판정하여라.

(1) $\displaystyle\int_1^{\infty} \frac{x}{\sqrt{x^8+1}}\, dx$　　(2) $\displaystyle\int_2^{\infty} \frac{x\sqrt{x}}{\sqrt{x^2-1}}\, dx$

(3) $\displaystyle\int_0^{\infty} \frac{x}{e^x+1}\, dx$　　(4) $\displaystyle\int_2^{\infty} \frac{x^2+\sin x}{x^3}\, dx$

5.5 평면의 넓이

함수 f가 구간 $[a, b]$에서 연속이고 $f(x) \geq 0$일 때 구간 $[a, b]$에서 $y=f(x)$와 x축 사이에 있는 영역의 넓이는

$$A = \int_a^b f(x)dx$$

이다. 만일 구간 $[a, b]$에서 $f(x) \leq 0$이면 $y=f(x)$와 x축 사이에 있는 영역의 넓이는

$$A = -\int_a^b f(x)dx$$

이다. 이를 정리하면 다음과 같다.

정리 5.5.1

구간 $[a, b]$에서 $y=f(x)$와 x축 사이에 있는 영역의 넓이는 다음과 같다.

$$A(R) = \int_a^b |f(x)|dx$$

예제 5.5.1 구간 $[0, 4]$에서 $f(x)=x^2-4$와 x축 사이의 영역 R의 넓이를 구하여라.

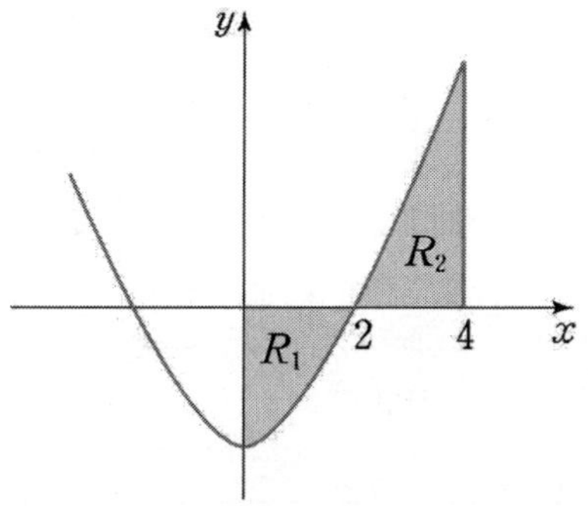

I 그림 5-9 I

풀이 $x = 2$에서 $x^2 - 4 = 0$이다. 따라서 구간을 $[0, 2]$와 $[2, 4]$로 나누어 정적분을 계산한다. 구간 $[0, 2]$에서 $f(x) = x^2 - 4$와 x축 사이의 영역을 R_1이라 하자. 구간 $[0, 2]$에서 $f(x) \leq 0$이므로 R_1의 넓이는

$$A_1 = -\int_0^2 (x^2 - 4)\,dx = \left(-\frac{x^3}{3} + 4x\right)\Big|_0^2 = \frac{16}{3}$$

이다. 구간 $[2, 4]$에서 $f(x) = x^2 - 4$와 x축 사이의 영역을 R_2라 하자. 구간 $[2, 4]$에서 $f(x) \geq 0$이므로 R_2의 넓이는

$$A_2 = \int_2^4 (x^2 - 4)\,dx = \left(\frac{x^3}{3} - 4x\right)\Big|_2^4 = \frac{16}{3} - \left(-\frac{16}{3}\right) = \frac{32}{3}$$

이다. 따라서 구간 $[0, 4]$에서 $f(x) = x^2 - 4$와 x축 사이의 영역 R의 넓이는

$$A = A_1 + A_2 = \frac{16}{3} + \frac{32}{3} = 16$$

이다. ■

이제 두 함수에 의하여 둘러싸인 영역의 넓이를 구해보자.

구간 $[a, b]$에서 $f(x)$와 $g(x)$가 연속이고 구간 내의 모든 점 x에서 $f(x) \geq g(x)$라 하자. 그리고 구간 $[a, b]$에서 $f(x)$와 $g(x)$에 의하여 둘러싸인 영역을 R이라 하자.

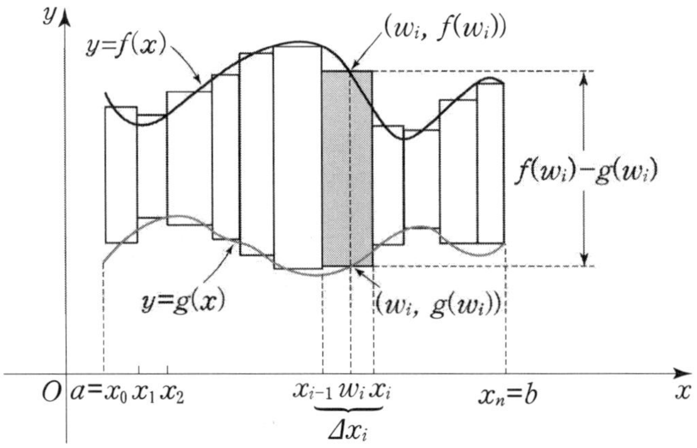

Ⅰ **그림 5-10** Ⅰ

$P_n = \{x_0, x_1, \cdots, x_n\}$이 구간 $[a, b]$의 분할이고 w_i가 소구간 $[x_{i-1}, x_i]$ 내의 한 점이고 $i = 1, 2, \cdots, n$에 대하여 $\Delta x_i = x_i - x_{i-1}$이라 하자. 그림 5-10에서 두 함수 사이의 영역 R의 넓이는 리만합 $\sum_{i=1}^{n}(f(w_i) - g(w_i))\Delta x_i$의 극한값이므로

$$A = \lim_{n\to\infty}\sum_{i=1}^{n}(f(w_i) - g(w_i))\Delta x_i = \int_a^b (f(x) - g(x))dx$$

이다. 같은 방법으로 구간 $[a, b]$에서 $f(x)$와 $g(x)$가 연속이고 구간 내의 모든 점 x에서 $f(x) \le g(x)$일 때 구간 $[a, b]$에서 $f(x)$와 $g(x)$로 둘러싸인 영역의 넓이는

$$A = \lim_{n\to\infty}\sum_{i=1}^{n}(g(w_i) - f(w_i))\Delta x_i = \int_a^b (g(x) - f(x))dx$$

이다. 이를 정리하면 다음과 같다.

정리

구간 $[a, b]$에서 두 함수 $y = f(x)$와 $y = g(x)$ 사이의 영역의 넓이는 다음과 같다.

$$A = \int_a^b |f(x) - g(x)|dx$$

예제 5.5.2 구간 $[0, 3]$에서 두 함수 $f(x) = x^2$과 $g(x) = 2 - x^2$에 의하여 둘러싸인 영역의 넓이를 구하여라.

풀이 $x = 1$에서 $x^2 = 2 - x^2$이 성립한다. 따라서 구간 $[0, 1]$에서 $f(x) \le g(x)$이고 구간 $[1, 3]$에서 $f(x) \ge g(x)$이다.

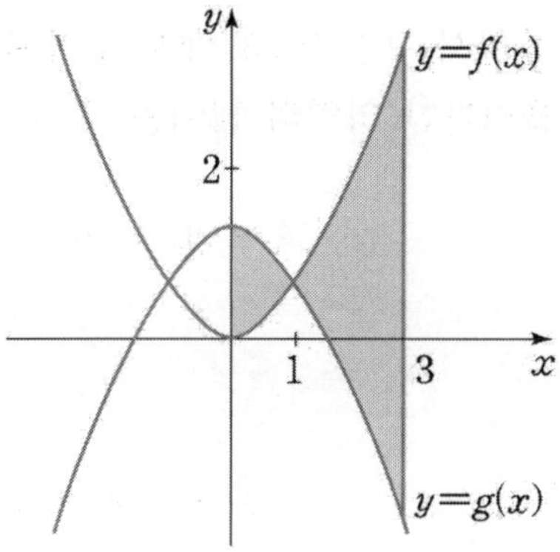

I 그림 5-11 I

구간 $[0, 1]$에서 두 함수 사이의 넓이는

$$\begin{aligned} A_1 &= \int_0^1 (g(x) - f(x))\,dx \\ &= \int_0^1 ((2 - x^2) - x^2)\,dx \\ &= \int_0^1 (2 - 2x^2)\,dx \\ &= \left(2x - \frac{2}{3}x^3\right)\Big|_0^1 \\ &= \frac{4}{3} \end{aligned}$$

이다. 구간 $[1, 3]$에서 두 함수 사이의 넓이는

$$\begin{aligned} A_2 &= \int_1^3 (f(x) - g(x))\,dx \\ &= \int_1^3 (x^2 - (2 - x^2))\,dx \end{aligned}$$

$$= \int_{1}^{3} (2x^2 - 2)\,dx$$

$$= \left(\frac{2}{3}x^3 - 2x\right)\Big|_1^3$$

$$= \frac{40}{3}$$

이다. 따라서 구간 $[0, 3]$에서 두 함수 $f(x) = x^2$과 $g(x) = 1 - x^2$에 의하여 둘러싸인 영역의 넓이는

$$A = A_1 + A_2 = \frac{4}{3} + \frac{40}{3} = \frac{44}{3}$$

이다. ■

예제 5.5.3 두 함수 $f(x) = x^3 - 3x + 1$과 $g(x) = x + 1$에 의하여 둘러싸인 영역의 넓이를 구하여라.

풀이 두 함수 $f(x)$와 $g(x)$의 교점의 x 값은 $x^3 - 3x + 1 = x + 1$을 만족한다. $x^3 - 4x = 0$에서 $x = -2, 0, 2$이다. 따라서 함수 $f(x) = x^3 - 3x + 1$과 $g(x) = x + 1$에 의하여 둘러싸인 영역 R의 넓이는

$$\int_{-2}^{2} |f(x) - g(x)|\,dx$$

이다.

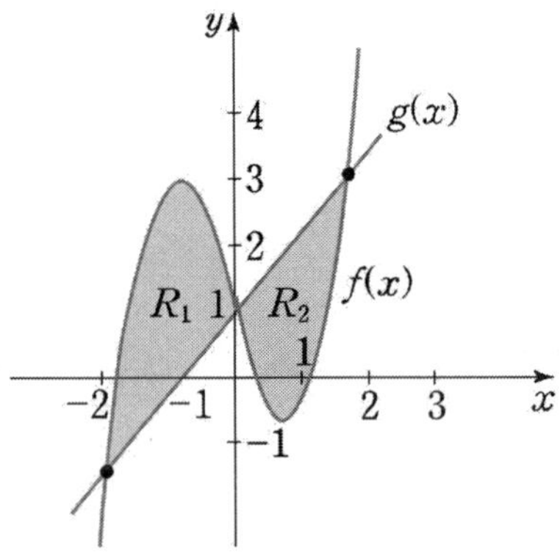

I 그림 5-12 I

구간 $[-2, 0]$에서 $f(x) \geq g(x)$이므로 구간 $[-2, 0]$에서 $f(x)$와 $g(x)$ 사이의 영역 R_1의 넓이는

$$\begin{aligned} A_1 &= \int_{-2}^{0} (f(x) - g(x))\, dx \\ &= \int_{-2}^{0} (x^3 - 4x)\, dx \\ &= \left(\frac{x^4}{4} - 2x^2\right)\Big|_{-2}^{0} \\ &= 4 \end{aligned}$$

이다. 구간 $[0, 2]$에서 $f(x) \leq g(x)$이므로 구간 $[0, 2]$에서 $f(x)$와 $g(x)$ 사이의 영역 R_2의 넓이는

$$\begin{aligned} A_2 &= \int_{0}^{2} (g(x) - f(x))\, dx \\ &= \int_{0}^{2} (-x^3 + 4x)\, dx \\ &= \left(-\frac{x^4}{4} + 2x^2\right)\Big|_{0}^{2} \\ &= 4 \end{aligned}$$

이다. 따라서 두 함수 $f(x) = x^3 - 3x + 1$과 $g(x) = x + 1$에 의하여 둘러싸인 영역의 넓이는

$$A_1 + A_2 = 4 + 4 = 8$$

이다. ■

지금까지는 영역의 넓이를 구하기 위하여 영역을 x축에 수직인 방향으로 잘라 직사각형을 만들어 리만합의 극한으로 영역의 넓이를 구하였다. 하지만 함수에 따라서는 영역을 x축에 수직인 방향으로 자르는 대신 y축에 수직인 방향으로 잘라 직사각형을 만들어 리만합의 극한으로 영역의 넓이를 구하는 것이 더 편리할 수 있다.

정리

두 함수 $x = f(y)$와 $x = g(y)$에 의하여 둘러싸인 영역의 넓이는 다음과 같다.

$$A = \int_r^s |f(y) - g(y)|\, dy$$

여기서 r과 s는 각각 두 함수의 교점의 y값 중 가장 작은 값과 가장 큰 값이다.

정리 5.5.3을 이용하여 다음 예제를 풀어보자.

예제 5.5.4 두 함수 $f(y) = y^2 - 4$와 $g(y) = y - 2$에 의하여 둘러싸인 영역의 넓이를 구하여라.

풀이

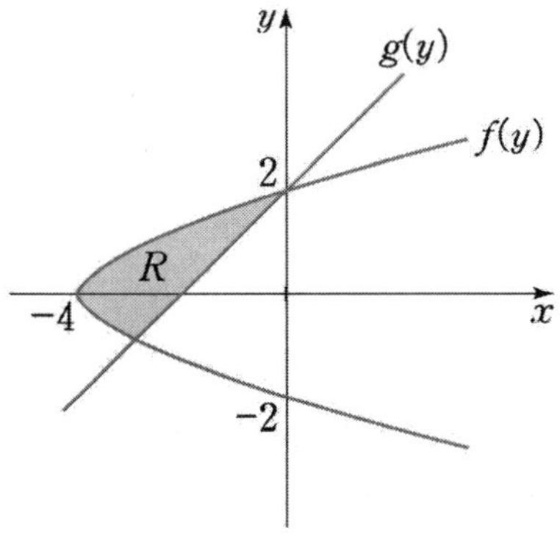

Ⅰ 그림 5-13 Ⅰ

두 함수 $f(y)$와 $g(y)$의 교점의 y값은 $y^2 - 4 = y - 2$를 만족한다. $y^2 - y - 2 = 0$에서 $y = -1, 2$이다. 구간 $[-1, 2]$에서 $f(y) \le g(y)$이므로 두 함수 $f(y) = y^2 - 4$와 $g(y) = y - 2$에 의하여 둘러싸인 영역의 넓이는

$$\begin{aligned} A &= \int_{-1}^{2} (g(y) - f(y))\, dy \\ &= \int_{-1}^{2} (-y^2 + y + 2)\, dy \end{aligned}$$

$$= \left(-\frac{y^3}{3} + \frac{y^2}{2} + 2y \right) \Bigg|_{-1}^{2}$$

$$= \frac{9}{2}$$

이다. ■

이제 극좌표 함수로 표현된 영역의 넓이를 구해보자.

영역 R이 그림 5-13에서와 같이 $\theta = \alpha$, $\theta = \beta$와 함수 $r = f(\theta)$에 의하여 둘러싸인 영역이라 하자. 그림 5-14의 넓이를 구하는 과정은 다음과 같다.

영역 R을 극 O를 지나는 n개의 반직선으로 분할하여

$$\alpha = \theta_0 < \theta_1 < \cdots < \theta_{n-1} < \theta_n = \beta$$

이고

$$\Delta\theta_i = \theta_i - \theta_{i-1}$$

이라 하자. i번째 부분영역 R_i에서 극좌표 함수의 최댓값을 $f(v_i)$, 최솟값을 $f(u_i)$라 하면 부분영역 R_i는 중심각이 $\Delta\theta_i$이고 반지름이 $f(u_i)$와 $f(v_i)$인 부채꼴들 사이에 있게 된다.

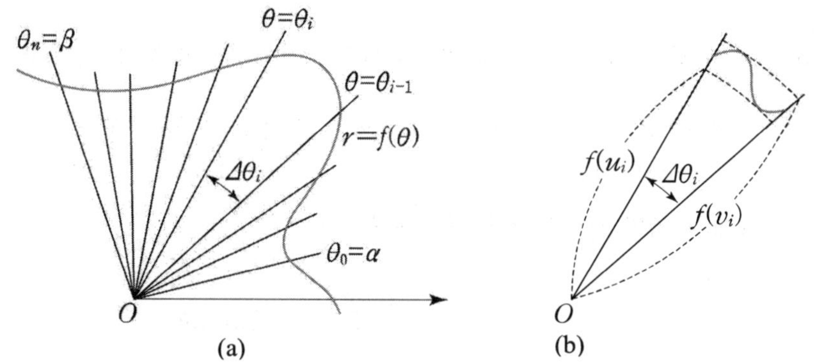

I 그림 5-14 I

이때 부분영역 R_i의 넓이 ΔA_i는

$$\frac{1}{2}[f(u_i)]^2 \Delta\theta_i \le \Delta A_i \le \frac{1}{2}[f(v_i)]^2 \Delta\theta_i \quad (\text{그림 5-14(b)})$$

이므로 $\theta=\alpha$, $\theta=\beta$와 함수 $r=f(\theta)$에 의하여 둘러싸인 영역의 넓이는

$$\sum_{i=1}^{n}\frac{1}{2}[f(u_i)]^2\Delta\theta_i \le A \le \sum_{i=1}^{n}\frac{1}{2}[f(v_i)]^2\Delta\theta_i$$

가 성립한다.

만일 $[\theta_{i-1}, \theta_i]$ 내의 임의의 점 w_i에 대하여 $\lim_{n\to\infty}\sum_{i=1}^{n}\frac{1}{2}[f(w_i)]^2\Delta\theta_i$가 존재하면 $\theta=\alpha$, $\theta=\beta$와 극좌표 함수 $r=f(\theta)$에 의하여 둘러싸인 영역의 넓이는

$$A=\frac{1}{2}\int_{\alpha}^{\beta}[f(\theta)]^2d\theta=\frac{1}{2}\int_{\alpha}^{\beta}r^2d\theta$$

이다. 이를 정리하면 다음과 같다.

정리

$\alpha<\beta$일 때 극좌표 함수 $r=f(\theta)$와 $\theta=\alpha$, $\theta=\beta$에 의하여 둘러싸인 영역의 넓이는 다음과 같다.

$$A(R)=\frac{1}{2}\int_{\alpha}^{\beta}[f(\theta)]^2d\theta=\frac{1}{2}\int_{\alpha}^{\beta}r^2d\theta$$

예제 5.5.5 극좌표 함수 $r=\cos 2\theta$에 의하여 둘러싸인 영역의 넓이를 구하여라.

풀이 극좌표 함수 $r=\cos 2\theta$의 그래프는 그림 5-15와 같고 4개의 영역은 같은 넓이를 갖는다.

4개의 영역 중 한 영역의 넓이는

$$\begin{aligned}A&=\frac{1}{2}\int_{-\frac{\pi}{4}}^{\frac{\pi}{4}}\cos^2 2\theta\,d\theta\\&=\frac{1}{4}\int_{-\frac{\pi}{4}}^{\frac{\pi}{4}}(1+\cos 4\theta)\,d\theta\\&=\frac{1}{4}\left(\theta+\frac{1}{4}\sin 4\theta\right)\Big|_{-\frac{\pi}{4}}^{\frac{\pi}{4}}\\&=\frac{\pi}{8}\end{aligned}$$

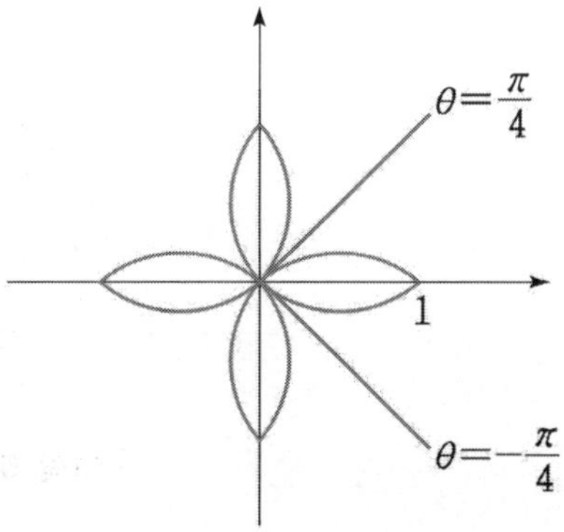

I 그림 5-15 I

이다. 따라서 극좌표 함수 $r = \cos 2\theta$에 의하여 둘러싸인 영역의 넓이는

$$4A = \frac{\pi}{2}$$

이다. ■

직교좌표계에서와 같이 두 극좌표 함수에 의하여 둘러싸인 영역의 넓이는 다음과 같이 구한다.

정리

임의의 $\theta \in [\alpha, \beta]$에 대하여 $f(\theta) \geq g(\theta)$일 때 $[\alpha, \beta]$에서 두 극좌표 함수 $r = f(\theta)$와 $r = g(\theta)$에 의하여 둘러싸인 영역의 넓이는 다음과 같다.

$$A(R) = \frac{1}{2}\int_{\alpha}^{\beta}\{[f(\theta)]^2 - [g(\theta)]^2\}\,d\theta$$

예제 5.5.6 $f(\theta) = 1 + \sin\theta$의 외부와 $g(\theta) = 3\sin\theta$의 내부로 이루어진 영역의 넓이를 구하여라.

풀이 두 극좌표 함수를 같은 평면에 나타내고 $f(\theta)$의 외부와 $g(\theta)$의 내부를 나타내면 그림 5-16와 같다.

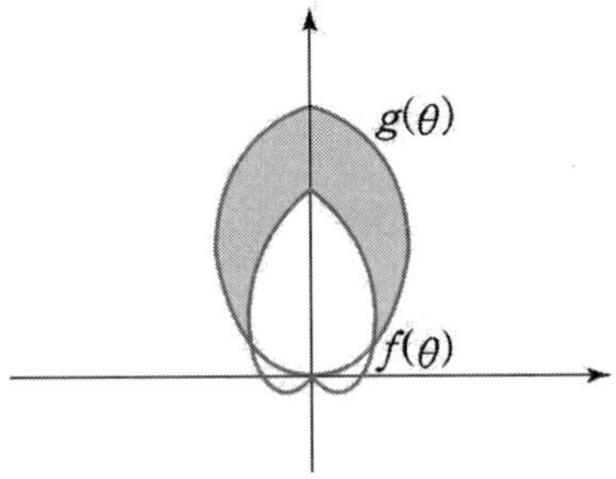

Ⅰ 그림 5-16 Ⅰ

$1+\sin\theta = 3\sin\theta$인 θ에서 두 극좌표 함수 $f(\theta)$와 $g(\theta)$는 만난다. 따라서 $\theta = \frac{\pi}{6}$와 $\theta = \frac{5}{6}\pi$일 때 $f(\theta) = g(\theta)$이다. 임의의 $\theta \in \left[\frac{\pi}{6}, \frac{5}{6}\pi\right]$에 대하여 $f(\theta) \leq g(\theta)$이므로 $f(\theta) = 1+\sin\theta$의 외부와 $g(\theta) = 3\sin\theta$의 내부로 이루어진 영역의 넓이는

$$\begin{aligned} A &= \frac{1}{2}\int_{\frac{\pi}{6}}^{\frac{5\pi}{6}} \left((3\sin\theta)^2 - (1+\sin\theta)^2\right) d\theta \\ &= \frac{1}{2}\int_{\frac{\pi}{6}}^{\frac{5\pi}{6}} \left(8\sin^2\theta - 2\sin\theta - 1\right) d\theta \\ &= \frac{1}{2}\left(3\theta - 2\sin 2\theta + 2\cos\theta\right)\Big|_{\frac{\pi}{6}}^{\frac{5\pi}{6}} \\ &= \pi \end{aligned}$$

이다. ■

연습문제 5.5

01 다음을 계산하여라.

(1) $\left[0, \dfrac{\pi}{2}\right]$에서 $f(x) = \sin x$와 $g(x) = \cos x$에 의하여 둘러싸인 영역의 넓이를 구하여라.

(2) x축, $f(x) = x^2$, $g(x) = 2 - x$에 의하여 둘러싸인 영역의 넓이를 구하여라.

(3) $f(x) = x^2 + 1$과 $g(x) = x + 5$에 의하여 둘러싸인 영역의 넓이를 구하여라.

(4) 구간 $[-4, 4]$에서 $f(x) = x^2 + 1$과 $g(x) = x + 5$에 의하여 둘러싸인 영역의 넓이를 구하여라.

(5) $f(x) = -x^2 + 2x$와 $g(x) = x^2 - 2x$에 의하여 둘러싸인 영역의 넓이를 구하여라.

(6) 구간 $[-1, 5]$에서 $f(x) = -x^2 + 2x$와 $g(x) = x^2 - 2x$에 의하여 둘러싸인 영역의 넓이를 구하여라.

02 다음을 계산하여라.

(1) $r = 1 + \sin\theta$에 의하여 둘러싸인 영역의 넓이를 구하여라.

(2) $r = \sin 3\theta$에 의하여 둘러싸인 영역의 넓이를 구하여라.

(3) $r = 1 - \cos\theta$에 의하여 둘러싸인 영역의 넓이를 구하여라.

5.6 입체도형의 부피

이 절에서는 수직단면과 회전체를 이용하여 입체도형의 부피를 구하는 방법을 알아본다.

1. 수직단면을 이용한 입체도형의 부피

그림 5-17(a)와 같이 입체도형이 평면 위에 놓였을 때 $P_n = \{x_0, x_1, x_2, \cdots, x_n\}$을 구간 $[a, b]$의 분할, w_i를 소구간 $[x_{i-1}, x_i]$ 내의 임의의 점이라 하자.

$i = 1, 2, \cdots, n$일 때 x축에 수직이면서 x_i를 지나는 평면으로 입체를 자르면 얇은 평판이 생긴다. 이때 i번째의 평판은 높이가 Δx_i이고 밑넓이가 $A(w_i)$인 기둥과 비슷하므로 그 평판의 부피는

$$\Delta V_i \approx A(w_i)\Delta x_i$$

가 된다(그림 5-17(b)). 따라서 분할 P_n을 이용하여 얻을 수 있는 입체의 부피는

$$\sum_{i=1}^{n} A(w_i)\Delta x_i$$

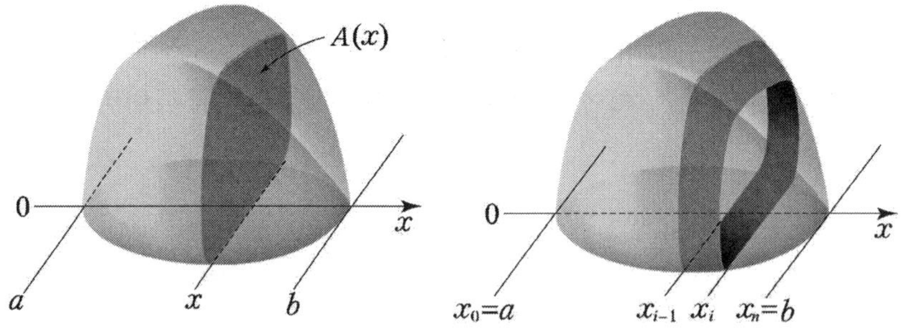

Ⅰ 그림 5-17 Ⅰ

이다. 만일 $\lim_{n\to\infty}\sum_{i=1}^{n} A(w_i)\Delta x_i$가 존재하면 입체의 부피는

$$V = \lim_{n\to\infty}\sum_{i=1}^{n} A(w_i)\Delta x_i = \int_a^b A(x)dx$$

이다.

예제 5.6.1 밑면의 넓이가 10이고 높이가 h인 삼각뿔의 부피를 구하여라.

풀이

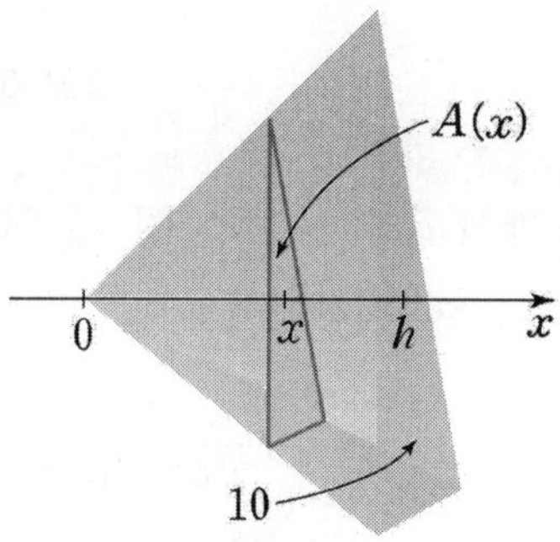

Ⅰ 그림 5-18 Ⅰ

수직으로 자른 단면의 넓이를 $A(x)$라 하면 넓이는 변의 길이의 제곱에 비례하므로

$$10 : A(x) = h^2 : x^2$$

이다. 따라서 $A(x) = \frac{10}{h^2}x^2$이다. 그러므로 입체의 부피는

$$\begin{aligned} V &= \int_0^h \frac{10}{h^2}\, x^2\, dx \\ &= \frac{10}{h^2}\left[\frac{x^3}{3}\right]\Bigg|_0^h \\ &= \frac{10h}{3} \end{aligned}$$

이다. ■

예제 5.6.2 밑면이 $\frac{x^2}{3^2}+\frac{y^2}{2^2}=1$인 타원이고 밑면에 수직이 되도록 자른 단면이 정삼각형인 입체의 부피를 구하여라.

풀이

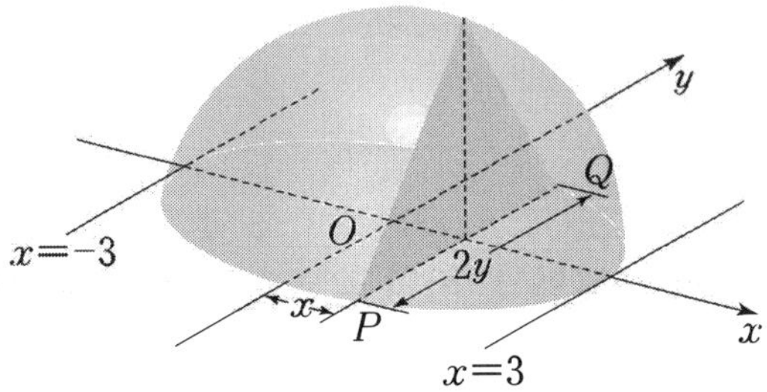

Ⅰ **그림 5-19** Ⅰ

그림 5-19에서 $x \in [-3, 3]$일 때 입체의 밑면에 수직으로 자른 단면이 정삼각형이고 이 정삼각형의 밑변을 $\overline{PQ}$라 하면 $\overline{PQ}$의 길이는

$$\overline{PQ}=2y=\frac{4\sqrt{9-x^2}}{3}$$

이다. 따라서 수직단면의 넓이는

$$A(x)=\frac{4\sqrt{3}}{9}(9-x^2)$$

이다. 따라서 입체의 부피는

$$\begin{aligned} V &= \int_{-3}^{3} A(x)\,dx \\ &= \frac{4\sqrt{3}}{9}\int_{-3}^{3}(9-x^2)dx \\ &= \frac{8\sqrt{3}}{9}\left(9x-\frac{x^3}{3}\right)\Big|_0^3 \\ &= 16\sqrt{3} \end{aligned}$$

이다. ■

2. 회전체의 부피

함수 f가 구간 $[a, b]$에서 연속이고 $f(x) \geq 0$이라 하자. 함수 f와 x축, $x = a$, $x = b$로 둘러싸인 영역 R을 x축 주위로 회전하여 만들어진 회전체의 부피는 다음과 같이 구한다.

$P_n = \{x_0, x_1, x_2, \cdots, x_n\}$을 구간 $[a, b]$의 분할, w_i를 소구간 $[x_{i-1}, x_i]$ 내의 임의의 점이라 하자. 영역 R을 그림 5-20(a)와 같이 폭이 작은 직사각형으로 나누고 각각의 직사각형을 x축 주위로 회전하면 반지름이 $f(w_i)$이고 높이가 Δx_i인 원기둥이 만들어진다(그림 5-20(b)).

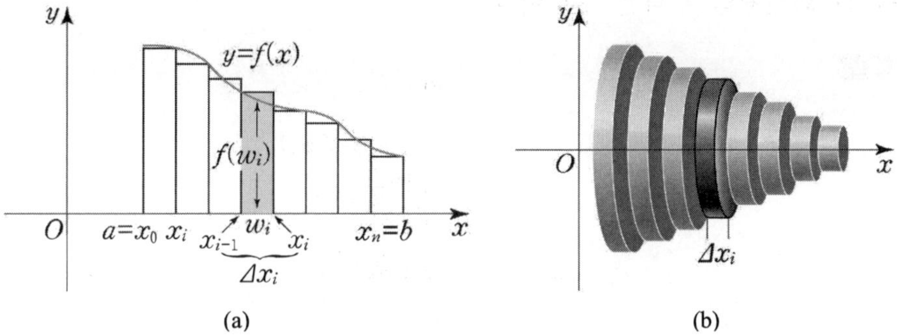

Ⅰ 그림 5-20 Ⅰ

따라서 분할 P_n을 이용하여 얻을 수 있는 입체의 부피는

$$\sum_{i=1}^{n} \pi [f(w_i)]^2 \Delta x_i$$

이다. 만일 $\lim_{n \to \infty} \sum_{i=1}^{n} \pi [f(w_i)]^2 \Delta x_i$가 존재하면 입체의 부피는

$$V = \lim_{n \to \infty} \sum_{i=1}^{n} \pi [f(w_i)]^2 \Delta x_i = \int_a^b \pi [f(x)]^2 dx$$

이다. 이를 정리하면 다음과 같다.

정리

구간 $[a, b]$에서 $f(x) \geq 0$일 때 구간 $[a, b]$에서 $y = f(x)$와 x축 사이의 영역을 x축 주위로 회전하여 만들어진 회전체의 부피는 다음과 같다.

$$V = \pi \int_a^b [f(x)]^2 dx = \pi \int_a^b y^2 dx$$

예제 5.6.3 구간 $[0, 1]$에서 $y = 1 - x^2$과 x축 사이의 영역을 x축 주위로 회전하여 만들어진 회전체의 부피를 구하여라.

풀이

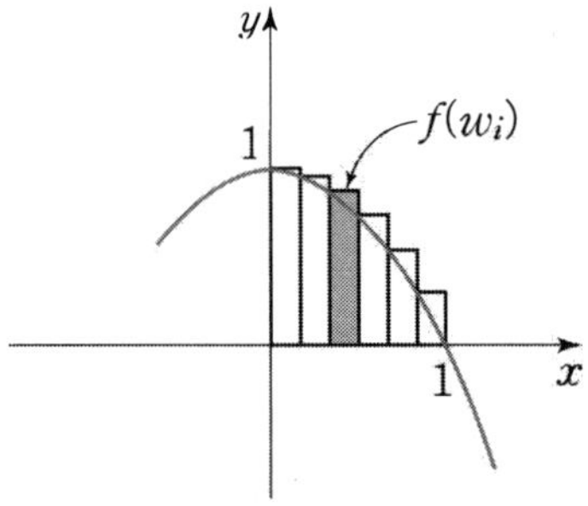

I 그림 5-21 I

구간 $[0, 1]$에서 $f(x) = 1 - x^2 \geq 0$이므로 $f(x)$와 x축 사이의 영역을 x축 주위로 회전하여 만들어진 회전체의 부피는

$$\begin{aligned} V &= \pi \int_0^1 (1 - x^2)^2 dx \\ &= \pi \int_0^1 (1 - 2x^2 + x^4)\, dx \\ &= \pi \left(x - \frac{2}{3}x^3 + \frac{1}{5}x^5 \right) \Bigg|_0^1 \\ &= \frac{8}{15}\pi \end{aligned}$$

이다. ■

정리 5.6.1을 이용하여 구간 $[c, d]$에서 $g(y) \geq 0$일 때 구간 $[c, d]$에서 $x = g(y)$와 y축 사이의 영역을 y축 주위로 회전하여 만들어진 회전체의 부피를 다음과 같이 구할 수 있다.

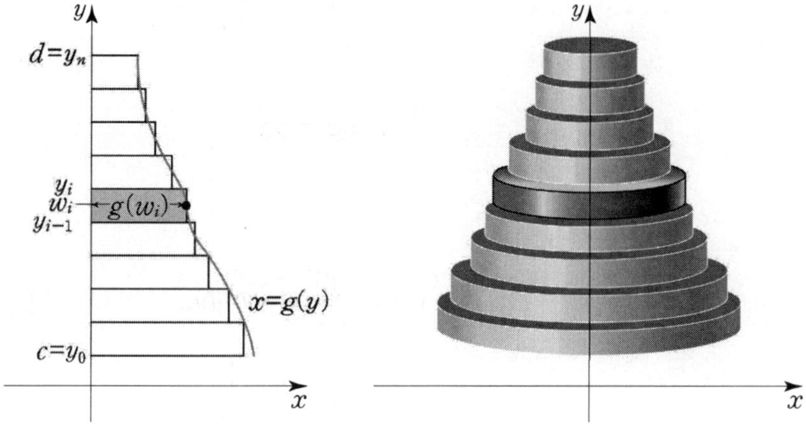

I 그림 5-22 I

정리

구간 $[c, d]$에서 $g(y) \geq 0$일 때 구간 $[c, d]$에서 $x = g(y)$와 y축 사이의 영역을 y축 주위로 회전하여 만들어진 회전체의 부피는 다음과 같다.

$$V = \pi \int_c^d [g(y)]^2 dy = \pi \int_c^d x^2 dy$$

예제 5.6.4 구간 $[0, 1]$에서 $x = \sqrt{1-y}$와 y축 사이의 영역을 y축 주위로 회전하여 만들어진 회전체의 부피를 구하여라.

풀이 구간 $[0, 1]$에서 $g(y) = \sqrt{1-y} \geq 0$이므로 $g(y)$와 y축 사이의 영역을 y축 주위로 회전하여 만들어진 회전체의 부피는

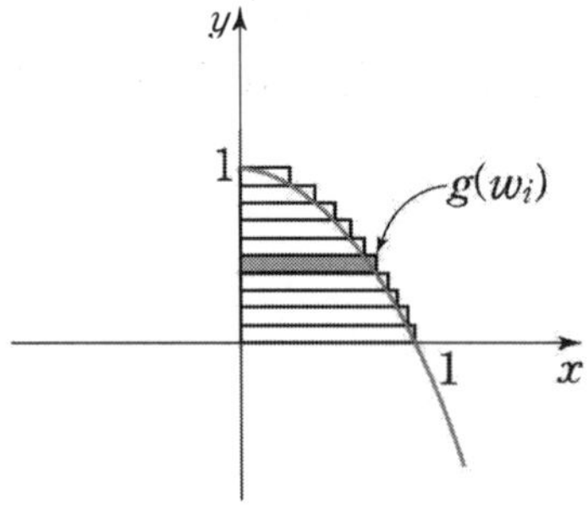

Ⅰ 그림 5-23 Ⅰ

$$V = \pi \int_0^1 (1-y)dy$$

$$= \pi\left(y - \frac{y^2}{2}\right)\Bigg|_0^1$$

$$= \frac{\pi}{2}$$

이다. ■

정리 5.6.1과 정리 5.6.2를 이용하여 다음과 같은 회전체의 부피 공식을 얻을 수 있다.

정리

(1) 구간 $[a, b]$에서 $f(x) \geq g(x)$이면 구간 $[a, b]$에서 $y = f(x)$와 $y = g(x)$ 사이의 영역을 x축 주위로 회전하여 만들어진 회전체의 부피는 다음과 같다.

$$V = \pi \int_a^b ([f(x)]^2 - [g(x)]^2)\, dx$$

(2) 구간 $[c, d]$에서 $f(y) \geq g(y)$이면 구간 $[c, d]$에서 $x = f(y)$와 $x = g(y)$ 사이의 영역을 y축 주위로 회전하여 만들어진 회전체의 부피는 다음과 같다.

$$V = \pi \int_c^d ([f(y)]^2 - [g(y)]^2)\, dy$$

정리 5.6.3을 이용하여 다음 예제를 풀어보자.

예제 5.6.5 (1) $y = 2x - x^2$과 $y = x$에 의하여 둘러싸인 영역을 x축 주위로 회전하여 만들어진 회전체의 부피를 구하여라.

(2) $y = 2x - x^2$과 $y = x$에 의하여 둘러싸인 영역을 y축 주위로 회전하여 만들어진 회전체의 부피를 구하여라.

풀이 $y = 2x - x^2$과 $y = x$의 교점은 $(0, 0)$과 $(1, 1)$이다.

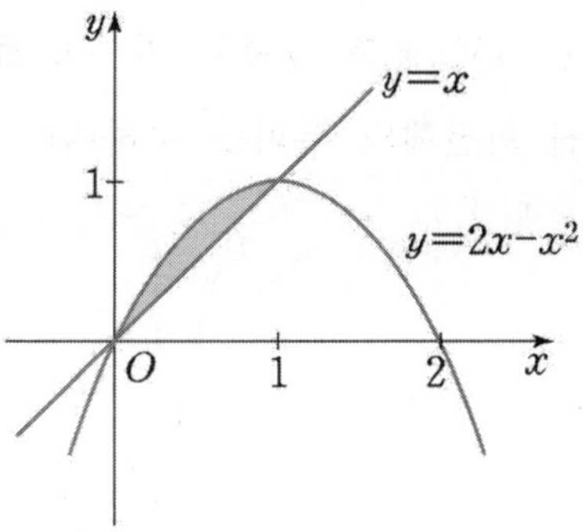

Ⅰ 그림 5-24 Ⅰ

(1) 임의의 $x \in [0, 1]$에 대하여 $2x - x^2 \geq x$이므로 $y = 2x - x^2$과 $y = x$에 의하여 둘러싸인 영역을 x축 주위로 회전하여 만들어진 회전체의 부피는

$$\begin{aligned} V &= \pi \int_0^1 [(2x - x^2)^2 - x^2]\, dx \\ &= \pi \int_0^1 (3x^2 - 4x^3 + x^4)\, dx \\ &= \pi\left(x^3 - x^4 + \frac{1}{5}x^5\right)\Big|_0^1 \\ &= \frac{\pi}{5} \end{aligned}$$

이다.

(2) 임의의 $y \in [0, 1]$에 대하여 $y > 1 - \sqrt{1-y}$이므로 $x = 1 - \sqrt{1-y}$와 $x = y$에 의하여 둘러싸인 영역을 y축 주위로 회전하여 만들어진 회전체의 부피는

$$V = \pi \int_0^1 [y^2 - (1 - \sqrt{1-y})^2]\, dy$$

$$= \pi \int_0^1 (y^2 + y - 2 + 2\sqrt{1-y})\, dy$$

$$= \frac{1}{6}\pi$$

이다. ■

예제 5.6.6 $y=(x-1)^2$, x축, y축에 의하여 둘러싸인 영역을 직선 $y=-1$ 주위로 회전하여 만들어진 회전체의 부피를 구하여라.

풀이

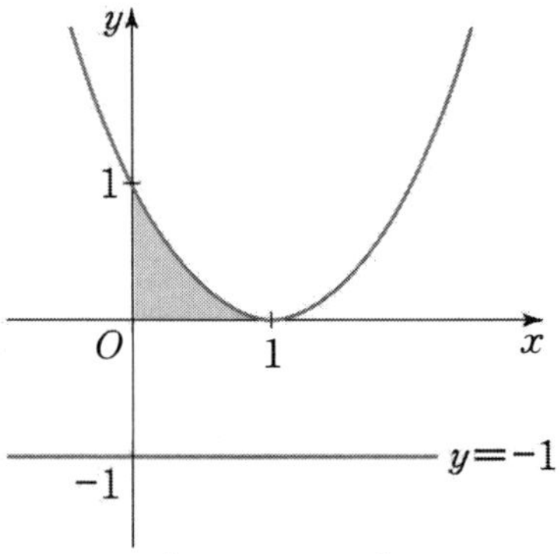

Ⅰ 그림 5-25 Ⅰ

그림 5-25에서 색이 칠해진 부분을 $y=-1$을 축으로 회전하면 외부를 나타내는 함수는 $y=(x-1)^2+1$이고 내부를 나타내는 함수는 $y=1$이다. 따라서 $y=-1$ 주위로 회전하여 만들어진 회전체의 부피는

$$V = \pi \int_0^1 [((x-1)^2+1)^2 - 1^2]\, dx$$

$$= \pi \int_0^1 ((x-1)^4 + 2(x-1)^2)\, dx$$

$$= \pi \left[\frac{1}{5}(x-1)^5 + \frac{2}{3}(x-1)^3 \right] \Big|_0^1$$

$$= \frac{13}{15}\pi$$

이다. ■

연습문제 5.6

01 반지름의 길이가 2인 구의 부피가

$$V = \frac{32}{3}\pi$$

임을 증명하여라.

02 다음 주어진 식들로 둘러싸인 영역을 x축 주위로 회전하여 만들어진 회전체의 부피를 구하여라.

(1) $y = x^3,\ x = 0,\ y = 0$

(2) $y = \dfrac{1}{x},\ x = 1,\ x = 3,\ y = 0$

(3) $y = \sqrt{x+1},\ y = 0,\ x = 4$

(4) $y = 3x + 2,\ x = 0,\ y = 0,\ x = 3$

(5) $y = x^2,\ x = y^2$

(6) $y = x^2,\ y = 2x + 3$

03 다음 주어진 식들로 둘러싸인 영역으로 주어진 직선을 회전축으로 하여 만들어진 회전체의 부피를 구하여라.

(1) $y = \sqrt{x},\ y = 4,\ x = 0$, 회전축 $x = 4$

(2) $y = \sqrt{x},\ y = 4,\ x = 0$, 회전축 $y = -2$

(3) $y = x^2,\ x = y^2$, 회전축 $x = -2$

(4) $y = x^2,\ x = y^2$, 회전축 $y = 5$

6장 편도함수

6.1 다변수함수

실생활에서는 많은 함수들이 이변수 또는 그 이상의 변수를 사용하여 나타난다. 예를 들어 밑변의 반지름이 x이고 높이가 y인 원뿔의 부피는 $V=\dfrac{1}{3}\pi x^2 y$이고, 가로, 세로, 높이가 각각 x, y, z인 수족관에 담을 수 있는 물의 최대의 양은 $V=xyz$이다.

정의 6.1.1

집합 D를 $\mathbb{R}^2$의 부분집합이라 하자. D의 각 원소 (x, y)에 R의 원소 z를 단 하나씩 대응시키는 규칙 f를 D에서 R로의 **이변수함수(function of two variables)**라 하고

$$f: D \to R, \quad z = f(x, y)$$

로 나타낸다. 이때, D를 함수 f의 **정의역(domain)**이라 한다.

위의 정의에서 x, y를 **독립변수**라 하고 z를 **종속변수**라 한다. 또, 3차원 공간의 부분집합

$$\{(x, y, z) \mid (x, y) \in D, \ z = f(x, y)\}$$

을 $z=f(x, y)$의 **그래프**라 하며, 이것은 일반적으로 공간에서 한 **곡면(surface)**이 된다. 일반적으로 독립적으로 변하는 n개의 독립변수 $x_1, x_2, \cdots, x_n$에 대하여 단 하나의 실수값 u를 대응시키는 대응규칙을 **n변수함수**라 하고

$$u = f(x_1, x_2, \cdots, x_n)$$

으로 나타내며, 두 개 이상의 독립변수를 갖는 함수를 통틀어 **다변수함수(function of many variables)**라 한다.

예제 6.1.1 함수 $f(x, y) = \sqrt{1-x^2-y^2}$ 의 정의역과 치역을 구하고 그래프의 개형을 그려라.

풀이 함수 f의 정의역은 근호 안의 값이 0 이상이어야 하므로

$$D = \{(x, y) \mid x^2+y^2 \le 1\}$$

이다. 즉, 중심이 $(0, 0)$이고 반지름이 1인 원이다. 함수 f의 치역은 $\{z \mid z = \sqrt{1-x^2-y^2},\ (x, y) \in D\}$인데, 여기서 z는 양의 제곱근이므로 $z \ge 0$이다. 또한

$$1-x^2-y^2 \le 1 \Rightarrow \sqrt{1-x^2-y^2} \le 1$$

이므로 치역은 $\{z \mid 0 \le z \le 1\}$이 된다. 한편, $z = \sqrt{1-x^2-y^2}$ 의 양변을 제곱하여 정리하면 $x^2+y^2+z^2 = 1$이므로 구면인데, $z \ge 0$이므로 주어진 함수의 그래프는 xy 평면과 그 윗부분에 있는 반구면이다. ■

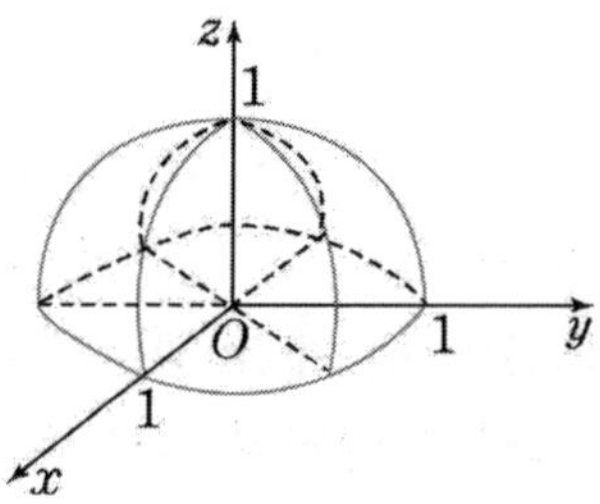

I 그림 6-1 I

곡면 $z = f(x, y)$를 xy평면에 평행인 평면 $z = k$로 잘랐을 때 생기는 공간곡선을 xy평면에 투영시키면 하나의 평면곡선을 얻게 되는데 이러한 곡선을 높이 k의 **등고선**(level curve)이라고 한다. 예를 들어 지도상에서의 등고선은 **평균해면**(sea level) 위로 일정한 높이를 갖는 곡선들이다. 등고선은 3차원 표면 $z = f(x, y)$를 2차원적 방법으로 나타낼 수 있게 한다.

3변수함수 $f(x, y, z)$의 그래프는 3차원 공간에 그릴 수는 없지만 $f(x, y, z) = k$ 형태의 **등고면**(level surface)으로 눈에 보이게 나타낼 수 있다.

예를 들어 $f(x, y, z) = x^2+y^2+z^2$에 대하여 $x^2+y^2+z^2 = k$(단, $k > 0$)는 중심이 원점인 구이므로 공간에 있는 이들 구들이 f의 등고면이다. 실생활에서 등고선이나 등고면은 등온선, 등고선, 등압선 등에 널리 쓰이고 있다.

예제 6.1.2 $f(x, y) = x^2$의 그래프가 어떤 형태인지를 설명하여라.

풀이 모든 y에 대하여 $z = f(x, y) = x^2$이므로 xz평면에 평행한 임의의 평면으로 주어진 곡면을 잘라도 그 단면은 $z = x^2$인 포물선이 된다. 따라서 곡면의 그래프는 그림 6-2와 같다. ■

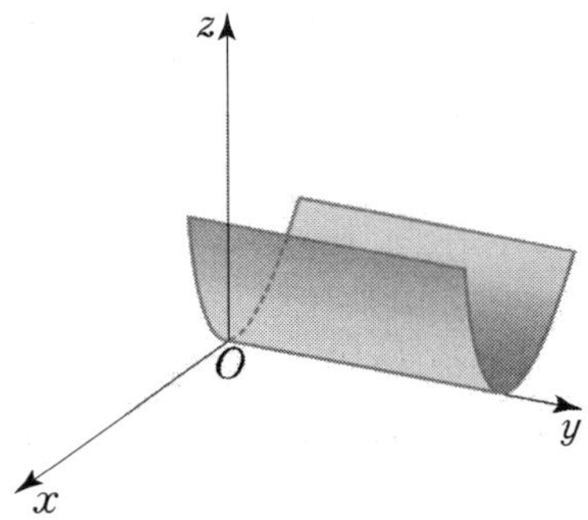

Ⅰ 그림 6-2 Ⅰ

위 예제에서와 같이 이변수함수 $f(x, y)$의 그래프의 형태를 알기 위해서는 단면의 형태를 파악하는 것이 도움이 될 때가 있다. 특히, 주어진 함수의 식에 $x = 0$을 대입함으로써 yz 평면상에 나타난 단면의 식을 알 수 있고, $y = 0$을 대입함으로써 xz 평면상에 나타난 단면의 식을 알 수 있으며, 이들을 조합하여 $f(x, y)$의 그래프를 짐작할 수 있다.

예제 6.1.3 이변수함수 $z = 8 - 2x - 4y$의 그래프를 그려라.

풀이 임의의 $z = c$ (c는 상수)에 대하여 $2x + 4y = 8 - c$이므로 직선이고 이러한 직선들을 품는 것은 평면이다. 따라서 주어진 함수의 그래프는 x절편이 4, y절편이 2, z절편이 8인 평면이고, 제1팔분공간에 있는 평면의 일부는 그림 6-3과 같다. ■

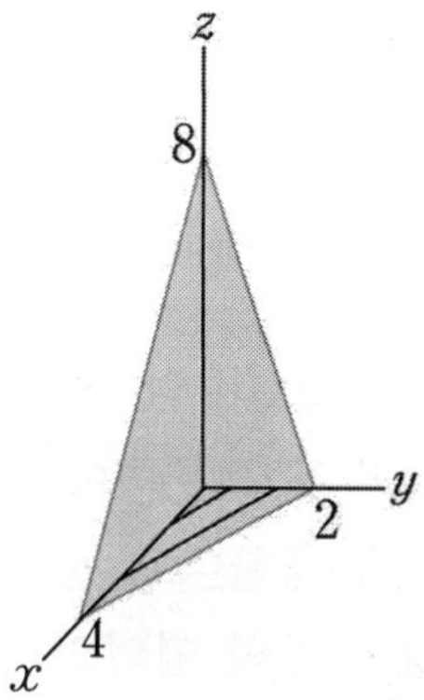

평면 $f(x, y) = 8 - 2x - 4y$

Ⅰ **그림 6-3** Ⅰ

일변수함수 $f(x)$에서 함수의 극한

$$\lim_{x \to x_0} f(x) = L$$

은 $x \neq x_0$이면서 x가 x_0에 한없이 가까이 갈 때, $f(x)$의 값이 L의 값에 임의로 한없이 가까이 간다는 것을 의미한다. 같은 관점에서, 이변수함수 $f(x, y)$에서도

$$\lim_{(x, y) \to (x_0, y_0)} f(x, y) = L$$

은 $(x, y) \neq (x_0, y_0)$이면서 (x, y)가 (x_0, y_0)에 한없이 가까이 갈 때, $f(x, y)$의 값이 L의 값에 임의로 한없이 가까이 간다는 것을 의미한다.

정의 6.1.2

점 (x, y)를 임의의 경로를 따라 (a, b)에 한없이 가깝게 할 때 함수 $f(x, y)$를 L에 충분히 가깝게 할 수 있다면, (a, b)에서 $f(x, y)$의 극한(limit)을 L이라 하고

$$\lim_{(x, y) \to (a, b)} f(x, y) = L$$

로 나타낸다.

위의 정의에서 "(x, y)가 (a, b)에 한없이 가까워진다"는 것은 $(x, y) \neq (a, b)$을 나타내며, 위의 극한을

$$x \to a,\ y \to b \quad \Rightarrow \quad f(x, y) \to L$$

와 같이 표현하기도 한다. 한편 일변수의 경우에 x가 a에 한없이 가까워지는 방법은 흔히 왼쪽에서 가까워지는 방법과 오른쪽에서 가까워지는 방법으로 두 방법에 따른 극한이 동일한 경우에 극한이 존재한다고 정의하였다. 그러나 이변수의 경우에 한 정점 (a, b)를 포함하는 어떤 영역 안의 임의의 점 (x, y)가 (a, b)에 한없이 가까워지는 방법이

(1) 직선 $y = mx$에 따라 접근하는 경우
(2) $y \to b$와 $x \to a$인 경로 또는 $x \to a$와 $y \to b$인 경로에 따라 접근하는 경우
(3) 임의의 곡선 C를 따라 접근하는 경우

등 그림 6-4와 같이 무수히 많다는 것에 유의해야 한다. 한편 각 경로에 대한 극한이 항상 동일한 것은 아니며, 이 모든 경우에 대한 극한이 동일한 값 L이 되는 경우에 한하여 $(x, y) \to (a, b)$일 때, 함수 $f(x, y)$는 L에 가까워진다고 한다.

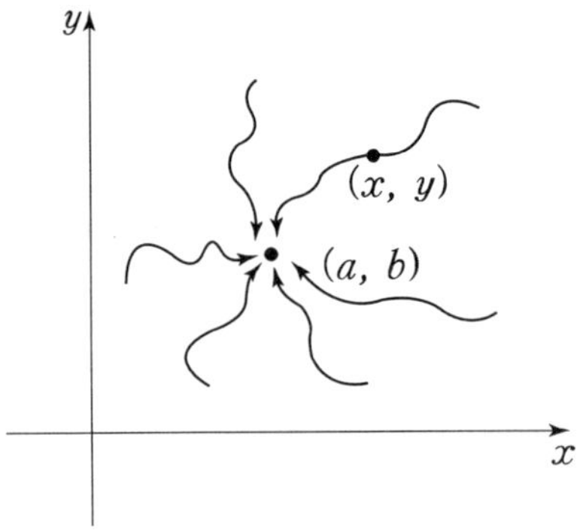

Ⅰ **그림 6-4** Ⅰ

이변수함수의 합, 차, 곱 및 몫의 극한은 일변수의 경우에서와 동일하며, 3변수함수에 대해서도 같은 결과를 얻을 수 있다. 따라서 다음 극한에 대한 기본정리가 성립한다.

정리 6.1.1

$\lim_{(x,y)\to(a,b)} f(x,y) = L$ 이고 $\lim_{(x,y)\to(a,b)} g(x,y) = M$ 이면, 다음이 성립한다.

(1) $\lim_{(x,y)\to(a,b)} [f(x,y) \pm g(x,y)] = L \pm M$ (복호동순)

(2) $\lim_{(x,y)\to(a,b)} [f(x,y) \cdot g(x,y)] = L \cdot M$

(3) $\lim_{(x,y)\to(a,b)} \dfrac{f(x,y)}{g(x,y)} = \dfrac{L}{M}$ (단, $M \neq 0$)

예제 6.1.4 $\lim_{(x,y)\to\left(1,\frac{\pi}{2}\right)} x^2 \sin y$ 를 구하여라.

풀이

$$\lim_{(x,y)\to\left(1,\frac{\pi}{2}\right)} x^2 \sin y = \left(\lim_{(x,y)\to\left(1,\frac{\pi}{2}\right)} x^2\right)\left(\lim_{(x,y)\to\left(1,\frac{\pi}{2}\right)} \sin y\right) = 1 \cdot 1 = 1$$

■

예제 6.1.5 다음 극한값을 구하여라.

(1) $\lim_{(x,y)\to(-2,4)} \dfrac{x+y}{\sqrt{y}-x}$ (2) $\lim_{(x,y)\to(0,0)} \dfrac{x^2 \sin y}{x^2+y^2}$

풀이 (1)

$$\lim_{(x,y)\to(-2,4)} \frac{x+y}{\sqrt{y}-x} = \frac{\lim_{(x,y)\to(-2.4)} (x+y)}{\lim_{(x,y)\to(-2,4)} (\sqrt{y}-x)} = \frac{2}{2-(-2)} = \frac{1}{2}$$

(2) 이 극한은 $\dfrac{0}{0}$ 의 부정형인데 이 극한을 구하기 위해서

$$0 \le \left|\frac{x^2 \sin y}{x^2+y^2}\right| = \left|\frac{x^2}{x^2+y^2}\right| |\sin y| \le |\sin y|$$

을 이용한다. 즉,

$$0 \le \lim_{(x,y)\to(0,0)} \left| \frac{x^2 \sin y}{x^2+y^2} \right| \le \lim_{(x,y)\to(0,0)} |\sin y| = 0$$

이므로

$$\lim_{(x,y)\to(0,0)} \frac{x^2 \sin y}{x^2+y^2} = 0$$

이다. ■

예제 6.1.6 $\displaystyle\lim_{(x,y)\to(0,0)} \frac{3x^2+5y^2}{\sqrt{x^2+y^2}}$ 을 구하여라.

풀이 $x = r\cos\theta,\ y = r\sin\theta$라고 놓으면 $r\to 0$과 $(x, y)\to(0, 0)$은 서로 동치이다. 따라서

$$\lim_{(x,y)\to(0,0)} \frac{3x^2+5y^2}{\sqrt{x^2+y^2}} = \lim_{r\to 0} \frac{3r^2\cos^2\theta + 5r^2\sin^2\theta}{r} = 0$$

이다. ■

연습문제 6.1

01 다음 함수의 정의역을 구하여라.

(1) $f(x, y) = \dfrac{1}{\sqrt{9 - x^2 - y^2}}$　　(2) $f(x, y) = \dfrac{x - y}{x + y}$

(3) $f(x, y) = 1 + \cos xy$　　(4) $f(x, y, z) = e^{\sqrt{z - x^2 - y^2}}$

02 다음 방정식의 그래프를 그려라.

(1) $4x - y^2 - z^2 = 4$　　(2) $9x + 4y^2 + 9z^2 = 36$

(3) $|z| = x^2 + y^2$　　(4) $z = xy$

03 yz평면의 단면이 타원 $y^2 + 2z^2 = 1$이고 꼭짓점이 $(2, 0, 0)$에 있는 뿔면의 방정식을 구하여라.

04 다음 함수의 극한값을 구하여라.

(1) $\displaystyle\lim_{\substack{x \to 1 \\ y \to 2}} \frac{3 - x + y}{4 + x - 2y}$　　(2) $\displaystyle\lim_{\substack{x \to 0 \\ y \to 0}} \frac{3x - 2y}{2x - 3y}$

(3) $\displaystyle\lim_{\substack{x \to 4 \\ y \to \pi}} x^2 \sin \frac{y}{x}$　　(4) $\displaystyle\lim_{\substack{x \to 0 \\ y \to 0}} \frac{x \sin(x^2 + y^2)}{x^2 + y^2}$

6.2 편도함수

$z=f(x, y)$에 대하여 y가 고정되어 있고 x가 움직일 때의 z의 변화, 또는 x가 고정되어 있고 y가 움직일 때의 z의 변화를 생각할 수 있다. 예를 들면 이상적인 상황에서의 기체의 압력은 기체의 온도와 부피에 의해서 결정된다. 따라서 기체의 부피가 일정할 때 온도의 변화에 따른 기체의 압력, 또는 기체의 온도가 일정할 때 부피의 변화에 따른 기체의 압력을 생각할 수 있다.

이변수의 함수 $z=f(x, y)$에 있어서 y를 일정한 값 y_1으로 고정하면 f는 x만의 함수 즉, $g(x)=f(x, y_1)$인 x만의 일변수함수가 된다. 만일 g가 x_1에서 도함수를 가지면 그 도함수를 (x_1, y_1)에서 **x에 관한 f의 편도함수**라 하며 기호 $f_x(x_1, y_1)$으로 나타낸다.

$$f_x(x_1, y_1)=g'(x_1), \quad g(x)=f(x, y_1)$$

도함수의 정의에 의하여

$$g'(x_1)=\lim_{h\to 0}\frac{g(x_1+h)-g(x_1)}{h}$$

이므로

$$f_x(x_1, y_1)=\lim_{h\to 0}\frac{f(x_1+h, y_1)-f(x_1, y_1)}{h}.$$

같은 방법으로 (x_1, y_1)에서 **y에 관한 f의 편도함수** $f_y(x_1, y_1)$은

$$f_y(x_1, y_1)=\lim_{h\to 0}\frac{f(x_1, y_1+h)-f(x_1, y_1)}{h}$$

이 된다.

일반적으로 $f_x(x, y)$, $f_y(x, y)$가 동시에 존재할 때 $f(x, y)$는 **편미분가능(partial** differentiable)이라고 한다. $z = f(x, y)$의 x 및 y의 편도함수(partial derivative)를 다음과 같이 표시한다.

$$x\text{에 관한 } f\text{의 편도함수: } f_x(x, y),\ z_x,\ \frac{\partial f}{\partial x},\ \frac{\partial z}{\partial x},\ \frac{\partial}{\partial x}f(x, y)$$

$$y\text{에 관한 } f\text{의 편도함수: } f_y(x, y),\ z_y,\ \frac{\partial f}{\partial y},\ \frac{\partial z}{\partial y},\ \frac{\partial}{\partial y}f(x, y)$$

편도함수를 구하는 것을 편미분(patrial differentialtion)한다고 한다.

$z = f(x, y)$의 편도함수를 구하는 방법:

1. f_x를 구하기 위해 y를 상수로 보고 $f(x, y)$를 x에 관하여 미분한다.
2. f_y를 구하기 위해 x를 상수로 보고 $f(x, y)$를 y에 관하여 미분한다.

예제 6.2.1 함수 $f(x, y) = 4 - x^2 - 2y^2$일 때, 편도함수의 정의를 사용하여 $f_x(1, 1)$, $f_y(1,1)$를 각각 구하여라.

풀이

$$f_x(1, 1) = \lim_{h\to 0}\frac{\{4-(1+h)^2-2\}-(4-1-2)}{h} = \lim_{h\to 0}\frac{-2h-h^2}{h} = -2,$$

$$f_y(1, 1) = \lim_{k\to 0}\frac{\{4-1-2(1+k)^2\}-(4-1-2)}{k} = \lim_{k\to 0}\frac{-4k-2k^2}{k} = -4.$$

■

예제 6.2.2 함수 $f(x, y) = |x + y|$는 점 $(0, 0)$에서 x에 관하여 편미분가능한가?

풀이 $f_x(0, 0) = \lim_{h\to 0}\frac{f(0+h, 0) - f(0, 0)}{h} = \lim_{h\to 0}\frac{|h|}{h}$이고, 우변의 극한이 존재하지 않으므로 주어진 함수는 $(0, 0)$에서 x에 관하여 편미분가능하지 않다.

■

예제 6.2.3 $f(x, y) = x^3 + x^2y^3 - 2y^2$일 때, f_x, f_y, $f_x(1, 2)$, $f_y(1, 2)$를 구하여라.

풀이 y를 상수로 보고 f를 x에 관하여 미분하면

$$f_x(x, y) = 3x^2 + 2xy^3$$

이고,

$$f_x(1,\ 2) = 3 + 16 = 19.$$

x를 상수로 보고 f를 y에 관하여 미분하면

$$f_y(x,\ y) = 3x^2y^2 - 4y$$

이고,

$$f_y(1,\ 2) = 12 - 8 = 4.$$

■

이변수함수에 대한 편도함수의 개념을 3변수 이상의 함수로 확장할 수 있다. 예를 들어 $w = f(x,\ y,\ z)$에 대하여 x에 관한 편도함수는

$$f_x(x,\ y,\ z) = \lim_{h \to 0} \frac{f(x+h,\ y,\ z) - f(x,\ y,\ z)}{h}$$

으로 정의하며, 또한 y와 z에 관한 편도함수도 동일한 방법으로 정의한다. 따라서 3변수함수 $f(x,\ y,\ z)$의 x에 대한 편도함수를 구하기 위하여 다른 변수들은 상수로 취급하고 오로지 변수 x에 대한 도함수만 구하면 된다. 그리고 이것은 n변수함수에도 동일하게 적용할 수 있다.

예제 6.2.4 $f(x,\ y,\ z) = e^{xy}\ln z$일 때, f_x, f_y, f_z을 구하여라.

풀이 y와 z을 상수로 보고 x에 관하여 미분하면

$$f_x = ye^{xy}\ln z$$

이고, 마찬가지 방법으로

$$f_y = xe^{xy}\ln z,\quad f_z = \frac{e^{xy}}{z}$$

을 얻는다. ■

이제 편도함수의 기하학적인 의미에 대하여 알아보자.

함수 $z=f(x, y)$의 그래프가 다음 그림 6-5와 같다고 하자.

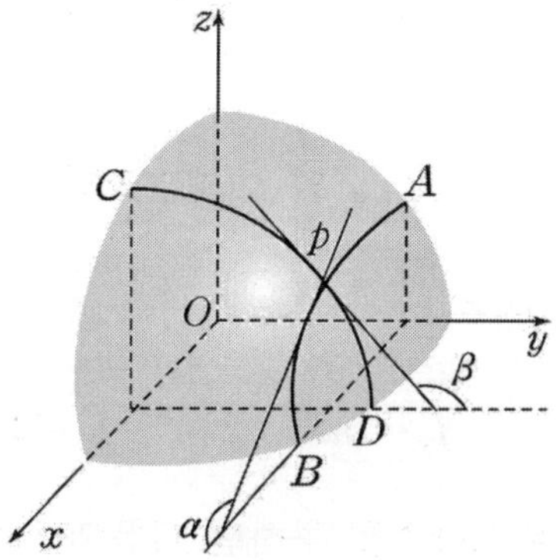

Ⅰ 그림 6-5 Ⅰ

곡면 위의 한 점 $P(a, b, c)$를 지나고 zx 평면과 평행인 평면으로 곡면을 자르면 곡선 APB를 얻는다. 한 점이 이 곡선을 따라 움직이면 z와 x는 변하지만 y는 변하지 않을 것이다. 따라서 점 $P(a, b, c)$에서의 함수 $z=f(x, y)$의 x에 관한 편미분계수 $f_x(a, b)$는 곡선 APB의 점 P에서의 접선의 기울기를 의미한다. 곡선 CPD에 대해서도 같은 방법으로 생각하여 다음과 같은 편미분계수의 기하학적 의미를 얻는다.

$$f_x(a, b) = \tan\alpha = \text{점 } P\text{에서의 } zx \text{ 평면에 평행인 접선}$$

$$f_y(a, b) = \tan\beta = \text{점 } P\text{에서의 } yz \text{ 평면에 평행인 접선}$$

이변수함수 $z=f\,(x, y)$의 편도함수 f_x, f_y 또한 이변수함수이다. 따라서 이것들의 편도함수 $(f_x)_x$, $(f_x)_y$, $(f_y)_x$, $(f_y)_y$를 생각할 수 있는데, 이들을 f의 **이계편도함수**라 하고 다음과 같이 표기한다.

$$\frac{\partial}{\partial x}\left(\frac{\partial z}{\partial x}\right) = \frac{\partial^2 z}{\partial x^2} = z_{xx} = \frac{\partial^2 f}{\partial x^2} = f_{xx},$$

$$\frac{\partial}{\partial x}\left(\frac{\partial z}{\partial y}\right) = \frac{\partial^2 z}{\partial x \partial y} = z_{yx} = \frac{\partial^2 f}{\partial x \partial y} = f_{yx},$$

$$\frac{\partial}{\partial y}\left(\frac{\partial z}{\partial x}\right) = \frac{\partial^2 z}{\partial y \partial x} = z_{xy} = \frac{\partial^2 f}{\partial y \partial x} = f_{xy},$$

$$\frac{\partial}{\partial y}\left(\frac{\partial z}{\partial y}\right) = \frac{\partial^2 z}{\partial y^2} = z_{yy} = \frac{\partial^2 f}{\partial y^2} = f_{yy}.$$

따라서 f_{xy}는 먼저 x에 관하여 편미분하고 다음에 y에 관하여 편미분한 것이고, 반면에 f_{yx}는 먼저 y에 관하여 편미분하고 다음에 x에 관하여 편미분한 것이다.

예제 6.2.5 $f(x, y) = x^3 + x^2y^3 - 2y^2$의 이계편도함수를 구하여라.

풀이 먼저 일계편도함수는

$$f_x = 3x^2 + 2xy^3, \quad f_y = 3x^2y^2 - 4y$$

이고, 이것의 편도함수를 구하면 다음의 이계편도함수를 얻는다.

$$f_{xx} = \frac{\partial}{\partial x}(3x^2 + 2xy^3) = 6x + 2y^3, \quad f_{xy} = \frac{\partial}{\partial y}(3x^2 + 2xy^3) = 6xy^2$$

$$f_{yx} = \frac{\partial}{\partial x}(3x^2y^2 - 4y) = 6xy^2, \quad f_{yy} = \frac{\partial}{\partial y}(3x^2y^2 - 4y) = 6x^2y - 4.$$

■

예제 6.2.6 $f(x,y) = \begin{cases} \dfrac{xy(x^2 - y^2)}{x^2 + y^2}, & (x, y) \neq (0, 0) \\ 0, & (x, y) = (0, 0) \end{cases}$ 일 때, $f_{xy}(0,0) \neq f_{yx}(0,0)$ 임을 보여라.

풀이 $y \neq 0$일 때 $f(0, y) = 0$이므로

$$f_x(0, y) = \lim_{h \to 0} \frac{f(h, y) - f(0, y)}{h} = \lim_{h \to 0} \frac{y(h^2 - y^2)}{h^2 + y^2} = -y$$

이고, $f_x(0, 0) = \lim_{h \to 0} \dfrac{f(h, 0) - f(0, 0)}{h} = 0$이므로

$$f_{xy}(0, 0) = \lim_{k \to 0} \frac{f_x(0, k) - f_x(0, 0)}{k} = \lim_{k \to 0} \frac{-k - 0}{k} = -1$$

같은 방법으로, $x \neq 0$ 일 때 $f(x, 0) = 0$이므로

$$f_y(x, 0) = \lim_{k \to 0} \frac{f(x, k) - f(x, 0)}{k} = \lim_{k \to 0} \frac{x(x^2 - k^2)}{x^2 + k^2} = x$$

이고, $f_y(0, 0) = \lim_{k \to 0} \frac{f(0, k) - f(0, 0)}{k} = 0$이므로

$$f_{yx}(0, 0) = \lim_{h \to 0} \frac{f_y(h, 0) - f_y(0, 0)}{h} = \lim_{h \to 0} \frac{h - 0}{h} = 1$$

그러므로 $f_{xy}(0, 0) \neq f_{yx}(0, 0)$이다. ■

예제 6.2.5에서 $f_{xy} = f_{yx}$임을 알 수 있다. 그런데 예제 6.2.6에서 보듯이 f_{xy}와 f_{yx}가 항상 같은 것은 아니다. 프랑스 수학자 클레로가 발견한 다음의 정리는 $f_{xy} = f_{yx}$라고 주장할 수 있는 조건을 제시해 준다.

클레로의 정리

f가 이변수함수이고 f_{xy}와 f_{yx}가 점 (x, y)의 근방에서 연속이면

$$f_{xy}(x, y) = f_{yx}(x, y)$$

이다.

연습문제 6.2

01 다음 함수의 편도함수를 구하여라.

(1) $z = \sin x + \sin y + \sin(x+y)$　　(2) $z = \dfrac{xy}{\sqrt{x^2 - y^2}}$

(3) $z = x^2 \tan^{-1}\dfrac{y}{x} + y^2 \tan^{-1}\dfrac{y}{x}$　　(4) $z = x^y$

(5) $z = x\sin(y-x)$

02 $u = e^{xyz}$ 일 때 $\dfrac{\partial^3 u}{\partial x\, \partial y\, \partial z}$ 를 구하여라.

03 $\dfrac{1}{u^2} = x^2 + y^2 + z^2$ 일 때 $\dfrac{\partial^2 u}{\partial x^2} + \dfrac{\partial^2 u}{\partial y^2} + \dfrac{\partial^2 u}{\partial z^2} = 0$ 임을 증명하여라.

6.3 합성함수의 편미분법

편미분가능인 함수 $z=f(x, y)$에서 x 및 y가 동시에 변화할 때 z의 변화량을 조사하여 보자.

x의 증분을 Δx, y의 증분을 Δy라 하고 이때 z의 증분을 Δz라 하면

$$z+\Delta z=f(x+\Delta x, y+\Delta y)$$

에서

$$\begin{aligned}\Delta z &= f(x+\Delta x, y+\Delta y)-f(x, y)\\ &= f(x+\Delta x, y+\Delta y)-f(x, y+\Delta y)+f(x, y+\Delta y)-f(x, y)\end{aligned}$$

이고 $f(x, y+\Delta y)$를 x의 함수로 보고, 평균값의 정리를 적용하면 위 식의 처음 두 항은

$$f(x+\Delta x, y+\Delta y)-f(x, y+\Delta y)=f_x(x+\theta_1\Delta x, y+\Delta y)\Delta x, \ (0<\theta_1<1)$$

이고, 마찬가지로 $f(x, y)$를 y만의 함수로 보고 평균값의 정리를 적용하면 나머지 두 항은

$$f(x, y+\Delta y)-f(x, y)=f_y(x, y+\theta_2\Delta y)\Delta y, \quad (0<\theta_2<1)$$

가 된다. 따라서

$$\Delta z=f_x(x+\theta_1\Delta x, y+\Delta y)\Delta x+f_y(x, y+\theta_2\Delta y)\Delta y$$

이 됨을 알 수 있다.

함수 $z=f(x, y)$에 있어서 x, y가 다같이 다른 변수 t의 함수일 때에는 z는 t만의 함수가 된다. 따라서 t에 관한 z의 도함수를 생각할 수가 있다.

정리

$z=f(x, y)$가 x, y에 관하여 편미분가능하고, $x=g(t)$, $y=h(t)$이며 x, y가 t에 관하여 미분가능하면 z는 t에 관하여 미분가능한 함수이고

$$\frac{dz}{dt}=\frac{\partial z}{\partial x}\frac{dx}{dt}+\frac{\partial z}{\partial y}\frac{dy}{dt}$$

이다.

증명 t의 증분 Δt에 대한 x, y, z의 증분을 각각 $\Delta x, \Delta y, \Delta z$라 할 때 이들 사이에는 다음 관계식이 성립한다.

$$\Delta z=\frac{\partial z}{\partial x}\Delta x+\frac{\partial z}{\partial y}\Delta y+\epsilon_1\Delta x+\epsilon_2\Delta y.$$

양변을 Δt로 나누면

$$\frac{\Delta z}{\Delta t}=\frac{\partial z}{\partial x}\frac{\Delta x}{\Delta t}+\frac{\partial z}{\partial y}\frac{\Delta y}{\Delta t}+\epsilon_1\frac{\Delta x}{\Delta t}+\epsilon_2\frac{\Delta y}{\Delta t}$$

여기서 $\Delta t\to 0$일 때 $\Delta x\to 0$, $\Delta y\to 0$이고, 따라서 $\epsilon_1\to 0$, $\epsilon_2\to 0$이므로 다음 결과를 얻는다.

$$\frac{dz}{dt}=\frac{\partial z}{\partial x}\frac{dx}{dt}+\frac{\partial z}{\partial y}\frac{dy}{dt}$$ ■

예제 6.3.1 $z=\sqrt{xy+y}$, $x=\cos\theta$, $y=\sin\theta$일 때, $\theta=\frac{\pi}{2}$에서 $\frac{dz}{d\theta}$를 구하여라.

풀이

$$\begin{aligned}\frac{dz}{d\theta}&=\frac{\partial z}{\partial x}\frac{dx}{d\theta}+\frac{\partial z}{\partial y}\frac{dy}{d\theta}\\&=\frac{1}{2}(xy+y)^{-\frac{1}{2}}(y)(-\sin\theta)+\frac{1}{2}(xy+y)^{-\frac{1}{2}}(x+1)(\cos\theta)\end{aligned}$$

이고, 따라서

$$\left.\frac{dz}{d\theta}\right|_{\theta=\frac{\pi}{2}}=\frac{1}{2}(1)(1)(-1)+\frac{1}{2}(1)(1)(0)=-\frac{1}{2}$$ ■

$w=f(x, y)$이고 $x=g(t)$, $y=h(t)$일 때, t를 독립변수(independent variable)라 하고, x와 y를 중간변수(intermediate variable), w를 종속변수(dependent variable)라고 한다.

이제 여러 개의 중간변수와 독립변수를 갖는 경우를 생각해 보자. 예를 들어, $w=f(x,y,z)$이고 $x=l(s,t)$, $y=m(s,t)$, $z=n(s,t)$일 때는 세 개의 중간변수 x, y, z와 두 개의 독립변수 s, t를 갖는 경우를 생각한다. 두 개의 중간변수, 두 개의 독립변수를 갖는 합성함수의 편도함수는 각각 다음과 같다.

정리

함수 $z=f(x,y)$가 연속인 일계편도함수를 갖고 $x=g(s,t)$, $y=h(s,t)$이고 x, y 또한 연속인 일계편도함수를 가지면

(1) $\dfrac{\partial z}{\partial s}=\dfrac{\partial z}{\partial x}\dfrac{\partial x}{\partial s}+\dfrac{\partial z}{\partial y}\dfrac{\partial y}{\partial s}$

(2) $\dfrac{\partial z}{\partial t}=\dfrac{\partial z}{\partial x}\dfrac{\partial x}{\partial t}+\dfrac{\partial z}{\partial y}\dfrac{\partial y}{\partial t}$

이다.

증명 (1)에서는 함수 g, h에서 t를 상수로 보고, (2)에서는 s를 상수로 생각하면 앞의 정리에 의해 명백하다. ■

예제 6.3.2 $z=e^x \sin y$, $x=st^2$, $y=s^2t$ 일 때, $\dfrac{\partial z}{\partial s}$, $\dfrac{\partial z}{\partial t}$을 구하여라.

풀이

$$\begin{aligned}\frac{\partial z}{\partial s} &= \frac{\partial z}{\partial x}\frac{\partial x}{\partial s}+\frac{\partial z}{\partial y}\frac{\partial y}{\partial s}\\ &=(e^x \sin y)(t^2)+(e^x \cos y)(2st)\\ &=t^2e^{st^2}\sin(s^2t)+2ste^{st^2}\cos(s^2t)\end{aligned}$$

$$\begin{aligned}\frac{\partial z}{\partial t} &= \frac{\partial z}{\partial x}\frac{\partial x}{\partial t}+\frac{\partial z}{\partial y}\frac{\partial y}{\partial t}\\ &=(e^x \sin y)(2st)+(e^x \cos y)(s^2)\\ &=2ste^{st^2}\sin(s^2t)+s^2e^{st^2}\cos(s^2t)\end{aligned}$$

예제 6.3.3 $x=rse^{t}$, $y=rs^{2}e^{-t}$, $z=r^{2}s\sin t$이고 $u=x^{4}y+y^{2}z^{3}$일 때, $r=2$, $s=1$, $t=0$에서 $\dfrac{\partial u}{\partial s}$을 구하여라.

풀이

$$\begin{aligned}\frac{\partial u}{\partial s}&=\frac{\partial u}{\partial x}\frac{\partial x}{\partial s}+\frac{\partial u}{\partial y}\frac{\partial y}{\partial s}+\frac{\partial u}{\partial z}\frac{\partial z}{\partial s}\\&=(4x^{3}y)(re^{t})+(x^{4}+2yz^{3})(2rse^{-t})+(3y^{2}z^{2})(r^{2}\sin t)\end{aligned}$$

이고, $r=2$, $s=1$, $t=0$일 때 $x=2$, $y=2$, $z=0$이므로

$$\frac{\partial u}{\partial s}(2,\,1,\,0)=(64)(2)+(16)(4)+(0)(0)=192$$

이다. ■

연습문제 6.3

01 다음 함수에서 $\dfrac{dz}{dt}$를 구하여라.

(1) $z = x^3 + y^3,\ x = t,\ y = t^3$

(2) $z = \dfrac{y}{x},\ x = \cos t,\ y = \sin t$

(3) $z = \tan^{-1}(xy),\ x = \sin t,\ y = \sec t$

(4) $z = x\sin y,\ x = \dfrac{1}{t},\ y = \tan^{-1}t$

02 $u = r^2\sin 2\theta,\ r = \sqrt{x^2 + y^2},\ \theta = \tan^{-1}\dfrac{y}{x}$ 에서 $\dfrac{\partial u}{\partial x},\ \dfrac{\partial u}{\partial y}$ 를 구하여라.

03 다음 식의 값을 구하여라.

(1) $z = \ln(x^3 + y^2)$일 때 $x\dfrac{\partial z}{\partial x} + y\dfrac{\partial z}{\partial y}$

(2) $z = \ln(e^x + e^y)$일 때 $\dfrac{\partial z}{\partial x} + \dfrac{\partial z}{\partial y}$

(3) $u = \dfrac{e^{xy}}{e^x + e^y}$ 일 때 $\dfrac{\partial u}{\partial x} + \dfrac{\partial u}{\partial y}$

6.4 전미분

이변수의 함수 $z=f(x,\ y)$에서 변수 $x,\ y$가 각각 $x+\Delta x,\ y+\Delta y$로 변할 때 함수의 값은

$$\Delta z = f\ (x+\Delta x,\ y+\Delta y) - f\ (x,\ y)$$

만큼 변한다. 이 양을 주어진 함수의 증분이라 한다.

정리

함수 $z=f(x,y)$에서 세 함수 $f,\ f_x,\ f_y$가 모든 점 (x,y)의 근방에서 연속이면 다음이 성립한다.

$$\Delta z = \frac{\partial z}{\partial x}\Delta x + \frac{\partial z}{\partial y}\Delta y + \epsilon_1 \Delta x + \epsilon_2 \Delta y$$

여기서 ϵ_1과 ϵ_2는 x, y에 관한 이변수함수이고 다음 성질을 가진다.

$$\lim_{\Delta x \to 0,\ \Delta y \to 0} \epsilon_1 = 0, \quad \lim_{\Delta x \to 0,\ \Delta y \to 0} \epsilon_2 = 0$$

증명 $z=f(x,y)$에 있어서 x, y의 증분 $\Delta x, \Delta y$에 대응하는 z의 증분을 Δz라 하면

$$\Delta z = f\ (x+\Delta x,\ y+\Delta y) - f(x,\ y)$$

이다. 지금 함수 $z=f(x,y)$가 점 (x,y)의 근방에서 연속이고 또 이 점에서 편도함수 $f_x(x,y)$, $f_y(x,y)$가 연속이라고 하자.

$$\Delta z = f(x+\Delta x,\ y+\Delta y) - f(x,\ y+\Delta y) + f(x,\ y+\Delta y) - f(x,\ y)$$

이고 여기에 평균값의 정리를 적용하면

$$f(x+\Delta x,\ y+\Delta y)-f(x,\ y+\Delta y)$$
$$=\Delta x f_x(x+\theta_1\Delta x,\ y+\Delta y),\ (0<\theta_1<1)$$
$$f(x,\ y+\Delta y)-f(x,\ y)=\Delta y f_y(x,\ y+\theta_2\Delta y),\ (0<\theta_2<1)$$

이므로

$$\Delta z=f_x(x+\theta_1\Delta x,\ y+\Delta y)\Delta x+f_y(x,\ y+\theta_2\Delta y)\Delta y$$

을 얻는다. 가정에 의하여 $f_x(x,\ y),\ f_y(x,\ y)$는 연속이므로

$$f_x(x+\theta_1\Delta x,\ y+\Delta y)=f_x(x,\ y)+\epsilon_1$$
$$f_y(x,\ y+\theta_2\Delta y)=f_y(x,\ y)+\epsilon_2$$

라 하면

$$\lim_{\substack{\Delta x\to 0\\ \Delta y\to 0}}\epsilon_1=0,\quad \lim_{\substack{\Delta x\to 0\\ \Delta y\to 0}}\epsilon_2=0$$

이 된다. 즉

$$\Delta z=f_x(x,\ y)\Delta x+f_y(x,\ y)\Delta y+\epsilon_1\Delta x+\epsilon_2\Delta y$$ ■

앞의 정리에 의하여 Δx와 Δy가 충분히 작을 때 $\epsilon_1\Delta x+\epsilon_2\Delta y$는 훨씬 작은 수이므로 Δz의 근삿값으로 $\frac{\partial z}{\partial x}\Delta x+\frac{\partial z}{\partial y}\Delta y$를 취할 수 있다. 이를 z의 전미분(total derivation)이라 하고 dz로 나타낸다. 즉,

$$dz=\frac{\partial z}{\partial x}\Delta x+\frac{\partial z}{\partial y}\Delta y$$

이다. 특히, 각 독립변수의 미분은 그 증분과 같으므로

$$dz=f_x(x,\ y)dx+f_y(x,\ y)dy=\frac{\partial z}{\partial x}dx+\frac{\partial z}{\partial y}dy$$

임을 알 수 있다. 2개 이상의 독립변수의 함수, 예컨대 $u=f(x,\ y,\ z)$에 대해서도 그 전미분을 다음과 같이 정의할 수 있다.

$$du = \frac{\partial u}{\partial x}dx + \frac{\partial u}{\partial y}dy + \frac{\partial u}{\partial z}dz$$

함수 $u = f\,(x,\, y,\, z,\, \cdots)$에 있어서 독립변수의 작은 변화에 대하여 전미분 du는 증분 Δu의 근삿값이므로 이 du를 u의 오차로 볼 수 있다. 여기서 du를 u의 오차라 할 때 비(율) $\frac{du}{u}$를 u의 **상대오차**라 하고 $\frac{du}{u}\times 100$을 **백분율오차(percentage error)**라 한다.

예제 6.4.1 $z = a\left(\frac{y}{x}\right)^{\frac{1}{2}}$일 때 z의 전미분을 구하여라.

풀이 전미분의 정의에 의하면

$$dz = \frac{\partial z}{\partial x}dx + \frac{\partial z}{\partial y}dy$$

이고

$$\begin{aligned}\frac{\partial z}{\partial x} &= \frac{a}{2}\left(\frac{y}{x}\right)^{-\frac{1}{2}}\left(\frac{-y}{x^2}\right)\\ &= -\frac{a}{2}\left(\frac{y}{x}\right)^{\frac{1}{2}}\left(\frac{1}{x}\right)\\ &= -\frac{z}{2}\left(\frac{1}{x}\right)\end{aligned}$$

$$\begin{aligned}\frac{\partial z}{\partial y} &= \frac{a}{2}\left(\frac{y}{x}\right)^{-\frac{1}{2}}\left(\frac{1}{x}\right)\\ &= \frac{a}{2}\left(\frac{y}{x}\right)^{\frac{1}{2}}\left(\frac{1}{y}\right)\\ &= \frac{z}{2}\left(\frac{1}{y}\right)\end{aligned}$$

이므로

$$dz = -\frac{z}{2}\frac{dx}{x} + \frac{z}{2}\frac{dy}{y} = \frac{z}{2}\left(\frac{dy}{y} - \frac{dx}{x}\right)$$

을 얻는다. ■

예제 6.4.2 한 직원기둥의 지름과 높이를 재어서 각각 5, 8을 얻었다. 이 값에는 각각 ± 0.1 의 오차가 있다고 할 때, 이 직원기둥의 부피에 미치는 최대상대오차와 백분율오차를 구하여라.

풀이 지름이 x, 높이가 y인 직원기둥의 부피 V는 $V=\frac{1}{4}\pi x^2 y$ 다. 지금 양변의 대수를 취하고 미분을 취하면

$$\ln V = \ln\frac{\pi}{4} + 2\ln x + \ln y$$

$$\frac{dV}{V} = \frac{2dx}{x} + \frac{dy}{y}$$

이다. 한편 dx, dy가 모두 양수일 때 $\frac{dV}{V}$가 최대가 되므로 $x=5$, $y=8, dx=0.1$, $dy=0.1$ 을 대입하면 최대상대오차

$$\frac{dV}{V} = \frac{2(0.1)}{5} + \frac{0.1}{8} = 0.0525$$

를 얻는다. 따라서 최대의 백분율오차는 5.25%이다. ■

예제 6.4.3 $\sqrt{(4)(1.97)^2+(3.02)^2}$ 의 근삿값을 구하여라.

풀이 $f(x, y) = \sqrt{4x^2+y^2}$ 이라고 하자. 그러면

$$\frac{\partial f}{\partial x} = \frac{4x}{\sqrt{4x^2+y^2}}, \quad \frac{\partial f}{\partial y} = \frac{y}{\sqrt{4x^2+y^2}}$$

이다. 이제 $a=2$, $b=3$, $\Delta x=-0.03$, $\Delta y=0.02$ 라고 하면 $f(2,3)=5$ 이고

$$f_x(2,3) = \frac{8}{5}, \quad f_y(2,3) = \frac{3}{5}$$

이다. 따라서

$$\begin{aligned}\sqrt{(4)(1.97)^2+(3.02)^2} &= f(1.97, 3.02)\\ &\approx f(2,3) + f_x(2,3)\cdot(-0.03) + f_y(2,3)\cdot(0.02)\end{aligned}$$

$$= 5 + \frac{8}{5}(-0.03) + \frac{3}{5}(0.02)$$

$$= 5 - 0.048 + 0.012 = 4.964$$

위의 실제값은 $\sqrt{24.644}$ 로 소수 다섯째 자리까지 정확한 값은 4.96427 이다. ■

지금까지는 $z = f(x, y)$가 주어졌을 때 전미분 dz를 구하는 방법에 대하여 알아보았다. 이제는 $dz = \frac{\partial z}{\partial x}dx + \frac{\partial z}{\partial y}dy$ 로부터 z를 구하여 보기로 하자.

예제 6.4.4 $dz = (x^2 + y^2)dx + (2xy + 1)dy$일 때 z를 구하여라.

풀이 주어진 식이 전미분의 모양이 되기 위해서는 $\frac{\partial z}{\partial x} = x^2 + y^2$, $\frac{\partial z}{\partial y} = 2xy + 1$ 이어야 한다. 그러면

$$\frac{\partial z}{\partial x} = x^2 + y^2$$

은 y가 상수이고 x에 관한 미분으로 계산된 것이다. 그러므로 y를 상수로 하고, x에 대하여 적분함으로써 z를 구할 수 있다.

$$z = f(x, y) = \int (x^2 + y^2)dx = \frac{x^3}{3} + y^2x + k(y)$$

여기에서 적분상수 $k(y)$는 변수 y로만 이루어진 함수이다.

$k(y)$를 결정하기 위하여 위 식으로부터 $\frac{\partial z}{\partial y}$를 계산하고 그 결과를 주어진 편도함수 $2xy + 1$와 같게 하면

$$\frac{\partial}{\partial y}\left(\frac{x^3}{3} + y^2x + k(y)\right) = 2xy + 1$$

이 된다. 따라서

$$2xy + k'(y) = 2xy + 1$$

이고

$$k'(y) = 1$$

로부터

$$k(y) = y + C$$

이므로

$$z = f(x, y) = \frac{x^3}{3} + xy^2 + y + C$$

를 얻는다. ■

연습문제 6.4

01 다음 함수의 전미분을 구하여라.

(1) $z=(x^2+y^2)^3$

(2) $u=x^y y^z z^x$

(3) $z=\ln\left(\dfrac{x}{y}\right)$

(4) $z=\sin^{-1}\left(\dfrac{y}{x}\right)$

(5) $f(x, y)=xy\sin\dfrac{1}{\sqrt{x^2+y^2}}$

(6) $z=\cos x\sin(x+y)$

(7) $z=\ln(x^2+y^2)$

(8) $z=e^{-x}\cos y$

(9) $z=y^2\cos 2x$

02 $\sqrt{(4.99)^2-(3.02)^2}$ 의 근삿값을 구하여라. (힌트: $z=\sqrt{x^2-y^2}$ 을 써서 dz를 구하여라.)

03 $x^2+y^2>0$ 인 모든 x, y 와 모든 dx, dy 에 관하여

$$xd\left(\frac{x}{\sqrt{x^2+y^2}}\right)+yd\left(\frac{y}{\sqrt{x^2+y^2}}\right)=0$$

임을 보여라.

7장 이중적분

7.1 직교좌표계에서 이중적분

우선 영역 $R=\{(x, y)|a \le x \le b,\ c \le y \le d\}$에서 정적분을 구하는 방법부터 구해보자. 만일 R 안의 모든 점 P에 대해 $f(P) \ge 0$이면 적분 $\int_R f(P)dA$는 밑면이 R이고
높이가 $f(P)$인 입체의 부피가 된다. $A(x)$를 x축 위의 점 x에서 x축과 수직이 되도록 잘랐을 때 잘린 평면의 단면적이라고 하자(그림 7-1). 분명히,

$$V=\int_a^b A(x)dx$$

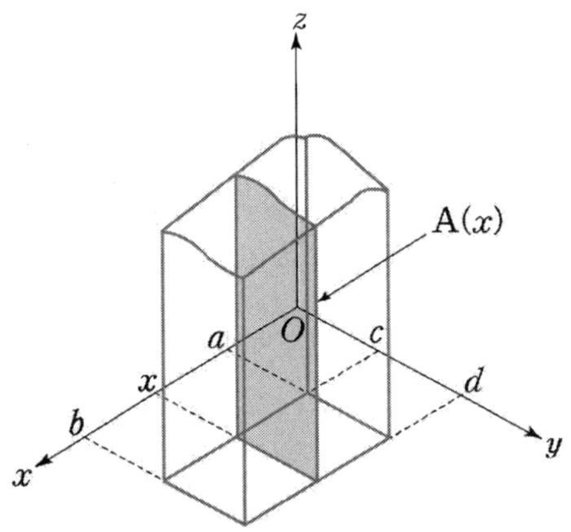

Ⅰ 그림 7-1 Ⅰ

가 성립한다. xy 평면의 영역 R 위에 세워진 입체를 잘랐을 때 단면적은 그 입체의 윗면을 덮은 곡면 $f(x, y)$와 평면 $x=x'$의 교선 아래에 나타난 넓이와 같으므로 단면적은 다음의 적분으로 표시할 수 있다.

$$A(x') = \int_c^d f(x', y)dy$$

그러므로

$$\int_R f(P)dA = V = \int_a^b A(x)dx = \int_a^b \left[\int_c^d f(x, y)dy\right]dx$$

가 성립한다.

같은 논리를 y축에 적용하면

$$\int_R f(P)dA = \int_c^d \left[\int_a^b f(x, y)dx\right]dy$$

가 성립한다. 이러한 이유로 위 적분을 **이중적분**(double integral) 또는 **반복적분**(iterated integral)이라고 하며 $\int_a^b \int_c^d f(x, y)dydx$, $\int_c^d \int_a^b f(x, y)dxdy$로 표시한다.

예제 7.1.1 영역 R이 그림 7-2의 사각형이고, $f(P) = \overline{AP}^2$일 때 정적분 $\int_R f(P)dA$를 구하여라.

풀이 $f(x,y) = \overline{AP}^2 = x^2 + y^2$이므로

$$\begin{aligned}\int_R f(P)dA &= \int_0^4 \left[\int_0^2 (x^2 + y^2)dy\right]dx \\ &= \int_0^4 \left[\left(x^2 y + \frac{y^3}{3}\right)\Bigg|_{y=0}^{y=2}\right]dx \\ &= \int_0^4 \left(2x^2 + \frac{8}{3}\right)dx \\ &= \left(\frac{2x^3}{3} + \frac{8x}{3}\right)\Bigg|_0^4 = \frac{160}{3}\end{aligned}$$

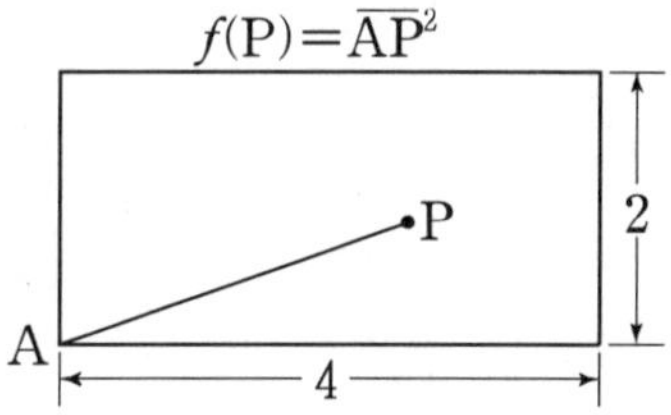

Ⅰ 그림 7-2 Ⅰ

■

예제 7.1.2 반복적분 $\int_0^1 \int_0^1 xy\,dxdy$ 를 구하여라.

풀이

$$\begin{aligned}\int_0^1 \int_0^1 xy\,dxdy &= \int_0^1 \left\{ \int_0^1 xy \ \ dx \right\} dy \\ &= \int_0^1 \left[\frac{1}{2}x^2 y \right]_0^1 dy \\ &= \int_0^1 \frac{1}{2} y\,dy \\ &= \left[\frac{1}{4} y^2 \right]_0^1 \\ &= \frac{1}{4}\end{aligned}$$

■

연속곡선 $y = \phi_1(x)$, $y = \phi_2(x)$ 에 대해서 $z = f(x, y)$ 가 $R = \{(x, y) \mid a \le x \le b,$ $\phi_1(x) \le y \le \phi_2(x)\}$ 에서 연속이면

$$\int\int_R f(x, y)dxdy = \int_a^b \left\{ \int_{\phi_1(x)}^{\phi_2(x)} f(x, y)dy \right\} dx$$

가 성립한다.

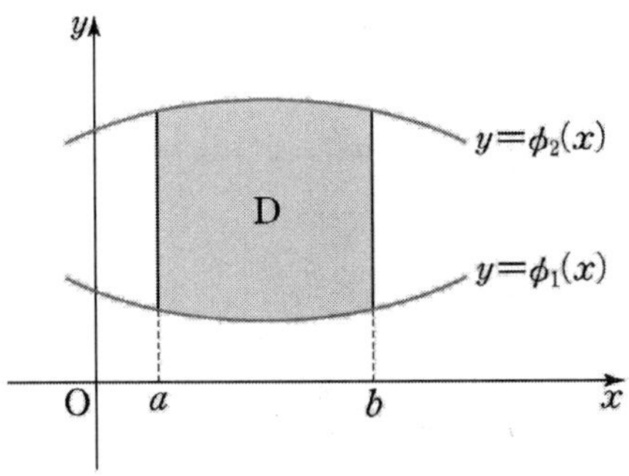

I 그림 7-3 I

$\int_a^b \left\{ \int_{\phi_1(x)}^{\phi_2(x)} f(x, y)dy \right\} dx$ 를 $\int_a^b \int_{\phi_1(x)}^{\phi_2(x)} f(x, y)dy\ dx$ 로 나타낸다.

마찬가지로 연속곡선 $x = \psi_1(y)$, $x = \psi_2(y)$ 에 대해서 $z = f(x, y)$ 가

$R=\{(x, y) \mid \psi_1(y) \le x \le \psi_2(y),\ c \le y \le d\}$ 에서 연속이면

$$\int\int_R f(x, y)dxdy = \int_c^d \left\{\int_{\psi_1(y)}^{\psi_2(y)} f(x, y)dx\right\}dy$$

가 성립한다.

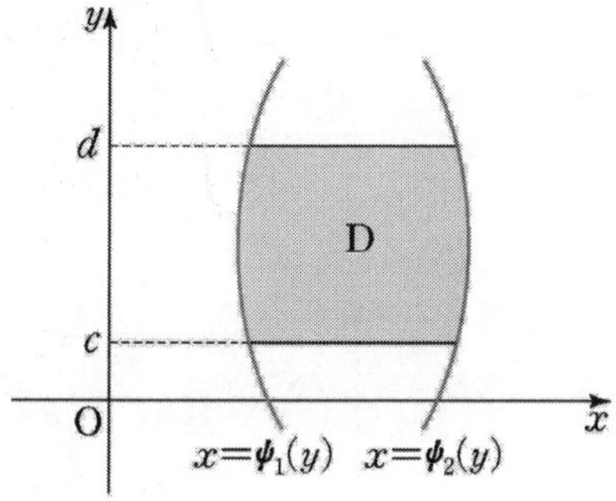

| 그림 7-4 |

예제 7.1.3 $R = \left\{(x, y) \mid \frac{2}{y} \le x \le 2\sqrt{y},\ 1 \le y \le 4\right\}$일 때 $\int\int_R x\,dx\,dy$를 구하여라.

풀이

$$\begin{aligned}\int\int_R x\,dx\,dy &= \int_1^4 \left\{\int_{\frac{2}{y}}^{2\sqrt{y}} x\,dx\right\}dy \\ &= \int_1^4 \left[\frac{1}{2}x^2\right]_{\frac{2}{y}}^{2\sqrt{y}} dy \\ &= \int_1^4 \left(2y - \frac{2}{y^2}\right)dy \\ &= \left[y^2 + \frac{2}{y}\right]_1^4 \\ &= \frac{27}{2}\end{aligned}$$

■

예제 7.1.4 영역 R이 x축, 직선 $y=x$, 그리고 직선 $x=1$에 의해 둘러싸인 삼각형이고 $f(x, y)=\frac{\sin x}{x}$일 때 $\int_R f(P)dA$를 구하여라.

풀이 우선 영역 R은 $R=\{(x, y) \mid 0 \le x \le 1, 0 \le y \le x\}$로 표시할 수 있으며 이 경우

$$\int_R f(P)dA = \int_0^1 \left[\int_0^x \frac{\sin x}{x} dy\right] dx$$
$$= \int_0^1 \left[\left(y\frac{\sin x}{x}\right)\Bigg|_{y=0}^{y=x}\right] dx$$
$$= \int_0^1 \sin x dx = -\cos 1 + 1$$

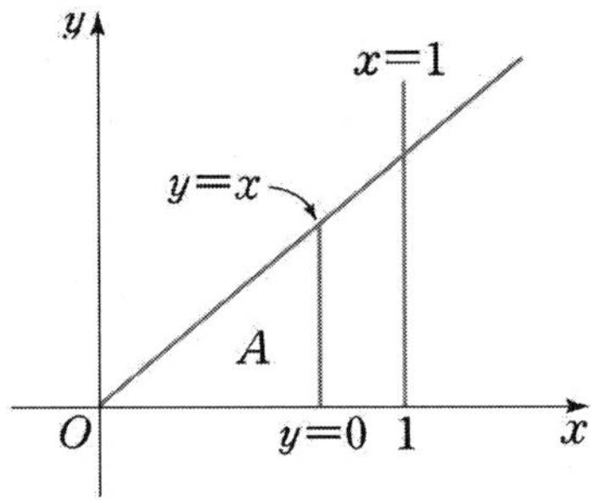

Ⅰ 그림 7-5 Ⅰ

가 된다. 그러나 영역 R을

$$R=\{(x, y) \mid 0 \le y \le 1,\ y \le x \le 1\}$$

로 표시하면 이 경우

$$\int_R f(P)dA = \int_0^1 \left[\int_y^1 \frac{\sin x}{x} dx\right] dy$$

가 되며, $\int \frac{\sin x}{x} dx$는 기본함수로 표현할 수 없으므로 계산할 수 없다.

■

예제 7.1.5 $\int_0^2 \left[\int_{x^2}^{2x} f(x, y) dy\right] dx$의 적분 영역을 그리고 적분 순서를 바꾸어 적분값이 같아지도록 반복적분을 표시하여라.

풀이 적분 영역을 $x^2 \le y \le 2x,\ 0 \le x \le 2$로 하면, 이는 그림과 같이 직선

$x=0$과 $x=2$ 사이의 $y=x^2$와 $y=2x$에 의하여 둘러싸인 영역이다. 이의 적분 순서를 바꾸기 위해 영역을 다시 표시하면 $0 \le y \le 4$, $\frac{y}{2} \le x \le \sqrt{y}$가 되며

$$\int_0^2 \left[\int_{x^2}^{2x} f(x,\, y)dy\right] dx = \int_0^4 \left[\int_{y/2}^{\sqrt{y}} f(x,\, y)dx\right] dy$$

가 성립하게 된다.

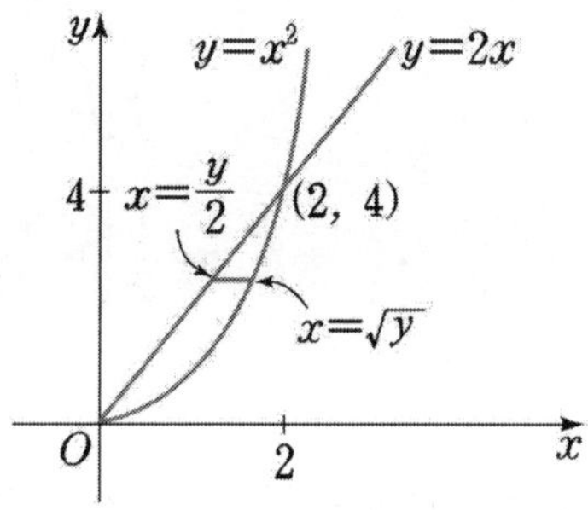

I 그림 7-6 I

■

예제 7.1.6 R이 직선 $y=x-1$과 포물선 $y^2=2x+6$으로 둘러싸인 영역일 때 $\int\int_R xydA$의 값을 구하여라.

풀이 영역 R을 그림에 두 가지 형태로 표시하면 I형 영역으로 나타낸 R은 아래 경계가 두 부분으로 이루어져 있기 때문에 복잡하다. 그러므로 R을 다음과 같이 II형 영역으로 표현하는 것이 더 편하다.

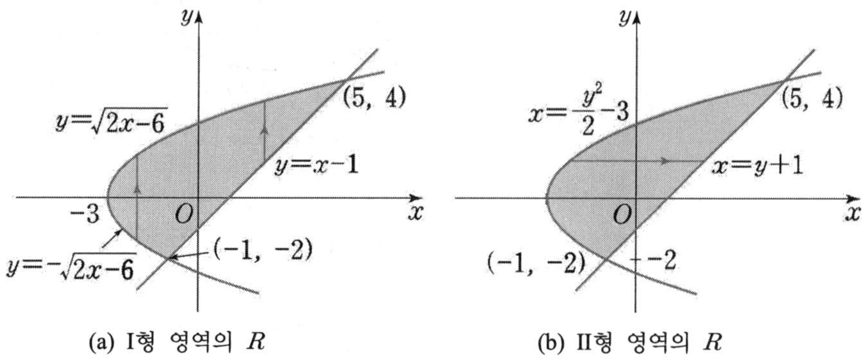

I 그림 7-7 I

$$R=\left\{-2 \leq y \leq 4,\ \frac{1}{2}y^2-3 \leq x \leq y+1\right\}$$

그러므로

$$\begin{aligned}\iint_R xydA &= \int_{-2}^{4}\int_{\frac{1}{2}y^2-3}^{y+1} xydxdy \\ &= \frac{1}{2}\int_{-2}^{4} y\left\{(y+1)^2-\left(\frac{1}{2}y^2-3\right)^2\right\}dy \\ &= \frac{1}{2}\int_{-2}^{4}\left(-\frac{y^5}{4}+4y^3+2y^2-8y\right)dy \\ &= \frac{1}{2}\left[-\frac{y^6}{24}+y^4+2\frac{y^3}{3}-4y^2\right]_{-2}^{4}=36\end{aligned}$$

■

예제 7.1.7 xy 평면의 위쪽, 평면 $z=2x$의 아래쪽에 있는 원주 $x^2+y^2=1$의 부피 V를 구하여라.

풀이 R을 4분원 $x^2+y^2 \leq 1$, $x \geq 0$, $y \geq 0$이라 하고, 함수 $z=2x$의 이중적분을 계산하여 2배 하면 부피 V를 구할 수 있다.

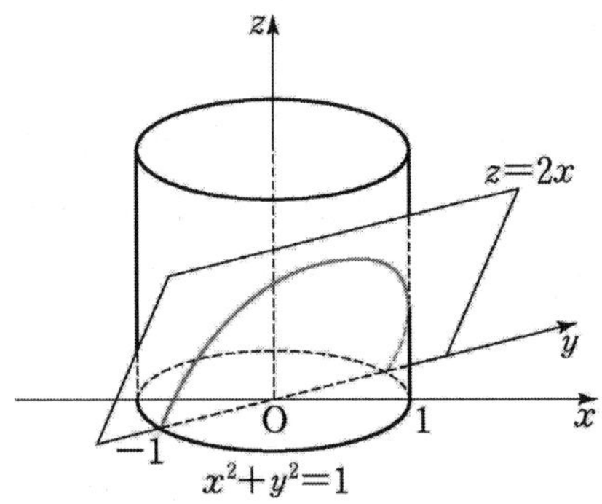

Ⅰ 그림 7-8 Ⅰ

$$\begin{aligned}V &= 2\int_0^1\int_0^{\sqrt{1-x^2}} 2x\, dy\, dx \\ &= 4\int_0^1 x\,[y]_0^{\sqrt{1-x^2}}dx\end{aligned}$$

$$= 4\int_0^1 x\sqrt{1-x^2}\,dx$$

$$= 2\left[-\frac{2}{3}(1-x^2)^{\frac{3}{2}}\right]_0^1$$

$$= \frac{4}{3}$$

■

예제 7.1.8 R이 $y=x^2$, $x=2$, $y=0$에 의해 둘러싸인 xy평면 위의 영역이라고 하자. R 안의 각 점 $P=(x, y)$에서의 높이가 $3xy$인 입체의 부피를 구하여라.

풀이 영역 R은 $R=\{(x, y)\,|\,0 \le x \le 2,\ 0 \le y \le x^2\}$으로 표시할 수 있고, 구하고자 하는 입체의 부피는

$$\int_R 3xy\,dA = \int_0^2\left[\int_0^{x^2} 3xy\,dy\right]dx$$

이다.

$$\int_0^{x^2} 3xy\,dy = \left(3x\frac{y^2}{2}\right)\Bigg|_{y=0}^{y=x^2} = \frac{3x^5}{2}$$

이므로 구하고자하는 부피는 $\int_0^2 \frac{3x^5}{2}dx = 16$이다. 적분 순서를 바꾸기 위해 R을 $R=\{(x, y)\,|\,0 \le y \le 4,\ \sqrt{y} \le x \le 2\}$로 표시하면

$$\int_R 3xy\,dA = \int_0^4\left[\int_{\sqrt{y}}^2 3xy\,dx\right]dy$$

가 성립하고 결과는 마찬가지로 16이다.

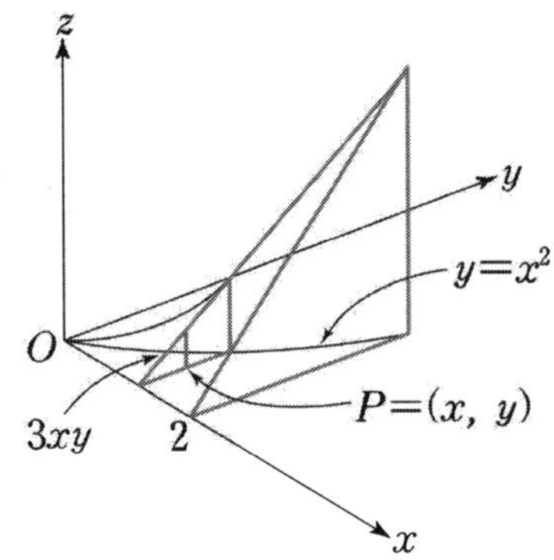

Ⅰ 그림 7-9 Ⅰ

■

예제 7.1.9 곡선 $xy=2,\ 4y=x^2$과 직선 $y=4$로 둘러싸인 평면도형의 넓이를 구하여라.

풀이 $xy=2,\ 4y=x^2$의 교점의 좌표는 $(2,1)$이다. 그러므로 영역 R은

$$R=\left\{(x,\ y)\,|\,1\le y\le 4,\ \frac{2}{y}\le x\le 2\sqrt{y}\right\}$$

로 표시할 수 있고 따라서 구하고자 하는 넓이는

$$\int_R 1dA=\int_1^4\int_{\frac{2}{y}}^{2\sqrt{y}}dxdy=\int_1^4\left(2\sqrt{y}-\frac{2}{y}\right)dy=\frac{28}{3}-2\ln 4$$

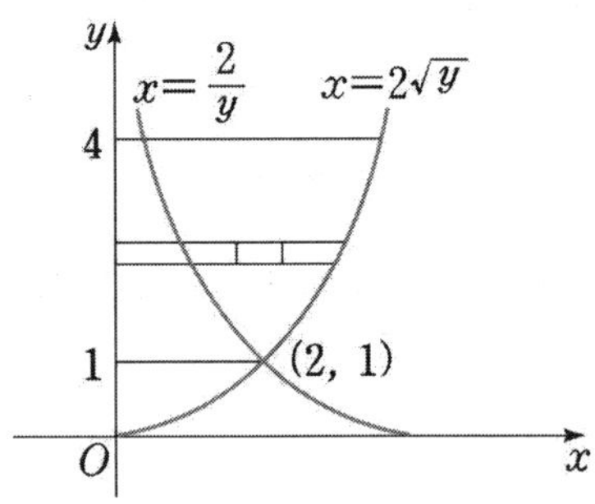

Ⅰ 그림 7-10 Ⅰ

■

연습문제 7.1

01 다음 적분의 적분 순서를 변경하여라.

(1) $\int_0^{\frac{1}{2}}\int_x^{1-x} f(x,\, y)dydx$　　(2) $\int_0^4\int_0^{2\sqrt{x}} f(x,\, y)dydx$

(3) $\int_{-a}^{a}\int_0^{\sqrt{a^2-x^2}} f(x,\, y)dydx$　　(4) $\int_0^{\frac{1}{2}}\int_{x^2}^{x} f(x,\, y)dydx$

02 다음 적분의 적분 순서를 바꾸어서 계산하여라.

(1) $\int_0^1\int_{3y}^3 e^{x^2}dxdy$

(2) $\int_0^3\int_{y^2}^9 y\cos(x^2)dxdy$

(3) $\int_0^1\int_{\sin^{-1}y}^{\frac{\pi}{2}} \cos x\sqrt{1+\cos^2 x}\, dxdy$

03 다음 곡선들로 둘러싸인 평면도형의 넓이를 이중적분을 이용하여 구하여라.

(1) $y = x^2,\ y = x+2$　　(2) $y = 0,\ y = e^x,\ x = 0,\ x = 1$

(3) $y^2 + x = 0,\ y = x+2$　　(4) $y = \sqrt{a^2 - x^2},\ x = \pm a,\ y = -a$

7.2 극좌표계에서 이중적분

직교좌표계에서의 영역 R'이 극좌표계에서의 영역 $R=\{(r,\ \theta)\,|\,r_1(\theta)\le r\le r_2(\theta),\ \alpha\le\theta\le\beta\}$로 변환된다고 하자. 그러면 영역 R'에서 정의된 함수 $\phi(x,\ y)$는 변환식

$$x=r\cos\theta,\quad y=r\sin\theta$$

에 의해 R에서 정의된 새로운 $r,\ \theta$의 함수

$$\phi(x,\ y)=\phi(r\cos\theta,\ r\sin\theta)=f(r,\ \theta)$$

로 표시할 수 있으며, 이 경우 이중적분은 $\int\int_R f(r,\ \theta)dA$로 표시된다. 영역 R을 원점 O를 지나는 반직선군(동경군)과 원점 O를 중심으로 하는 동심원군으로 분할하고 부분영역 R_{ij}의 넓이를 ΔA_{ij}라고 하면

$$\Delta A_{ij}=\frac{1}{2}\left\{(r_i+\Delta r_i)^2-r_i^2)\right\}\Delta\theta_j=\left(r_i+\frac{1}{2}\Delta r_i\right)\Delta r_i\Delta\theta_j$$

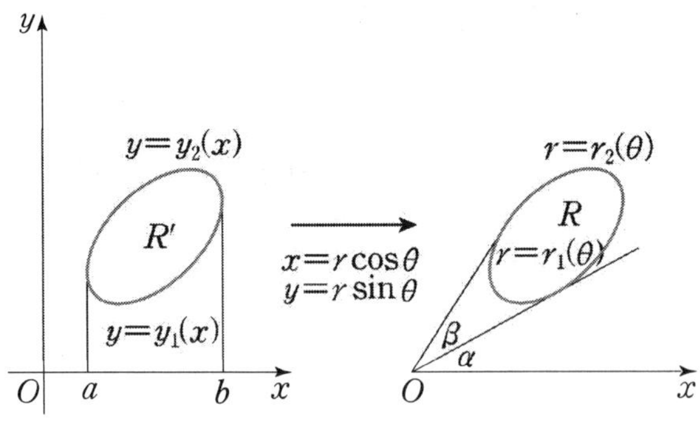

Ⅰ 그림 7-11 Ⅰ

이다. 그러므로 극좌표계에서의 적분은 부분영역 R_{ij} 내의 임의의 점 $(r_i',\ \theta_j')$에 대하

여

$$\iint_R f(r,\theta)dA = \lim_{m,n\to\infty}\sum_{i=1}^{n}\sum_{j=1}^{m} f(r_i,\ \theta_j')\Delta A_{ij}$$

$$= \lim_{m,n\to\infty}\sum_{i=1}^{n}\sum_{j=1}^{m} f(r_i',\ \theta_j')\left(r_i + \frac{1}{2}\Delta r_i\right)\Delta r_i \Delta\theta_j$$

$$= \lim_{m,n\to\infty}\sum_{i=1}^{n}\sum_{j=1}^{m} f(r_i',\ \theta_j')r_i\Delta r_i\Delta\theta_j = \iint_R f(r,\theta)rdrd\theta$$

이다.

따라서 극좌표계에서 반복적분을 계산하고자 하는 경우에는 상수 r이 피적분 함수에 추가되어야 함을 알 수 있다.

예제 7.2.1 R이 반지름이 a인 반원이고 $f(P)$가 점 P에서 x축까지의 거리라고 하자. 극좌표계에서 반복적분을 이용하여 $\int_R f(P)dA$를 구하여라.

풀이 $R=\{(r,\ \theta)\mid 0\le\theta\le\pi,\ 0\le r\le a\}$이고 점 P에서 x축까지의 거리는 y이다. $y=r\sin\theta$이므로 $f(P)=r\sin\theta$이다. 그러므로

$$\int_R f(P)dA = \int_0^\pi\left[\int_0^a (r\sin\theta)rdr\right]d\theta$$

$$= \int_0^\pi \sin\theta\int_0^a r^2 drd\theta$$

$$= \int_0^\pi \frac{a^3\sin\theta}{3}d\theta$$

$$= \frac{a^3}{3}(-\cos\theta)\Big|_0^\pi$$

$$= \frac{2a^3}{3}$$

■

예제 7.2.2 $R=\{(x,\ y)\mid 1\le x^2+y^2\le 4,\ 0\le y\le\sqrt{3}x\}$일 때 $\iint_R (x^2+y^2)^{\frac{3}{2}}dx\,dy$를 구하여라.

풀이 $R=\left\{(r,\theta)\mid 1\le r\le 2,\ 0\le\theta\le\frac{\pi}{3}\right\}$,

$(x^2+y^2)^{\frac{3}{2}}=(r^2\cos^2\theta+r^2\sin^2\theta)^{\frac{3}{2}}=r^3$ 이므로

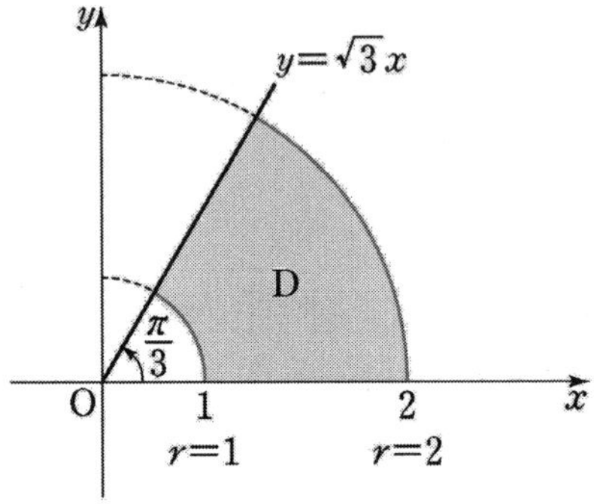

Ⅰ 그림 7-12 Ⅰ

$$\iint_R (x^2+y^2)^{\frac{3}{2}}dxdy=\int_0^{\frac{\pi}{3}}\int_1^2 r^3\cdot r\ dr\,d\theta$$

$$=\int_0^{\frac{\pi}{3}}\left[\frac{1}{5}r^5\right]_1^2 d\theta$$

$$=\left[\frac{31}{5}\theta\right]_0^{\frac{\pi}{3}}$$

$$=\frac{31}{15}\pi$$

이다. ■

우리는 평면도형의 넓이를 이중적분을 이용하여 구할 수 있음을 알고 있다. 극좌표계에서도 유사한 성질을 얻을 수 있다. 영역 R이 $R=\{(r,\theta)\mid\alpha\le\theta\le\beta,\ r_1(\theta)\le r\le r_2(\theta)\}$이면 R의 넓이는

$$R\text{의 넓이}=\int_\alpha^\beta\left[\int_{r_1(\theta)}^{r_2(\theta)} rdr\right]d\theta$$

로 구할 수 있다.

예제 7.2.3 원 $r=2a\cos\theta$의 내부와 원 $r=a$의 외부로 둘러싸인 부분의 넓이를 구하여라.

풀이 $r=2a\cos\theta$와 $r=a$의 교점의 좌표는 $\left(a, \frac{\pi}{3}\right)$, $\left(a, -\frac{\pi}{3}\right)$이므로 영역 R은

$$R=\left\{(r, \theta) \mid a \le r \le 2a\cos\theta,\ -\frac{\pi}{3} \le \theta \le \frac{\pi}{3}\right\}$$

로 표시할 수 있다. 그러므로 구하려는 넓이는

$$\begin{aligned}2\int_0^{\frac{\pi}{3}}\left[\int_a^{2a\cos\theta} r\,dr\right]d\theta &= 2a^2\int_0^{\frac{\pi}{3}}(1+\cos 2\theta)\,d\theta - a^2\int_0^{\frac{\pi}{3}}d\theta \\ &= 2a^2\left(\theta+\frac{1}{2}\sin 2\theta\right)\Big|_0^{\frac{\pi}{3}} - a^2\theta\Big|_0^{\frac{\pi}{3}} \\ &= \left(\frac{\pi}{3}+\frac{\sqrt{3}}{2}\right)a^2\end{aligned}$$

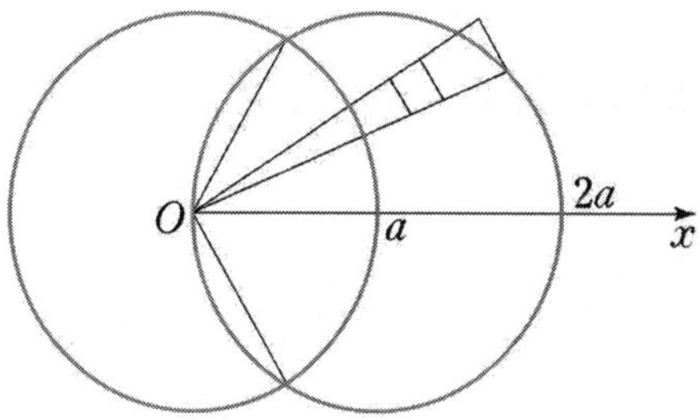

Ⅰ 그림 7-13 Ⅰ ■

연습문제 7.2

01 극좌표에 의한 적분을 이용하여 다음의 적분을 구하여라.

(1) $\displaystyle\int_0^1\int_0^{\sqrt{1-x^2}} e^{x^2+y^2}dydx$

(2) $\displaystyle\int_0^2\int_{-\sqrt{4-y^2}}^{\sqrt{4-y^2}} x^2y^2dxdy$

(3) $\displaystyle\int_{-3}^3\int_0^{\sqrt{9-x^2}} \tan^{-1}\frac{y}{x}dydx$

02 다음 평면도형의 넓이를 구하여라.

(1) 장미형 $r=\cos3\theta$의 꽃잎 하나

(2) 원 $r=3\cos\theta$의 내부와 심장형 $r=1+\cos\theta$의 외부의 공통영역

(3) 곡선 $r=2\tan\theta$와 직선 $r=\sqrt{2}\sec\theta$, $\theta=0$로 둘러싸이고 제1사분면에 놓인 도형

(4) 포물선 $r=3\sec^2\dfrac{\theta}{2}$의 오른쪽과 원 $r=6$의 내부로 이루어지는 도형

(5) 쌍엽곡선(lemniscate) $r^2=a^2\cos2\theta$의 내부

부록 행렬과 벡터

A.1 행렬

1. 행렬의 기초내용

(1) 행렬(Matrix)의 정의

- 행(row) : 행렬의 가로줄
- 열(column) : 행렬의 세로줄

$$\begin{array}{c} \\ 1\text{행} \\ 2\text{행} \\ 3\text{행} \end{array} \begin{array}{c} \begin{array}{ccc} 1\text{열} & 2\text{열} & 3\text{열} \end{array} \\ \begin{pmatrix} 1 & 2 & 3 \\ 4 & 5 & 6 \\ 7 & 8 & 9 \end{pmatrix} \end{array}$$

〈3×3행렬〉

※ $1\times n$행렬=n 차원 행벡터

$m\times 1$행렬=m차원 열벡터

예제 A.1.1 다음 행렬은 몇×몇 행렬인가?

$$(\ 0\ 1\ 2\ 3\ 4\ )$$

풀이 1×5행렬 ■

예제 A.1.2 다음의 3×5행렬에서 2행 3열의 값은 얼마인가?

$$\begin{pmatrix} 0 & 1 & 2 & 3 & 4 \\ 5 & 6 & 7 & 8 & 9 \\ 10 & 11 & 12 & 13 & 14 \end{pmatrix}$$

풀이 $\begin{pmatrix} 0 & 1 & 2 & 3 & 4 \\ 5 & 6 & \boxed{7} & 8 & 9 \\ 10 & 11 & 12 & 13 & 14 \end{pmatrix}$ 1행 ②행 3행이므로 7이

1열 2열 ③열 4열 5열 ■

(2) 행렬의 성분

• 행렬의 $(i,\ j)$성분 : i행과 j열이 교차하는 위치에 있는 성분을 의미한다.
  a_{ij}와 같이 두 개의 첨자를 이용하여 나타낼 수 있다.

$$\boldsymbol{A}=\begin{pmatrix} a_{11} & a_{12} & a_{13} \\ a_{21} & a_{22} & a_{23} \end{pmatrix}$$

혹은 $\boldsymbol{A}=(a_{ij}),\ i=1,\ 2,\ j=1,\ 2,\ 3$

예제 A.1.3 다음 행렬 $\boldsymbol{A}$의 성분이 $a_{ij}=i+2j+3$과 같은 관계식일 때 행렬 $\boldsymbol{A}$를 구하시오.

$$\boldsymbol{A}=\begin{pmatrix} a_{11} & a_{12} \\ a_{21} & a_{22} \end{pmatrix}$$

풀이

$$\begin{aligned} a_{11} &= (1)+2\times(1)+3=6 \\ a_{12} &= (1)+2\times(2)+3=8 \\ a_{21} &= (2)+2\times(1)+3=7 \\ a_{22} &= (2)+2\times(2)+3=9 \end{aligned}$$

$$\therefore\ \boldsymbol{A}=\begin{pmatrix} 6 & 8 \\ 7 & 9 \end{pmatrix}$$

■

(3) 행렬의 상등

$$\begin{pmatrix} a_{11} & a_{12} \\ a_{21} & a_{22} \end{pmatrix}=\begin{pmatrix} b_{11} & b_{12} \\ b_{21} & b_{22} \end{pmatrix}$$

$$\Leftrightarrow\ a_{11}=b_{11},\quad a_{12}=b_{12}$$
$$a_{21}=b_{21},\quad a_{22}=b_{22}$$

예제 A.1.4 다음 행렬 $\boldsymbol{A}$, $\boldsymbol{B}$에서 $\boldsymbol{A}=\boldsymbol{B}$를 만족시키는 x, y값을 구하시오.

$$\boldsymbol{A}=\begin{pmatrix} x+2y & 2 \\ 3x & 3y \end{pmatrix} \qquad \boldsymbol{B}=\begin{pmatrix} 8 & 2 \\ 6 & 9 \end{pmatrix}$$

풀이 $x+2y=8$ ······ ①

$2=2$ ······ ②

$3x=6$ ······ ③

$3y=9$ ······ ④

먼저 ③식으로부터 $x=2$를 구하고, ④식으로부터 $y=3$을 구한다. ①식과 ②식은 자동으로 만족함을 알 수 있다.

$$\therefore\ x=2,\ y=3$$

■

2. 행렬의 연산

(1) 덧셈, 뺄셈, 실수배

• 덧셈

$\boldsymbol{A}=\begin{pmatrix} a_{11} & a_{12} \\ a_{21} & a_{22} \end{pmatrix}$, $\boldsymbol{B}=\begin{pmatrix} b_{11} & b_{12} \\ b_{21} & b_{22} \end{pmatrix}$일 때, $\boldsymbol{A}+\boldsymbol{B}=\begin{pmatrix} a_{11}+b_{11} & a_{12}+b_{12} \\ a_{21}+b_{21} & a_{22}+b_{22} \end{pmatrix}$ 이다.

• 뺄셈

$\boldsymbol{A}=\begin{pmatrix} a_{11} & a_{12} \\ a_{21} & a_{22} \end{pmatrix}$, $\boldsymbol{B}=\begin{pmatrix} b_{11} & b_{12} \\ b_{21} & b_{22} \end{pmatrix}$일 때, $\boldsymbol{A}-\boldsymbol{B}=\begin{pmatrix} a_{11}-b_{11} & a_{12}-b_{12} \\ a_{21}-b_{21} & a_{22}-b_{22} \end{pmatrix}$

• 실수배

$\boldsymbol{A}=\begin{pmatrix} a_{11} & a_{12} \\ a_{21} & a_{22} \end{pmatrix} \Rightarrow m\boldsymbol{A}=\begin{pmatrix} ma_{11} & ma_{12} \\ ma_{21} & ma_{22} \end{pmatrix}$

예제 A.1.5 행렬 $\boldsymbol{A}$, $\boldsymbol{B}$가 다음과 같을 때 $\boldsymbol{A}+\boldsymbol{B}-2\boldsymbol{B}$의 값을 구하시오.

$$\boldsymbol{A}=\begin{pmatrix} 3 & 2 \\ 4 & 5 \end{pmatrix} \quad \boldsymbol{B}=\begin{pmatrix} 1 & 2 \\ 3 & 4 \end{pmatrix}$$

풀이 $\boldsymbol{A}+\boldsymbol{B}-2\boldsymbol{B}=\begin{pmatrix} 3 & 2 \\ 4 & 5 \end{pmatrix}+\begin{pmatrix} 1 & 2 \\ 3 & 4 \end{pmatrix}-2\begin{pmatrix} 1 & 2 \\ 3 & 4 \end{pmatrix}$

$=\begin{pmatrix} 4 & 4 \\ 7 & 9 \end{pmatrix}-\begin{pmatrix} 2 & 4 \\ 6 & 8 \end{pmatrix}=\begin{pmatrix} 2 & 0 \\ 1 & 1 \end{pmatrix}$

또는 $\boldsymbol{A}+\boldsymbol{B}-2\boldsymbol{B}=\boldsymbol{A}-\boldsymbol{B}$의 계산도 가능하다.

■

(2) 행렬의 곱셈

- 곱셈

$A=\begin{pmatrix} a_{11} & a_{12} \\ a_{21} & a_{22} \end{pmatrix}$, $B=\begin{pmatrix} b_{11} & b_{12} \\ b_{21} & b_{22} \end{pmatrix}$일 때,

$$AB=\begin{pmatrix} a_{11}b_{11}+a_{12}b_{21} & a_{11}b_{12}+a_{12}b_{22} \\ a_{21}b_{11}+a_{22}b_{21} & a_{21}b_{12}+a_{22}b_{22} \end{pmatrix}$$

- 기본법칙

i) $AB \neq BA$

ii) $(AB)C = A(BC)$

iii) $A(B+C) = AB+AC$, $(A+B)C = AC+BC$

iv) $(mA)B = A(mB) = m(AB)$

※ 주의 ① $(AB)^n \neq A^n B^n$

② $(A \pm B)^2 \neq A^2 \pm 2AB + B^2$

③ $(A+B)(A-B) \neq A^2 - B^2$

예제 A.1.6 다음 행렬 A, B에 대한 행렬곱 AB와 BA를 구하시오.

$$\text{C}A=\begin{pmatrix} 1 & 2 \\ 3 & 4 \end{pmatrix} \quad B=\begin{pmatrix} 5 & 6 \\ 7 & 8 \end{pmatrix}$$

풀이 $AB=\begin{pmatrix} 1 & 2 \\ 3 & 4 \end{pmatrix}\begin{pmatrix} 5 & 6 \\ 7 & 8 \end{pmatrix}=\begin{pmatrix} 1\times5+2\times7 & 1\times6+2\times8 \\ 3\times5+4\times7 & 3\times6+4\times8 \end{pmatrix}=\begin{pmatrix} 5+14 & 6+16 \\ 15+28 & 18+32 \end{pmatrix}$

$=\begin{pmatrix} 19 & 22 \\ 43 & 50 \end{pmatrix}$

$BA=\begin{pmatrix} 5 & 6 \\ 7 & 8 \end{pmatrix}\begin{pmatrix} 1 & 2 \\ 3 & 4 \end{pmatrix}=\begin{pmatrix} 5\times1+6\times3 & 5\times2+6\times4 \\ 7\times1+8\times3 & 7\times2+8\times4 \end{pmatrix}=\begin{pmatrix} 5+18 & 10+24 \\ 7+24 & 14+32 \end{pmatrix}$

$=\begin{pmatrix} 23 & 34 \\ 31 & 46 \end{pmatrix}$ ■

예제 A.1.7 다음 행렬 A, B에 대한 행렬 곱 AB와 BA를 구하시오.

$$A=(1 \ \ 2 \ \ 3) \quad B=\begin{pmatrix} 4 \\ 5 \\ 6 \end{pmatrix}$$

풀이 $AB = (1\ \ 2\ \ 3)\begin{pmatrix}4\\5\\6\end{pmatrix} = (1\times4+2\times5+3\times6) = (4+10+18) = (32)$

$$BA = \begin{pmatrix}4\\5\\6\end{pmatrix}(1\ \ 2\ \ 3) = \begin{pmatrix}4\times1 & 4\times2 & 4\times3\\5\times1 & 5\times2 & 5\times3\\6\times1 & 6\times2 & 6\times3\end{pmatrix} = \begin{pmatrix}4 & 8 & 12\\5 & 10 & 15\\6 & 12 & 18\end{pmatrix}$$ ■

(3) 단위행렬

- 단위행렬 : 정사각행렬 중 다음 행렬과 같이 왼쪽 위에서 오른쪽 아래로 대각선 위의 성분이 모두 1이고, 나머지 성분이 모두 0인 행렬을 말한다.

$$\begin{pmatrix}1 & 0\\0 & 1\end{pmatrix} \qquad \begin{pmatrix}1 & 0 & 0\\0 & 1 & 0\\0 & 0 & 1\end{pmatrix}$$

〈2차 단위행렬〉 〈3차 단위행렬〉

- 단위행렬은 I로 표시하며 다음과 같은 성질이 있다.
  ① $AI = IA = A$
  ② I는 행렬의 곱셈에 관한 항등원이다.
  ③ $I^2 = I^3 = I^n = I$

예제 A.1.8 다음 행렬 A, B에 대한 행렬 곱 AB와 BA를 구하시오.

$$A = \begin{pmatrix}1 & 2\\3 & 4\end{pmatrix} \quad B = \begin{pmatrix}1 & 0\\0 & 1\end{pmatrix}$$

풀이 $$AB = \begin{pmatrix}1 & 2\\3 & 4\end{pmatrix}\begin{pmatrix}1 & 0\\0 & 1\end{pmatrix} = \begin{pmatrix}1\times1+2\times0 & 1\times0+2\times1\\3\times1+4\times0 & 3\times0+4\times1\end{pmatrix} = \begin{pmatrix}1 & 2\\3 & 4\end{pmatrix}$$

$$BA = \begin{pmatrix}1 & 0\\0 & 1\end{pmatrix}\begin{pmatrix}1 & 2\\3 & 4\end{pmatrix} = \begin{pmatrix}1\times1+0\times3 & 1\times2+0\times4\\0\times1+1\times3 & 0\times2+1\times4\end{pmatrix} = \begin{pmatrix}1 & 2\\3 & 4\end{pmatrix}$$ ■

3. 역행렬

(1) 역행렬의 정의

- 정사각행렬 $\boldsymbol{A}$에 대하여 다음을 만족시키는 행렬 $\boldsymbol{X}$가 존재할 때, $\boldsymbol{X}$를 $\boldsymbol{A}$의 역행렬이라고 정의하며 $\boldsymbol{A}^{-1}$로 표기한다.

$$\boldsymbol{AX} = \boldsymbol{XA} = \boldsymbol{I}$$

$$\boldsymbol{AA}^{-1} = \boldsymbol{A}^{-1}\boldsymbol{A} = \boldsymbol{I}$$

(2) 역행렬을 구하는 방법

- 행렬 $\boldsymbol{A} = \begin{pmatrix} a & b \\ c & d \end{pmatrix}$일 때, 역행렬이 존재할 조건 D는 0이 아니어야 한다.

$$D = ad - bc \neq 0$$

- $D \neq 0$일 때 역행렬 $\boldsymbol{A}^{-1}$는 다음과 같다.

$$\boldsymbol{A}^{-1} = \frac{1}{D}\begin{pmatrix} d & -b \\ -c & a \end{pmatrix}$$

(3) 역행렬의 성질

- $(\boldsymbol{A}^{-1})^{-1} = \boldsymbol{A}$
- $\boldsymbol{I}^{-1} = \boldsymbol{I}$
- $(\boldsymbol{AB})^{-1} = \boldsymbol{B}^{-1}\boldsymbol{A}^{-1}$
- $(\boldsymbol{A}^m)^{-1} = (\boldsymbol{A}^{-1})^m$ (단, m은 자연수)

예제 A.1.9 다음 행렬에 대한 역행렬을 구하시오.

① $\boldsymbol{A} = \begin{pmatrix} 1 & 2 \\ 3 & 4 \end{pmatrix}$　　② $\boldsymbol{B} = \begin{pmatrix} 1 & 2 \\ 3 & 6 \end{pmatrix}$

풀이 ① $D = ad - bc = 1 \times 4 - 2 \times 3 = 4 - 6 = -2$

$D \neq 0$이므로 역행렬이 존재한다.

$$A^{-1}=\frac{1}{D}\begin{pmatrix} d & -b \\ -c & a \end{pmatrix}=\frac{1}{-2}\begin{pmatrix} 4 & -2 \\ -3 & 1 \end{pmatrix}=\begin{pmatrix} -2 & 1 \\ \frac{3}{2} & -\frac{1}{2} \end{pmatrix}$$

② $D=ad-bc=1\times 6-2\times 3=6-6=0$

$D=0$이므로 역행렬이 존재하지 않는다. ■

4. 행렬의 연립방정식

(1) 연립1차 방정식

$$\begin{cases} ax+by=m \\ cx+dy=n \end{cases}$$

• 위 방정식을 행렬로 나타내면 다음과 같다.

$$\begin{pmatrix} a & b \\ c & d \end{pmatrix}\begin{pmatrix} x \\ y \end{pmatrix}=\begin{pmatrix} m \\ n \end{pmatrix}$$

$$※\begin{cases} ax+by+cz=m \\ dx+ey+fz=n \\ gx+hy+iz=p \end{cases} \Leftrightarrow \begin{pmatrix} a & b & c \\ d & e & f \\ g & h & i \end{pmatrix}\begin{pmatrix} x \\ y \\ z \end{pmatrix}=\begin{pmatrix} m \\ n \\ p \end{pmatrix}$$

(2) 연립방정식의 해

$$\begin{cases} ax+by=m \\ cx+dy=n \end{cases} \Leftrightarrow \begin{pmatrix} a & b \\ c & d \end{pmatrix}\begin{pmatrix} x \\ y \end{pmatrix}=\begin{pmatrix} m \\ n \end{pmatrix}$$

• $D=ad-bc\neq 0$인 경우에만 오직 하나의 해를 구할 수 있으며, $D=0$인 경우는 부정 또는 불능으로 해가 없거나 해가 무수히 많다.

• 역행렬을 이용한 해

$$\begin{pmatrix} x \\ y \end{pmatrix}=\begin{pmatrix} a & b \\ c & d \end{pmatrix}^{-1}\begin{pmatrix} m \\ n \end{pmatrix}$$

예제 A.1.10 다음 연립방정식에 대하여 역행렬을 이용하여 해를 구하시오.

$$\begin{cases} x+4y=6 \\ 2x+3y=3 \end{cases}$$

풀이 위 식을 행렬로 나타내면 다음과 같다.

$$\begin{pmatrix}1 & 4\\2 & 3\end{pmatrix}\begin{pmatrix}x\\y\end{pmatrix}=\begin{pmatrix}6\\3\end{pmatrix}$$

$$\begin{pmatrix}x\\y\end{pmatrix}=\begin{pmatrix}1 & 4\\2 & 3\end{pmatrix}^{-1}\begin{pmatrix}6\\3\end{pmatrix}$$

$$D=ad-bc=1\times3-4\times2=3-8=-5$$

$D\neq0$이므로 역행렬이 존재한다.

$$\begin{pmatrix}x\\y\end{pmatrix}=\frac{1}{-5}\begin{pmatrix}3 & -4\\-2 & 1\end{pmatrix}\begin{pmatrix}6\\3\end{pmatrix}$$

$$=-\frac{1}{5}\begin{pmatrix}(3\times6)+(4\times3)\\(-2\times6)+(1\times3)\end{pmatrix}=-\frac{1}{5}\begin{pmatrix}18-12\\-12+3\end{pmatrix}$$

$$=-\frac{1}{5}\begin{pmatrix}6\\-9\end{pmatrix}=\begin{pmatrix}-\frac{6}{5}\\\frac{9}{5}\end{pmatrix}$$

$$\therefore\ x=-\frac{6}{5},\ y=\frac{9}{5}$$

■

※ 위 x, y값을 연립방정식에 대입하면 다음과 같다.

$x+4y=6$	$2x+3y=3$
$\Leftrightarrow -\frac{6}{5}+4\left(\frac{9}{5}\right)=6$	$\Leftrightarrow 2\times\left(-\frac{6}{5}\right)+3\left(\frac{9}{5}\right)=3$
$\Leftrightarrow -\frac{6}{5}+\frac{36}{5}=6$	$\Leftrightarrow -\frac{12}{5}+\frac{27}{5}=3$
$\Leftrightarrow \frac{30}{5}=6$	$\Leftrightarrow \frac{15}{5}=3$
$\Leftrightarrow 6=6$	$\Leftrightarrow 3=3$

A.2 스칼라와 벡터

1. 벡터의 기초내용

(1) 스칼라와 벡터의 구분

- 스칼라(Scalar) : 크기만 가지는 양(예 : 길이, 넓이)
- 벡터(Vector) : 크기와 방향을 함께 가지는 양(예 : 힘, 속도)

(2) 벡터의 표시

- 다음 그림과 같이 점 A(시점)에서 점 B(종점)까지의 이동을 나타내기 위해서는 거리와 방향을 함께 고려하여야 한다.

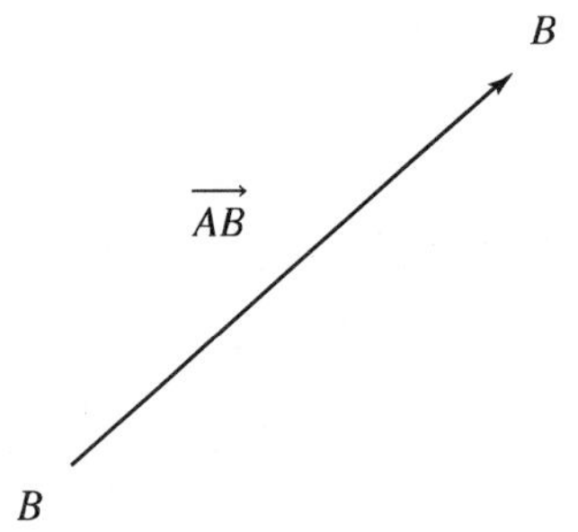

- 벡터 AB는 $\overrightarrow{AB}$로 표시하며, 점 A에서 점 B로 향하는 방향과 선분 AB의 크기(길이)를 나타낸다.

(3) 벡터의 크기와 단위벡터

- 벡터의 크기 : 선분 AB의 길이를 나타내며, $|\overrightarrow{AB}|$로 표시한다.
  ※ 벡터를 다음과 같이 한 문자로 나타낼 수 있다.
  벡터 : $\overrightarrow{AB} = \vec{a}$, 벡터의 크기 : $|\overrightarrow{AB}| = |\vec{a}|$
- 단위벡터 : 크기가 1인 벡터를 나타내며, $\vec{e}$로 표시한다.
  ※ 크기 : $|\vec{e}| = 1$

(4) 역벡터와 영벡터

• 역벡터 : 크기는 같고 방향이 반대인 벡터를 나타낸다.

예) $\overrightarrow{AB}$ 의 역벡터 : $-\overrightarrow{AB}$

※ $\overrightarrow{AB}=-\overrightarrow{BA}$

• 영벡터 : 시점과 종점이 같아 크기가 0인 벡터를 나타낸다.

※ $\overrightarrow{AA}=\vec{0}$

(5) 평면벡터와 공간벡터

• 평면벡터 : 평면에서의 벡터를 나타낸다.

• 공간벡터 : 공간에서의 벡터를 나타낸다.+

(6) 벡터의 상등

• 두 벡터 $\overrightarrow{AB}$, $\overrightarrow{CD}$에 대하여 크기와 방향이 각각 동일한 경우 다음과 같이 나타낸다.

예) $\overrightarrow{AB}=\overrightarrow{CD}$, $\vec{a}=\vec{b}$

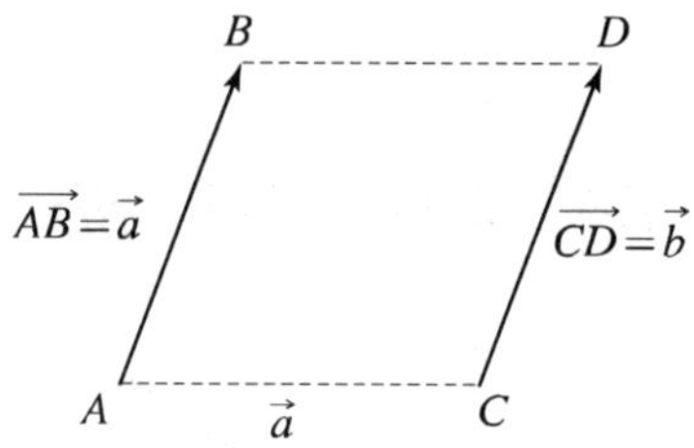

예제 A.2.1 다음 그림에서 벡터 $\overrightarrow{GH}$, $\overrightarrow{CB}$, $\overrightarrow{CG}$를 $\vec{a}$, $\vec{b}$, $\vec{c}$로 나타내시오.

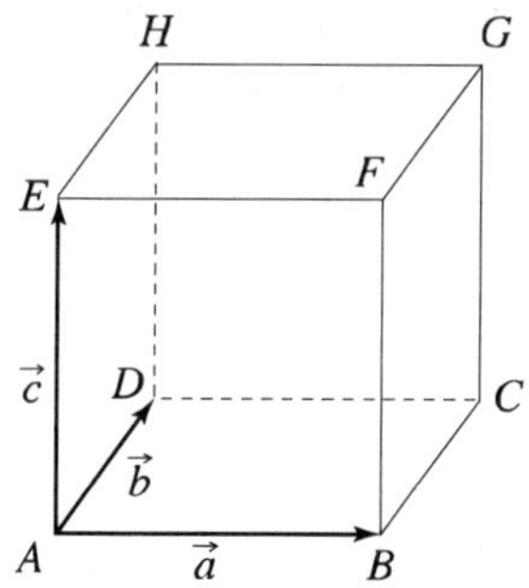

풀이 (1) $\overrightarrow{GH} = -\overrightarrow{HG} = -\overrightarrow{AB} = -\vec{a}$

(2) $\overrightarrow{CB} = -\overrightarrow{BC} = -\overrightarrow{AD} = -\vec{b}$

(3) $\overrightarrow{CG} = \overrightarrow{AE} = \vec{c}$ ■

2. 벡터의 연산

(1) 벡터의 덧셈

• 삼각형의 법칙

벡터 $\vec{a}(=\overrightarrow{AB})$와 벡터 $\vec{b}(=\overrightarrow{BC})$의 합은 $\vec{c}(=\overrightarrow{AC})$이다.

※ $\vec{a}+\vec{b}=\vec{c}$ 혹은 $\overrightarrow{AB}+\overrightarrow{BC}=\overrightarrow{AC}$로 나타낸다.

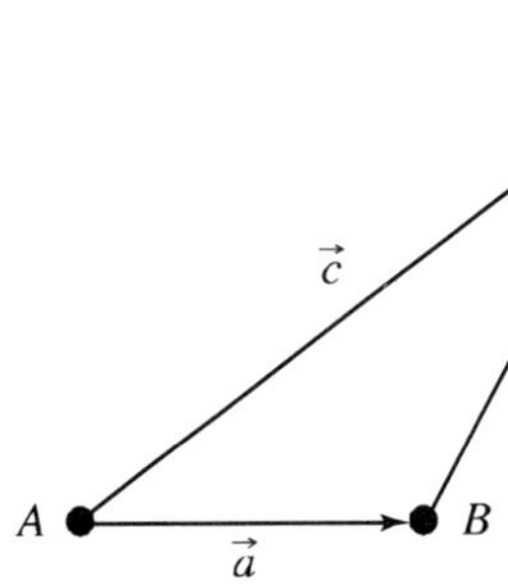

• 평행사변형의 법칙

다음 그림에서 $\overrightarrow{AD}=\overrightarrow{BC}=\vec{b}$이므로 $\overrightarrow{AB}+\overrightarrow{BC}=\overrightarrow{AC}$ $(\vec{a}+\vec{b}=\vec{c})$이다.

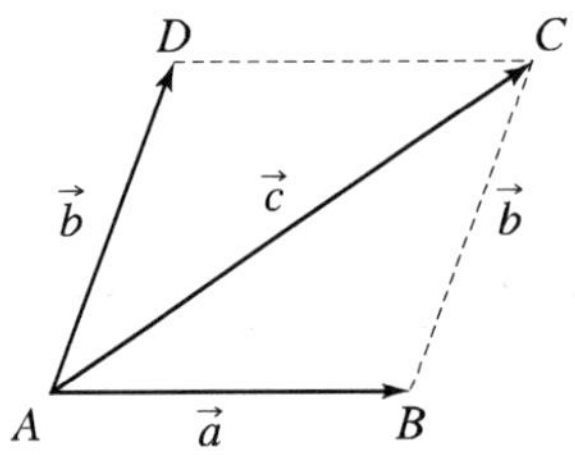

• 벡터의 성질

교환법칙 : $\vec{a}+\vec{b}=\vec{b}+\vec{a}$

결합법칙 : $(\vec{a}+\vec{b})+\vec{c}=\vec{a}+(\vec{b}+\vec{c})$

항등원 : $\vec{a}+\vec{0}=\vec{0}+\vec{a}=\vec{a}$

역원 : $\vec{a}+(-\vec{a})=(-\vec{a})+\vec{a}=\vec{0}$

(2) 벡터의 뺄셈

- 벡터 $\vec{a}$, $\vec{b}$에 대하여 $\vec{b}+\vec{x}=\vec{a}$를 만족하는 벡터 $\vec{x}$를 $\vec{a}$에서 $\vec{b}$를 뺀 차라고 정의하고, $\vec{x}=\vec{a}-\vec{b}$와 같이 나타낸다.

  ※ $\overrightarrow{OB}+\overrightarrow{BA}=\overrightarrow{OA} \Leftrightarrow \overrightarrow{BA}=\vec{a}-\vec{b}$

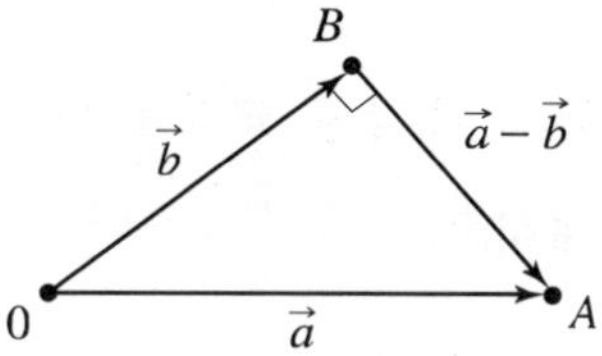

(3) 벡터의 실수배

- 벡터($\vec{a}$)와 실수(m)와의 곱

  $m>0$일 때, $m\vec{a}$는 $\vec{a}$와 같은 방향이고, 크기는 $m|\vec{a}|$인 벡터이다.

  $m<0$일 때, $m\vec{a}$는 $\vec{a}$와 반대 방향이고, 크기는 $|m|\cdot|\vec{a}|$인 벡터이다.

  $m=0$일 때, $m\vec{a}$는 영벡터이고, 크기는 $0\cdot\vec{a}=\vec{0}$인 벡터이다.

$m>0$

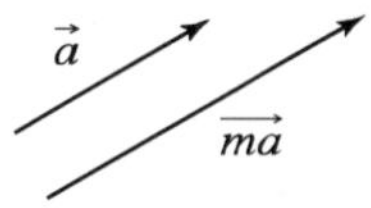

$m<0$

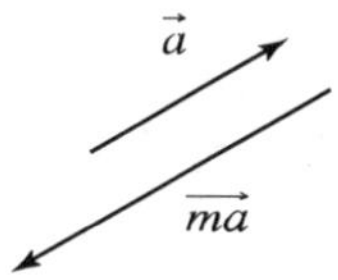

- 벡터의 실수배에 관한 성질

  임의의 실수 m, n과 벡터 $\vec{a}$, $\vec{b}$에 대하여 다음과 같은 성질이 성립한다.

  결합법칙 : $m(n\vec{a})=(mn)\vec{a}$

  분배법칙 : $(m+n)\vec{a}=m\vec{a}+n\vec{a}$

  : $m(\vec{a}+\vec{b})=m\vec{a}+m\vec{b}$

  기 타 : $0\vec{a}=\vec{0}$, $1\vec{a}=\vec{a}$, $m\vec{0}=\vec{0}$

- 벡터의 평행

  $\vec{0}$가 아닌 두 벡터 $\vec{a}$, $\vec{b}$의 방향이 같거나 정반대일 경우, $\vec{a}$, $\vec{b}$는 서로 평행하며, $\vec{a}//\vec{b}$로 나타낸다.

  ※ $\vec{a}//\vec{b} \Leftrightarrow \vec{b} = k\vec{a}\ (k \neq 0)$

예제 A.2.2 평행사변형 ABCD의 대각선 교점을 O라 할 때 $\overrightarrow{OA} = \vec{a}$, $\overrightarrow{OB} = \vec{b}$이다. 벡터 $\overrightarrow{BC}$, $\overrightarrow{DC}$를 $\vec{a}$, $\vec{b}$로 나타내시오.

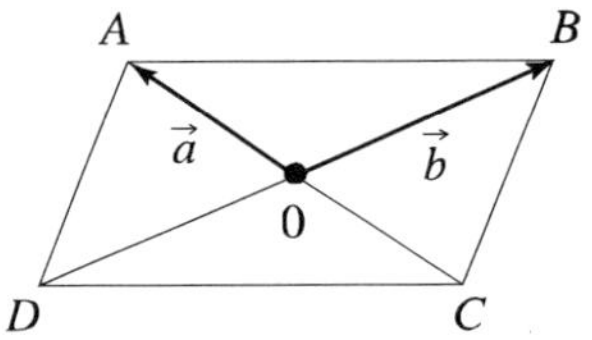

풀이 (1) $\overrightarrow{BC} = \overrightarrow{BO} + \overrightarrow{OC} = (-\vec{b}) + (-\vec{a}) = -\vec{a} - \vec{b}$

(2) $\overrightarrow{DC} = \overrightarrow{DO} + \overrightarrow{OC} = (\vec{b}) + (-\vec{a}) = -\vec{a} + \vec{b}$ ■

3. 벡터의 성분

(1) 평면벡터의 성분

- 평면벡터의 성분

  다음 그림에서 원점 O를 시작점으로 하는 벡터 $\overrightarrow{OA}(=\vec{a})$의 종점좌표 A $(a_1,\ a_2)$에 대하여, a_1를 $\vec{a}$의 x성분, a_2를 $\vec{a}$의 y성분이라고 한다. 또한 $\vec{a}$의 성분은 다음과 같이 나타낼 수 있다.

$$\vec{a} = (a_1,\ a_2)$$

- 평면벡터의 크기

  $\vec{a}$ 성분의 크기는 다음과 같이 나타낸다.

$$\vec{a} = (a_1,\ a_2) \Leftrightarrow |\vec{a}| = \sqrt{a_1^2 + a_2^2}$$

• 정사영

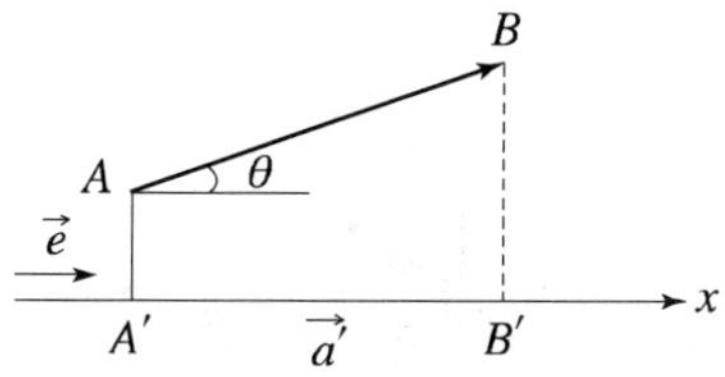

$\vec{a'}$는 $\vec{a}$의 x위로의 정사영을 나타낸다.
이때, $A'B'$는 A, B로부터 x에 내린 수선의 발이고, θ는 $\vec{a}$가 x의 양의 방향과 이루는 각이며, $\vec{e}$는 x방향의 단위벡터이다.

• 기본단위 벡터

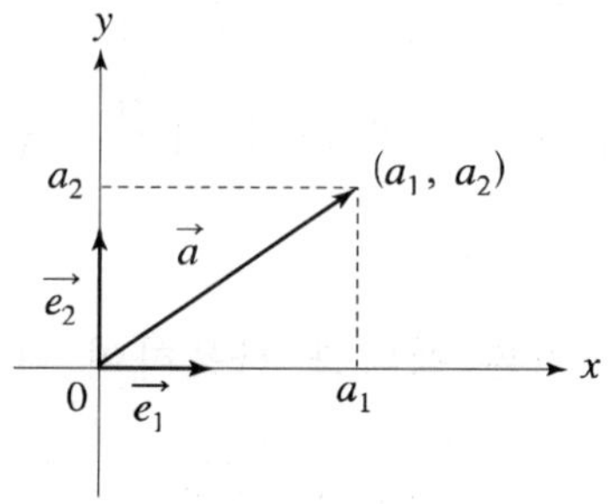

벡터 $\vec{a}=(a_1,\ a_2)$를 기본벡터를 사용하여 나타내면 다음과 같다.

$$\vec{a}=(a_1,\ a_2)=a_1\vec{e_1}+a_2\vec{e_2}=a_1\hat{i}+a_2\hat{j}$$

• 평면벡터의 연산
$\vec{a}=(a_1,\ a_2)$, $\vec{b}=(b_1,\ b_2)$일 때,

i) $\vec{a}+\vec{b}=(a_1,\ a_2)+(b_1,\ b_2)=(a_1+b_1,\ a_2+b_2)$

ii) $\vec{a}-\vec{b}=(a_1,\ a_2)-(b_1,\ b_2)=(a_1-b_1,\ a_2-b_2)$

iii) $m\vec{a}=m(a_1,\ a_2)=(ma_1,\ ma_2)$ (단, m은 실수)

(2) 공간벡터의 성분

• 공간벡터의 성분

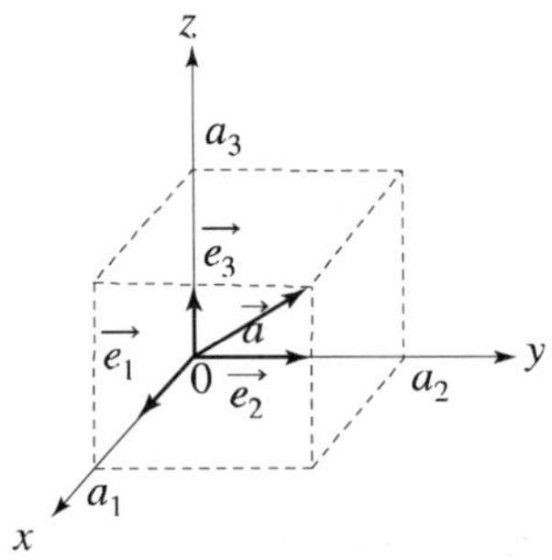

공간의 점$(a_1,\ a_2,\ a_3)$의 위치벡터$(\vec{a})$를 성분으로 표시하면 다음과 같다.

$$\vec{a} = (a_1,\ a_2,\ a_3)$$

• 공간벡터의 크기

$$\vec{a} = (a_1,\ a_2,\ a_3)\text{의 크기} : |\vec{a}| = \sqrt{a_1^2 + a_2^2 + a_3^2}$$

• 기본 단위 벡터

벡터 $\vec{a} = (a_1,\ a_2,\ a_3)$를 기본 벡터를 사용하여 나타내면 다음과 같다.

$$\vec{a} = (a_1,\ a_2,\ a_3) = a_1\overrightarrow{e_1} + a_2\overrightarrow{e_2} + a_3\overrightarrow{e_3} = a_1\hat{i} + a_2\hat{j} + a_3\hat{k}$$

• 공간벡터의 연산

$\vec{a} = (a_1,\ a_2,\ a_3)$, $\vec{b} = (b_1,\ b_2,\ b_3)$일 때

i) $\vec{a} + \vec{b} = (a_1,\ a_2,\ a_3) + (b_1,\ b_2,\ b_3) = (a_1 + b_1,\ a_2 + b_2,\ a_3 + b_3)$

ii) $\vec{a} - \vec{b} = (a_1,\ a_2,\ a_3) - (b_1,\ b_2,\ b_3) = (a_1 - b_1,\ a_2 - b_2,\ a_3 - b_3)$

iii) $m\vec{a} = m(a_1,\ a_2,\ a_3) = (ma_1,\ ma_2,\ ma_3)$ (단, m은 실수)

예제 A.2.3 $\vec{a} = (1,\ 2)$, $\vec{b} = (3,\ 4)$, $\vec{c} = (5,\ 6)$일 때 다음 벡터를 성분으로 나타내시오. 그리고 크기를 구하시오.

① $\vec{a} + \vec{b}$ ② $2\vec{a} + 3\vec{b} - \vec{c}$

풀이 성분

① $\vec{a} + \vec{b} = (1,\ 2) + (3,\ 4) = (4,\ 6)$

② $2\vec{a}+3\vec{b}-\vec{c}=2(1,\ 2)+3(3,\ 4)-(5,\ 6)=(2,\ 4)+(9,\ 12)-(5,\ 6)$
$=(2+9-5,\ 4+12-6)=(6,\ 10)$

크기

① $\vec{a}+\vec{b}=(4,\ 6)\Leftrightarrow|\vec{a}+\vec{b}|=\sqrt{4^2+6^2}=\sqrt{16+36}=\sqrt{52}$

② $2\vec{a}+3\vec{b}-\vec{c}=(6,\ 10)\Leftrightarrow|2\vec{a}+3\vec{b}-\vec{c}|=\sqrt{6^2+10^2}=\sqrt{36+100}$
$=\sqrt{136}$ ■

예제 A.2.4 벡터 $\vec{a}=(2,\ 3)$이 x축, y축의 양의 방향과 이루는 각을 α, β라고 할 때, $\vec{a}$와 동일한 방향의 단위벡터와 $\vec{a}$의 방향 코사인을 구하시오.

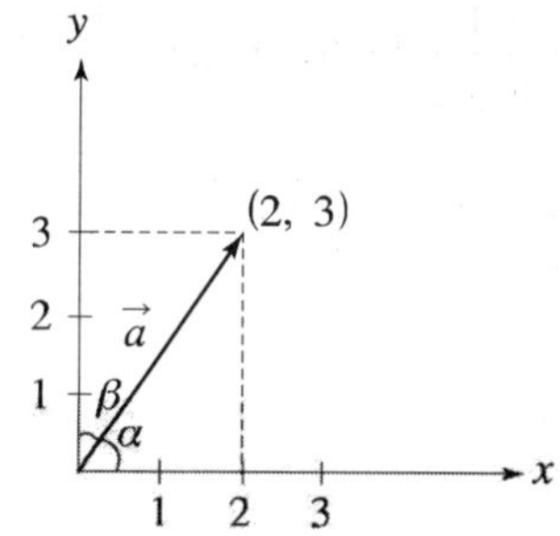

풀이 $\vec{a}$의 크기를 구하면 $|\vec{a}|=\sqrt{2^2+3^2}=\sqrt{4+9}=\sqrt{13}$이다.

단위벡터는 $\dfrac{\vec{a}}{|\vec{a}|}$이므로 $\dfrac{\vec{a}}{|\vec{a}|}=\dfrac{1}{\sqrt{13}}(2,\ 3)=\left(\dfrac{2}{\sqrt{13}},\ \dfrac{3}{\sqrt{13}}\right)$

방향 코사인 $\cos\alpha=\dfrac{2}{\sqrt{13}}$, $\cos\beta=\dfrac{3}{\sqrt{13}}$이다. ■

예제 A.2.5 두 점 A(3, 2, 1), B(1, 2, 3)에 대하여 $\vec{a}=\overrightarrow{AB}$일 때

① $\vec{a}$의 크기를 구하시오.

② 단위벡터 $\vec{e}$를 구하시오.

③ $\vec{a}$가 x축, y축, z축의 양의 방향과 이루는 각을 α, β, γ라 할 때 $\cos\alpha$, $\cos\beta$, $\cos\gamma$를 구하시오.

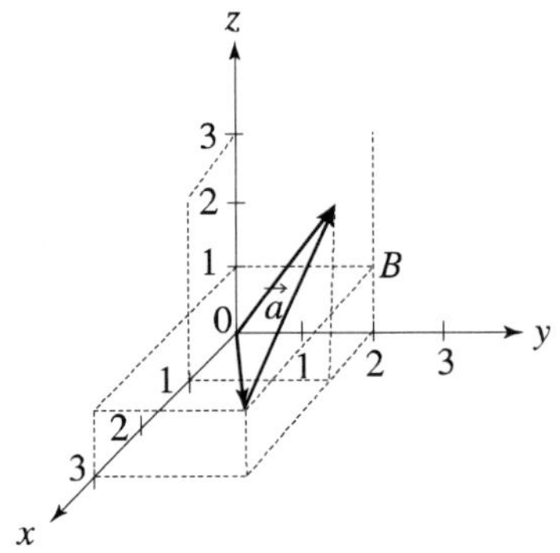

풀이 ① $\vec{a} = \overrightarrow{AB} = \overrightarrow{OB} - \overrightarrow{OA} = (1,\ 2,\ 3) - (3,\ 2,\ 1) = (-2,\ 0,\ 2)$

$|\vec{a}| = \sqrt{(-2)^2 + (0)^2 + (2)^2} = \sqrt{4+4} = \sqrt{8} = 2\sqrt{2}$

② $\vec{e} = \dfrac{\vec{a}}{|\vec{a}|} = \dfrac{1}{2\sqrt{2}}(-2,\ 0,\ 2)$

$= \left(-\dfrac{1}{\sqrt{2}},\ 0,\ \dfrac{1}{\sqrt{2}}\right) = \left(-\dfrac{\sqrt{2}}{2},\ 0,\ \dfrac{\sqrt{2}}{2}\right)$

③ $\cos\alpha = -\dfrac{\sqrt{2}}{2}$

$\cos\beta = 0$

$\cos\gamma = \dfrac{\sqrt{2}}{2}$ ■

예제 A.2.6 $\vec{a} = (1,\ -1)$, $\vec{b} = (2,\ 3)$일 때 내적과 두 벡터가 이루는 $\cos\theta$를 구하시오.

풀이 내적 $\vec{a} \cdot \vec{b} = (1,\ -1) \cdot (2,\ 3) = 1 \times 2 + (-1) \times 3 = 2 - 3 = -1$

$\cos\theta = \dfrac{\vec{a} \cdot \vec{b}}{|\vec{a}| \cdot |\vec{b}|}$이므로

$$|\vec{a}| = \sqrt{1^2 + (-1)^2} = \sqrt{2}$$

$$|\vec{b}| = \sqrt{2^2 + 3^2} = \sqrt{4+9} = \sqrt{13}$$

$$\cos\theta = \frac{-1}{\sqrt{2}\sqrt{13}} = \frac{-1}{\sqrt{26}}$$

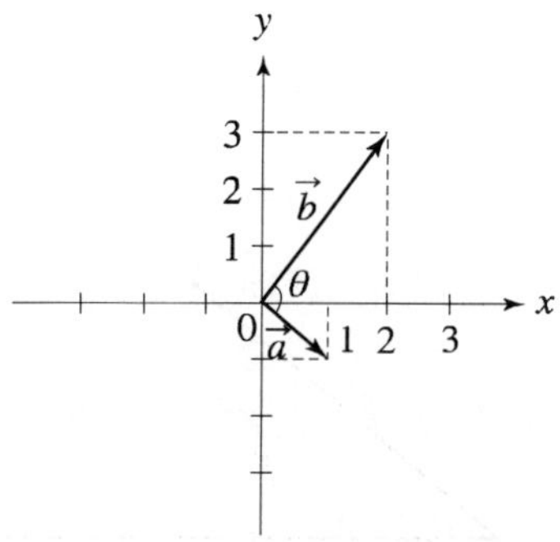

■

예제 A.2.7 $\vec{a}=(2,\ 3,\ 1)$, $\vec{b}=(1,\ x,\ 0)$일 때 $\vec{a}+\vec{b}$와 $\vec{a}-2\vec{b}$가 수직이 되는 x값을 구하시오.

풀이 $\vec{a}\perp\vec{b} \Leftrightarrow \vec{a}\cdot\vec{b}=0$이므로

$$\vec{a}+\vec{b}=(2,\ 3,\ 1)+(1,\ x,\ 0)=(3,\ 3+x,\ 1)$$
$$\vec{a}-2\vec{b}=(2,\ 3,\ 1)-2(1,\ x,\ 0)=(2,\ 3,\ 1)-(2,\ 2x,\ 0)=(0,\ 3-2x,\ 1)$$
$$\begin{aligned}(\vec{a}+\vec{b})\perp(\vec{a}-2\vec{b}) &= (3,\ 3+x,\ 1)\cdot(0,\ 3-2x,\ 1)\\ &= 3\times 0+(3+x)(3-2x)+1\times 1\\ &= 9-6x+3x-2x^2+1\\ &= -2x^2-3x+10\end{aligned}$$

$-2x^2-3x+10=0$이므로

$$2x^2+3x-10=0$$
$$x=\frac{-3\pm\sqrt{9+4\times 2\times 10}}{2\times 2}=\frac{-3\pm\sqrt{89}}{4}$$
$$\therefore\ x=-\frac{3}{4}+\frac{\sqrt{89}}{4},\ -\frac{3}{4}-\frac{\sqrt{89}}{4}$$

■

4. 벡터의 내적

(1) 내적의 정의

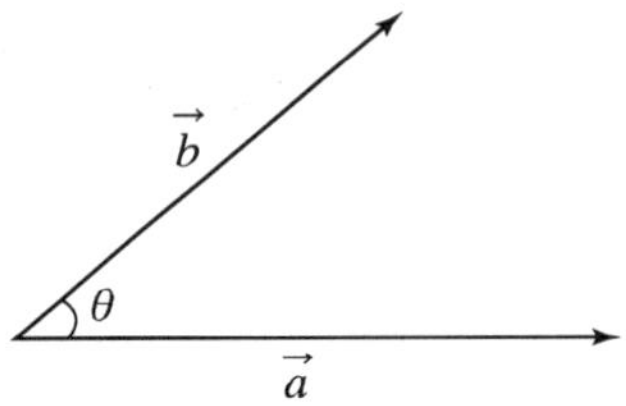

θ : 두 벡터 $\vec{a}$, $\vec{b}$가 이루는 각

$(0 \le \theta \le \pi)$

• $\vec{a}$와 $\vec{b}$의 내적은 다음과 같이 정의된다.

$$\vec{a} \cdot \vec{b} = |\vec{a}| \cdot |\vec{b}| \cos\theta$$

※ $\vec{a} = \vec{0}$ 또는 $\vec{b} = \vec{0}$이면 $\vec{a} \cdot \vec{b} = 0$이다.

(2) 내적의 성분

• 평면 및 공간 벡터의 내적

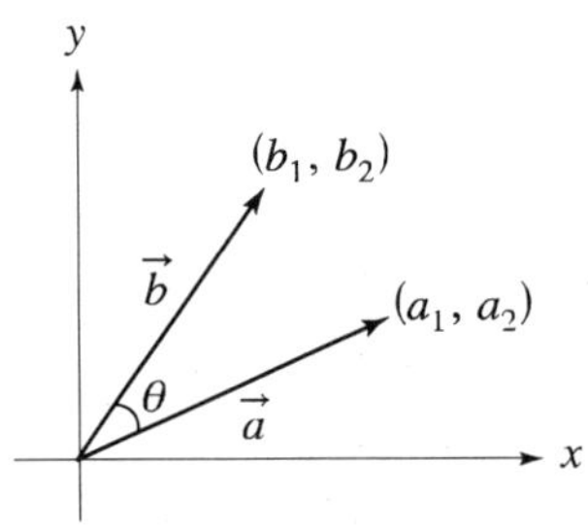

i) $\vec{a} = (a_1,\ b_2)$와 $\vec{b} = (b_1,\ b_2)$에 대하여 $\vec{a} \cdot \vec{b} = a_1b_1 + a_2b_2$이다.

ii) $\vec{a} = (a_1,\ a_2,\ a_3)$와 $\vec{b} = (b_1,\ b_2,\ b_3)$에 대하여 $\vec{a} \cdot \vec{b} = a_1b_1 + a_2b_2 + a_3b_3$이다.

• 평면 및 공간 벡터가 이루는 각 $\vec{a}$와 $\vec{b}$가 이루는 각의 크기가 θ일 때,

i) $\vec{a} = (a_1,\ a_2)$, $\vec{b} = (b_1,\ b_2)$이면

$$\cos\theta = \frac{\vec{a} \cdot \vec{b}}{|\vec{a}| \cdot |\vec{b}|} = \frac{a_1b_1 + a_2b_2}{\sqrt{a_1^2}} + a_2^2 \cdot \sqrt{b_1^2 + b_2^2} \text{ 이다.}$$

ii) $\vec{a} = (a_1,\ a_2,\ a_3)$, $\vec{b} = (b_1,\ b_2,\ b_3)$이면

$$\cos\theta = \frac{\vec{a} \cdot \vec{b}}{|\vec{a}| \cdot |\vec{b}|} = \frac{a_1b_1 + a_2b_2 + a_3b_3}{\sqrt{a_1^2 + a_2^2 + a_3^2} \cdot \sqrt{b_1^2 + b_2^2 + b_3^2}}$$

(3) 내적의 연산법칙

i) $\vec{a} \cdot \vec{b} = \vec{b} \cdot \vec{a}$

ii) $(m\vec{a}) \cdot \vec{b} = \vec{a} \cdot (m\vec{b}) = m(\vec{a} \cdot \vec{b})$

iii) $\vec{a} \cdot (\vec{b} + \vec{c}) = \vec{a} \cdot \vec{b} + \vec{a} \cdot \vec{c}$

(4) 벡터의 수직과 평행

• 벡터의 수직 조건 $(\vec{a} \neq \vec{0},\ \vec{b} \neq \vec{0})$

$$\begin{cases} \vec{a} = (a_1,\ a_2),\ \vec{b} = (b_1,\ b_2)\text{일 때} \\ \vec{a} \perp \vec{b} \Leftrightarrow \vec{a} \cdot \vec{b} = a_1b_2 + a_2b_2 = 0 \end{cases}$$

$$\begin{cases} \vec{a} = (a_1,\ a_2,\ a_3),\ \vec{b} = (b_1,\ b_2,\ b_3)\text{일 때} \\ \vec{a} \perp \vec{b} \Leftrightarrow \vec{a} \cdot \vec{b} = a_1b_2 + a_2b_2 + a_3b_3 = 0 \end{cases}$$

• 벡터의 평행조건 $(\vec{a} \neq \vec{0},\ \vec{b} \neq \vec{0})$

$$\vec{a} /\!/ \vec{b} \Leftrightarrow \cos\theta = \pm 1 \Leftrightarrow \vec{a} \cdot \vec{b} = \pm|\vec{a}|\ |\vec{b}|$$

5. 벡터 방정식

(1) 직선의 방정식

• 한 점 A를 지나고, $\vec{b}$에 평행한 직선의 방정식은 다음과 같다.

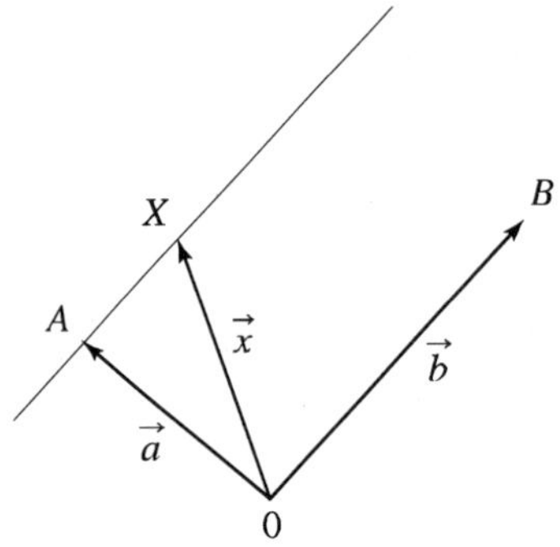

$$\vec{x} = \vec{a} + m\vec{b} \text{ (단, } m\text{은 실수)}$$

• 두 점 A, B을 지나는 직선의 방정식은 다음과 같다.

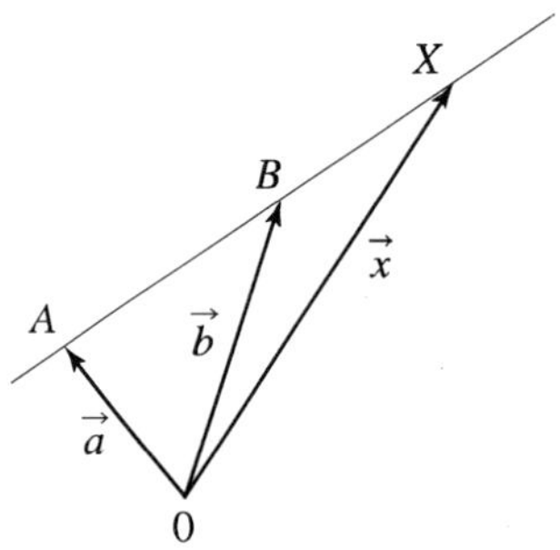

$$\vec{x} = (1-m)\vec{a} + m\vec{b}$$

• 점 A를 지나고, $\vec{b}$에 수직인 직선의 방정식은 다음과 같다.

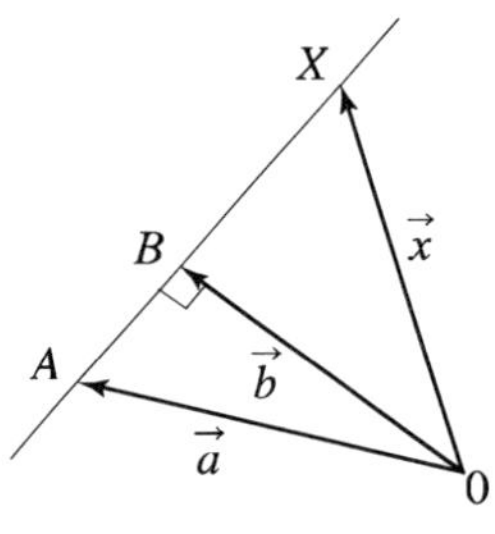

$$(\vec{x} - \vec{a}) \cdot \vec{b} = 0$$

(2) 원의 방정식

• 점 A가 중심이고, 반지름이 r인 원의 벡터 방정식은 다음과 같다.

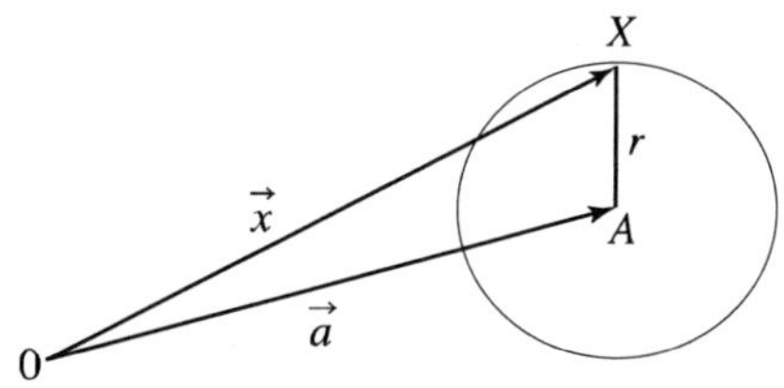

$$|\vec{x} - \vec{a}| = r, \quad (\vec{x} - \vec{a}) \cdot (\vec{x} - \vec{a}) = r^2$$

• 두 점 A,B를 양끝으로 하는 원의 벡터 방정식은 다음과 같다.

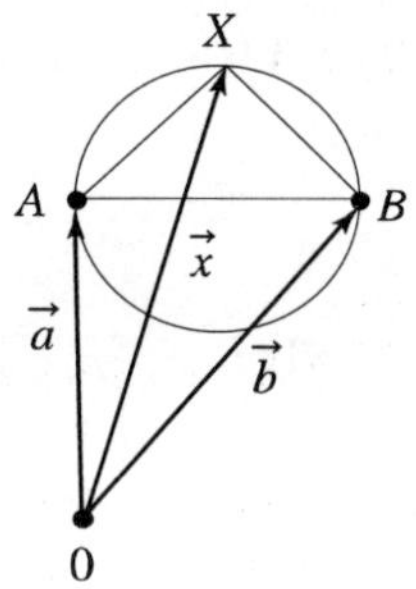

$$(\vec{x} - \vec{a}) \cdot (\vec{x} - \vec{b}) = 0$$

예제 A.2.8 두 점 $A(\vec{a} + \vec{c})$, $B(2\vec{a} - \vec{b})$를 지나는 직선의 벡터방정식을 구하시오.

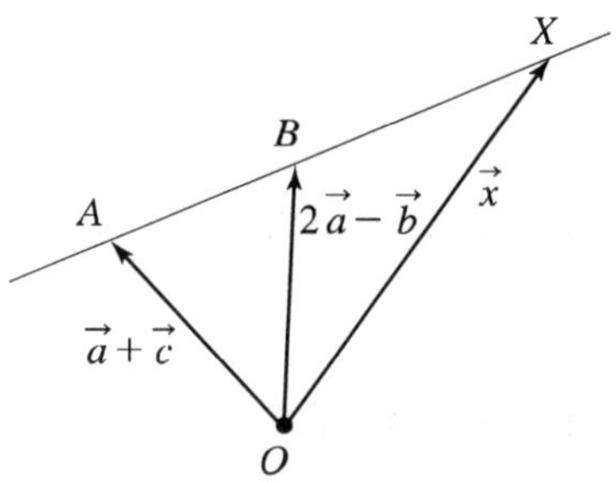

풀이 위치벡터가 $\overrightarrow{OA} = \vec{a}$인 점 A를 $A(\vec{a})$로 나타낸다.
조건을 만족시키는 임의의 점을 $X(\vec{x})$라고 할 때 $\overrightarrow{AX} = t\,\overrightarrow{AB}$이다.
(t는 실수)

$$\overrightarrow{OX} - \overrightarrow{OA} = t(\overrightarrow{OB} - \overrightarrow{OA})$$
$$\vec{x} - (\vec{a} + \vec{c}) = t((2\vec{a} - \vec{b}) - (\vec{a} + \vec{c}))$$
$$\vec{x} - \vec{a} - \vec{c} = t(\vec{a} - \vec{b} - \vec{c})$$
$$\therefore \vec{x} = (\vec{a} + \vec{c}) - t(\vec{a} - \vec{b} - \vec{c})$$

■

연습문제 A

1. 행렬 $\boldsymbol{A}=(a_{ij})$에서 $i \le j$일 때 $a_{ij}=j$, $i>j$일 때 $a_{ij}=a_{ji}$ $(i,\ j=1,\ 2,\ 3)$이다. 행렬 $\boldsymbol{A}$를 구하시오.

2. 행렬 $\boldsymbol{A}=(a_{ij})$에서 $a_{ij}=i+2j+3\ (i=1,\ 2,\ 3,\ j=1,\ 2,\ 3)$일 경우 행렬 $\boldsymbol{A}$를 구하시오.

3. 행렬 $\boldsymbol{A}$와 행렬 $\boldsymbol{B}$가 상등이기 위한 x, y, z값을 구하시오.

$$\begin{pmatrix} 2x+3y & x+y \\ y+z & y-10 \end{pmatrix} = \begin{pmatrix} x+9 & y+3 \\ z+2 & -z+1 \end{pmatrix}$$

4. $\boldsymbol{A}=\begin{pmatrix} 1 & 2 \\ 3 & 4 \end{pmatrix}$, $\boldsymbol{B}=\begin{pmatrix} x & y \\ 5 & 7 \end{pmatrix}$일 때, $\boldsymbol{AB}=\boldsymbol{BA}$가 성립하기 위한 x, y값을 구하시오.

5. $\boldsymbol{A}=\begin{pmatrix} 1 & 0 \\ 0 & -1 \end{pmatrix}$일 때, $\boldsymbol{A}^n$이 단위행렬로 될 최소의 자연수 n값을 구하시오.

6. 5번 문항의 해를 이용하여 $\boldsymbol{A}^{31}$을 구하시오.

7. $\boldsymbol{A}=\begin{pmatrix} 3 & 4 \\ 5 & 6 \end{pmatrix}$, $\boldsymbol{I}=\begin{pmatrix} 1 & 0 \\ 0 & 1 \end{pmatrix}$일 때, $\boldsymbol{A}^2-9\boldsymbol{A}-2\boldsymbol{I}=0$임을 이용하여 $\boldsymbol{A}^2+2\boldsymbol{A}+3\boldsymbol{I}$ 값을 구하시오.

8. 행렬 $\boldsymbol{A}=\begin{pmatrix} 1 & 2 \\ 3 & 7 \end{pmatrix}$, $\boldsymbol{B}=\begin{pmatrix} 3 & 4 \\ 2 & 1 \end{pmatrix}$일 때, $\boldsymbol{AX}=\boldsymbol{B}$를 만족시키는 행렬 $\boldsymbol{X}$를 구하고, 그 값을 검증하시오.

9. 다음 연립방정식에서 x, y값을 구하시오.

$$\begin{aligned} ax + by &= a^2 \\ bx + ay &= b^2 \end{aligned} \quad (\text{단, } a \neq 0,\ b \neq 0 \text{ 실수})$$

10. 다음 연립 방정식의 해를 구하시오.

$$\begin{cases} x\sin\theta - y\cos\theta = 1 \\ x\cos\theta + y\sin\theta = 0 \end{cases}$$

11. 다음 그림에서 $\overrightarrow{DE}$ 와 같은 벡터는 모두 몇 개인가?

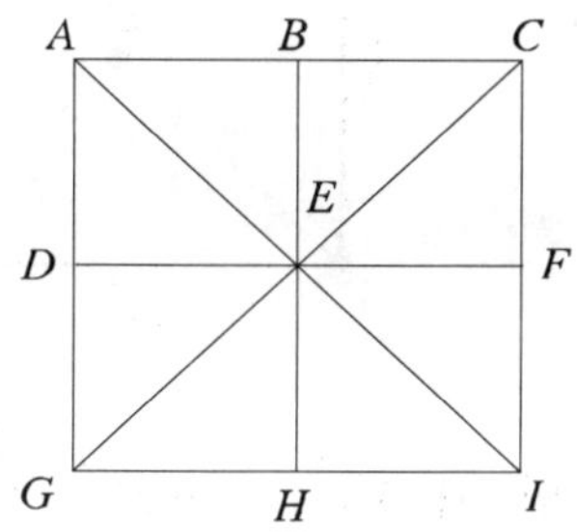

12. 한 모서리의 길이가 2인 정육면체에서 $\overrightarrow{DB}$와 $\overrightarrow{AG}$의 크기는 얼마인가?

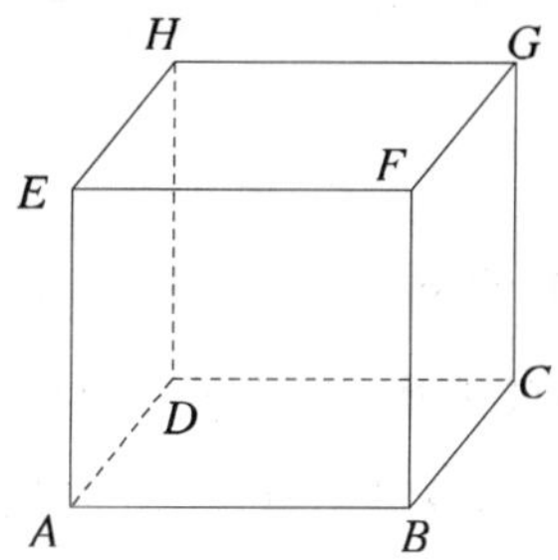

13. $\overrightarrow{AB} = \vec{a}$, $\overrightarrow{BC} = \vec{b}$, $\overrightarrow{CG} = \vec{c}$일 때

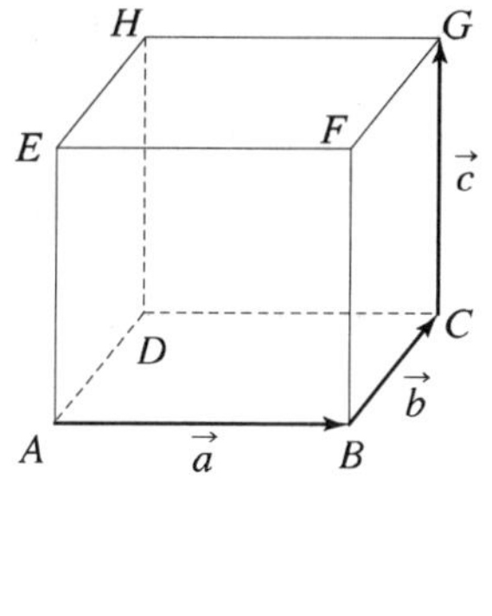

(1) $\overrightarrow{AC}$는 얼마인가?

(2) $\overrightarrow{AG}$는 얼마인가?

(3) $\overrightarrow{HF}$는 얼마인가?

14. $\overrightarrow{AB} = \vec{a}$, $\overrightarrow{AD} = \vec{b}$일 때 $\overrightarrow{GC} + \overrightarrow{GD}$를 구하시오.

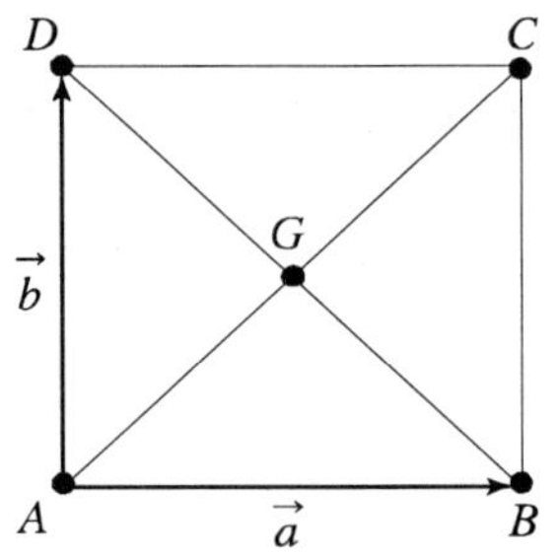

15. $\vec{a} = (1,\ 1)$, $\vec{b} = (3,\ 3)$일 때 $3(\vec{a}+\vec{b}) - 2(\vec{a}-\vec{b})$의 크기를 구하시오.

16. $\vec{a} = (x,\ 2)$, $\vec{b} = (5,\ 7)$일 때, 두 벡터 $\vec{A} = \vec{a} + \vec{b}$, $\vec{B} = 3\vec{b}$가 평행이 되기 위한 x값을 구하시오.

17. 공간벡터 $\overrightarrow{OP} = (1,\ 2,\ 3)$에서

(1) xy평면, yz평면, zx평면에 정사영을 시킨 $\overrightarrow{OA}$, $\overrightarrow{OB}$, $\overrightarrow{OC}$값을 구하시오.

(2) $\overrightarrow{OP} = a\overrightarrow{OA} + b\overrightarrow{OB} + c\overrightarrow{OC}$일 때 a, b, c값을 구하시오.

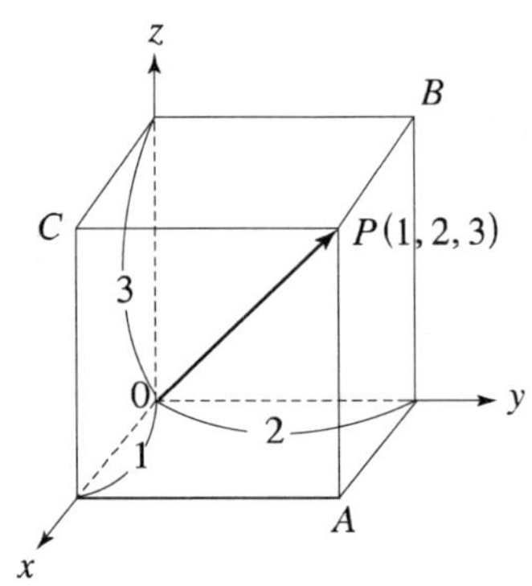

18. $\overrightarrow{EA}$와 $\overrightarrow{EC}$의 내적 $\vec{a}\cdot\vec{b}$값을 구하시오.

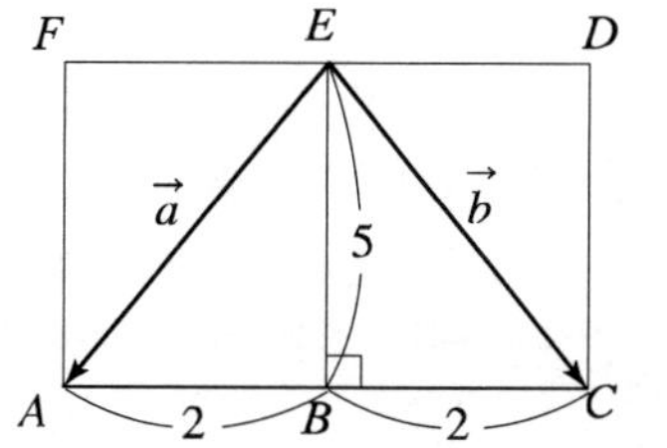

19. 두 벡터 $\vec{a}, \vec{b}$가 이루는 각이 $60°$이고 $|\vec{b}|=1$, $|\vec{a}+\vec{b}|=2$일 때 $|\vec{a}|$의 값을 구하시오.

20. $\overline{AB}=\overline{DC}$일 때, 선분 $\overline{DC}$의 벡터방정식을 구하시오.

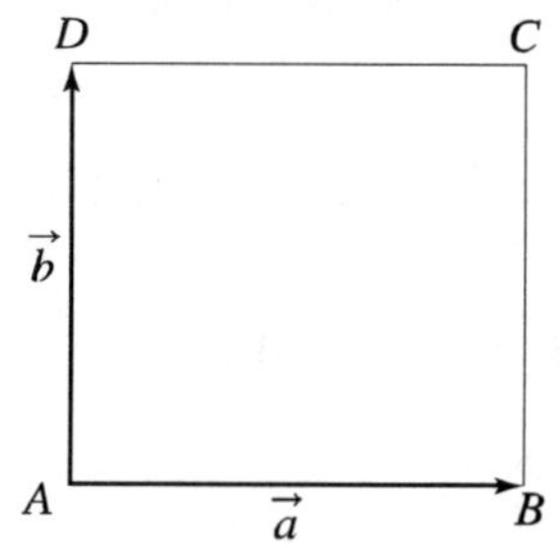

연습문제 풀이

제 1 장 함수와 극한

1.1 함수

1 (1) $x \geq 5$ (3) $-3 \leq x \leq 3$
(5) 모든 실수 (7) $x \neq 2$이고 $x \neq 1$인 실수

2 (1) 6 (3) 0

3 (1) 단사 아님 (3) 단사 (5) 단사

4 (1) 우함수 (2) 우함수

1.2 역삼각 함수

1 (1) $\frac{\pi}{4}$ (3) $-\frac{\pi}{6}$ (5) $5-2\pi$ (7) $\frac{1}{2}$ (9) $\frac{\sqrt{5}}{2}$

1.3 쌍곡선함수와 역함수

1 (1) $\tanh^2 x + \mathrm{sech}^2 x = \frac{\sinh^2 x}{\cosh^2 x} + \frac{1}{\cosh^2 x} = 1$

3 $\mathrm{sech}\, a = \frac{4}{5}$ $\sinh a = \frac{3}{4}$

1.4 함수의 극한

1 (1) $\frac{5}{3}$ (3) 27 (5) $-\frac{1}{6}$ (7) $-\frac{1}{9}$ (9) 3 (11) -5

2 (1) 존재하지 않는다. $\lim_{x\to0^+}\frac{1}{x}=\infty$

(3) 존재하지 않는다. $\lim_{x\to2^-}\left(\frac{1}{x-2}-\frac{1}{|x-2|}\right)=2\lim_{x\to2^-}\frac{1}{x-2}=-\infty$

(5) 존재하지 않는다. $\lim_{x\to-1}\frac{x+1}{\sqrt{(x+1)^2}}=\lim_{x\to-1}\frac{x+1}{|x+1|}$

(7) 1

1.5 극좌표

1

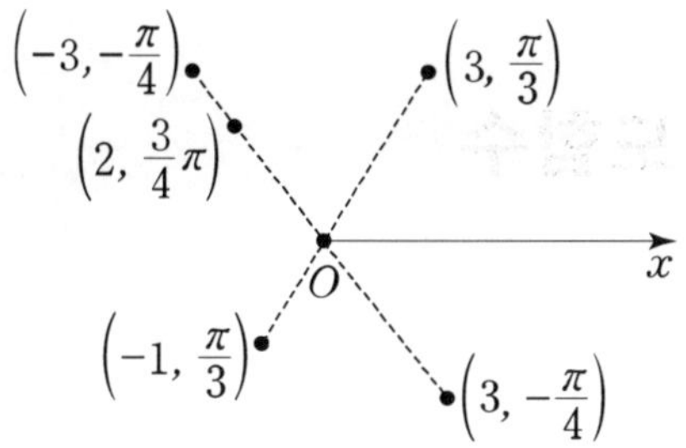

2 (1) $r=a\to r^2=a^2\to x^2+y^2=a^2$

(3) $r=2a\sin\theta\to r^2=2a(r\sin\theta)\to x^2+y^2=2ay$ 또는 $x^2+(y-a)^2=a^2$

(5) $x^2+(y-2)^2=4\to(x^2+y^2)-4y=0\to r^2-4r\sin\theta=0$

(7) $xy=1\xrightarrow{\begin{cases}x=r\cos\theta\\y=r\sin\theta\end{cases}}r^2\sin\theta\cos\theta=1$ 또는 $r^2\sin2\theta=2$

3 두 곡선을 연립하여 풀면 $\cos\theta=-\sin\theta$이고 $\tan\theta=-1$이다.
$\theta=\frac{3}{4}\pi$ 또는 $\theta=\frac{7}{4}\pi$이다. 이를 주어진 곡선에 대입하면
$r=1+\frac{\sqrt{2}}{2}$ 또는 $r=1-\frac{\sqrt{2}}{2}$이다.
또한 $r=0$일 때 $1+\cos\theta=0$에서 $\theta=\pi$이고,
$1-\sin\theta=0$에서 $\theta=\frac{\pi}{2}$이므로 극(원점)도 교점이다.
따라서 교점은 위의 그래프에서 보듯이 세 점
$\left(1+\frac{\sqrt{2}}{2},\ \frac{3}{4}\pi\right)$, $\left(1-\frac{\sqrt{2}}{2},\ \frac{7}{4}\pi\right)$, $(0,0)$이다.

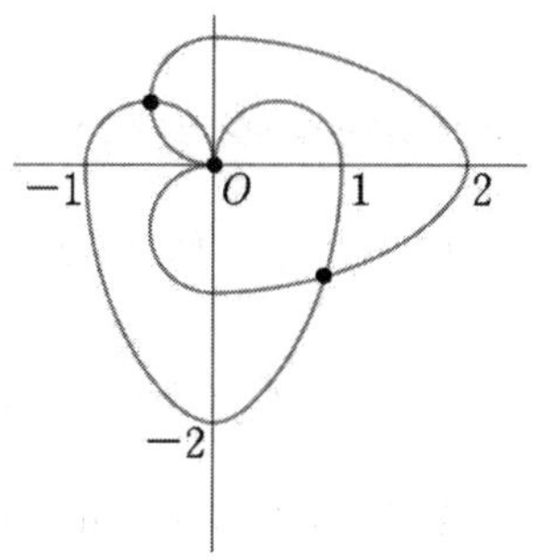

4 $\theta=\frac{\pi}{3}$를 대입하면 $r=4\cos\frac{\pi}{3}=2$이므로 한 교점은 $\left(2,\ \frac{\pi}{3}\right)$이다. 또한 $r=0$일 때 $4\cos\theta=0$에서 $\theta=\frac{\pi}{2}$이고, $\theta=\frac{\pi}{3}$에서 $r=0$이 대응되므로 극(원점)도 교점이다. 따라서

다음의 그래프에서 보듯이 교점은 2개이고, 교점은 $\left(2,\ \frac{\pi}{3}\right)$와 $(0, 0)$임을 알 수 있다.

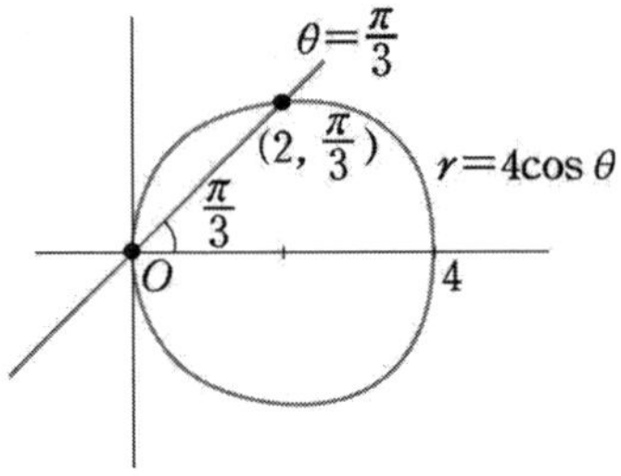

제 2 장 도함수

2.1 도함수의 정의

1 (1) -3.1 (3) -3

2 (1) 미분가능 (3) 미분가능

(5) 미분불가능 $\lim_{x\to4^-}\frac{f(x)-f(4)}{x-4}=8$ $\lim_{x\to4^+}\frac{f(x)-f(4)}{x-4}=2$

3 (1) $-\frac{1}{3}$

4 (1) $2a$

2.2 도함수의 공식 (I)

1 (1) $y'=15x^4+2$ (3) $y'=-\frac{8}{3x^5}$ (5) $y'=4x^3+3x^2+x^{-2}$

(7) $y'=-10(5x-3)^{-3}$ (9) $y'=-\frac{6x^2}{(x^3-1)^2}$ (11) $y'=\frac{x^2+2x-1}{(x+1)^2}$

2 $y=2x$와 $y=10x-24$

2.3 도함수의 공식 (II)

1 (1) $y'=7(x^3+x^2+5)^6(3x^2+2x)$ (3) $y'=\frac{7}{5}\left(x^2+\frac{1}{x^2}\right)^{\frac{2}{5}}\left(2x-\frac{2}{x^3}\right)$

(5) $y' = 2[(x^3-1)^{-1}+x]\left[1-\dfrac{3x^2}{(x^3-3)^2}\right]$

(7) $y' =-3(u^3+1)^{-2}u^2(2x+3)\ \ u=x^2+3x+5$

2 $\dfrac{ds}{dt}=-\dfrac{s^3+2t+s}{3s^2t+t}$

3 $(f\circ g)'(1)=39$

4 $y'=2x\sqrt{2x^2-1}$

2.4 삼각함수의 도함수

1 (1) $y'=6\sin(3x+5)\cos(3x+5)$

(3) $y'=3\sec 3x\tan 3x\csc 5x-5\sec 3x\csc 5x\cot 5x$

(5) $y'=\sqrt{\sec 2x}\ \tan 2x$

2 (1) $y'=\dfrac{1}{\sqrt{x(1-x)}}$ (3) $y' = -\dfrac{2\sin(\tan^{-1}2x)}{1+4x^2}$ (5) $y'=\dfrac{x}{|x|(x^2+1)}$

3 (1) $y'=-\dfrac{\cos(x+y)}{\cos(x+y)+2y}$ (3) $\dfrac{dy}{dt}=-\dfrac{1}{t}$

2.5 초월함수의 도함수

1 (1) $y'=\dfrac{4x^3\cos(x^4+3)}{\sin(x^4+3)}$ (3) $y'=(\ln 3\cdot x^2+2x+5\ln 3)3^x$

(5) $y'=5\left[\ln(x^2+1)+\dfrac{2x^2}{x^2+1}\right](x^2+1)^{5x}$ (7) $y'=\left(\cos x\ln x+\dfrac{\sin x}{x}\right)x^{\sin x}$

(9) $e^x\sinh e^x$ (11) $y'=-\dfrac{\sin x}{\sqrt{1+\cos^2 x}}$

2.6 고계 도함수

1 (1) $y'=\dfrac{1-x^2}{(x^2+1)^2}\quad y''=\dfrac{2x(x^2-3)}{(x^2+1)^3}$ (3) $y'=-2xe^{-x^2}\quad y''=(4x^2-2)e^{-x^2}$

(5) $\dfrac{dy}{dx}=\dfrac{2(t-1)}{3t^2}\quad \dfrac{d^2y}{dx^2}=\dfrac{4-2t}{9t^5}$ (7) $y'=\dfrac{y-2x}{2y-x}\quad y''=\dfrac{6xy-6x^2-6y^2}{(2y-x)^3}$

2 (1) 2, -1

3 (1) $\dfrac{1}{8}$ (3) 2 (5) 1 (7) 1 (9) 0 (11) e

(13) $e^{-\frac{1}{2}}$

2.7 테일러정리

1　생략

2　(1) $\tan^{-1}x = \int_0^x \frac{1}{1+t^2}dt = \int_0^x \left(\sum_{n=0}^{\infty}(-1)^n t^{2n}\right)dt = \sum_{n=0}^{\infty}\frac{(-1)^n}{2n+1}x^{2n+1}$　$(|x|<1)$

(3) $\cosh x = \frac{1}{2}\left(2+2\frac{x^2}{2!}+2\frac{x^4}{4!}+\cdots\right) = 1+\frac{x^2}{2!}+\frac{x^4}{4!}+\cdots = \sum_{n=0}^{\infty}\frac{x^{2n}}{(2n)!}$

3　(1) $P_0(x\,;0)=1$, $P_1(x\,;0)=1-x$, $P_2(x\,;0)=1-x-x^2$, $P_3(x\,;0)=1-x+x^2-x^3$

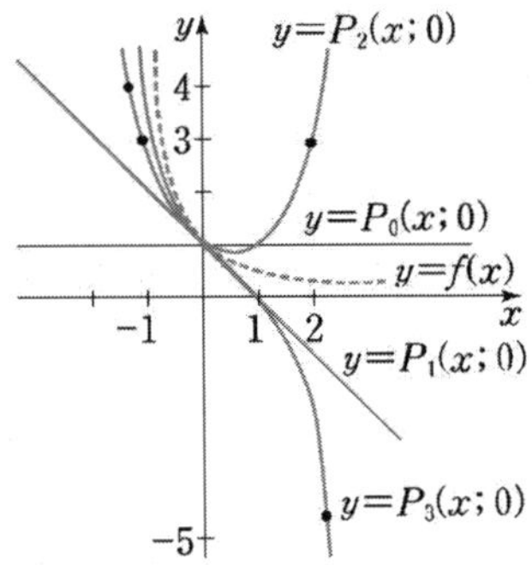

(3) $P_0(x\,;0)=0$, $P_1(x\,;0)=x$, $P_2(x\,;0)=x$, $P_3(x\,;0)=x-\frac{x^3}{6}$

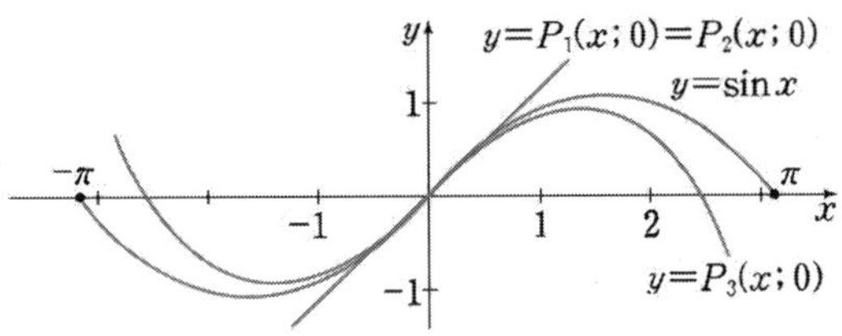

제 3 장　도함수의 응용

3.1 도함수의 응용

1　(1) $f'(x) = 2x-4 = 2(x-2)$ 이다.

x	$\cdots$	2	$\cdots$
$f'(x)$	$-$	0	$+$

함수 f는 구간 $[1, 2)$에서 감소하고 구간 $(2, 5]$에서 증가한다. 함수 f는 $x=2$에서 극솟값 $f(2) = -2$를 갖는다.

(3) $f'(x) = 3x^2+3 = 3(x^2+1) > 0$이다. 따라서 모든 x에 대하여 $f'(x) > 0$이므로 함수 f는 $\mathbb{R}$에서 증가한다. 함수 f는 극댓값과 극솟값을 갖지 않는다.

(5) $f'(x) = -4x^3+4x = -4x(x+1)(x-1)$이다.

x	$\cdots$	-1	$\cdots$	0	$\cdots$	1	$\cdots$
$f'(x)$	$+$	0	$-$	0	$+$	0	$-$

함수 f는 구간 $(-\infty, -1) \cup (0, 1)$에서 증가하고 구간 $(-1, 0) \cup (1, \infty)$에서 감소한다. 함수 f는 $x=-1$에서 극댓값 $f(-1)=2$를, $x=1$에서 극댓값 $f(1)=2$를 갖는다. 또한 함수 f는 $x=0$에서 극솟값 $f(0)=1$을 갖는다.

2 (1) $x=-5,\ \dfrac{1}{3}$　　(3) $x=-3,\ \pm 1$　　(5) $x=0,\ 2$

(7) $x=0,\ \pm 2$　　(9) 임계점이 없다.

3 (1) 최댓값, 최솟값 없음

(3) 최댓값: 없음. 최솟값: $x=5$일 때 $y=1$

(5) 최댓값: 없음. 최솟값: $x=2$일 때 $y=0$

3.2 평균값의 정리

1 (1) $25 = \dfrac{f(9)-f(1)}{9-1} = 6c-5$이므로 $c=5$이다.

(3) $0 = \dfrac{f(4)-f(0)}{4-0} = \pi\cos\pi c$이므로 $c = \dfrac{1}{2}, \dfrac{3}{2}, \dfrac{5}{2}, \dfrac{7}{2}$이다.

(5) $21 = \dfrac{f(5)-f(-4)}{5-(-4)} = 3c^2$이므로 $c = \pm\sqrt{7}$이다.

2 평균값 정리에 의하여

$$p(a+b)+q = \frac{(b-a)(p(a+b)+q)}{b-a} = \frac{f(b)-f(a)}{b-a} = 2pc+q$$

가 성립한다. 따라서 $c = \dfrac{a+b}{2}$이다.

3 $\dfrac{f(2)-f(0)}{2-0} = 1$이고 $f'(c) = -\dfrac{1}{(c-1)^2}$이므로 모든 $c \in (0, 2)$에 대하여 $f'(c) \neq 1$이다. 함수 f가 구간 $(0, 2)$에서 미분가능하지 않으므로 반드시 평균값 정리를 만족할 필요는 없다.

4 (1) 구간 (a,b) 에서 $x_1 < x_2$인 임의의 두 원소를 택하면 평균값 정리에 의하여

$$\frac{f(x_2)-f(x_1)}{x_2-x_1}=f'(c)$$

인 $c\in(x_1,\ x_2)$가 존재한다. 가정에 의하여 $f'(c)>0$ 이므로 $f(x_1)<f(x_2)$ 이고 따라서 함수 f는 (a,b) 에서 증가한다.

5 구간 $[-1,3]$에서 평균값 정리를 적용하면

$$\frac{4-f(-1)}{4}=\frac{f(3)-f(-1)}{3-(-1)}=f'(c)\geq -3$$

이 성립한다. 이를 정리하면 $16\geq f(-1)$ 이므로 $f(-1)$ 의 최댓값은 16이다.

제 4 장 부정적분법

4.1 부정적분

1 (1) x^5-x^3+6x (3) $\frac{2}{5}x^5-\frac{3}{2}x^4+2x^3-x^2$

2 (1) $y=\frac{1}{4}x^4+\frac{1}{2}x^2-5x+\frac{29}{4}$

3 -7

4 $f(x)=\frac{2}{3}x^3+\frac{1}{2}x^2-x$

4.2 치환적분법

1 (1) $\frac{1}{16}(4x+1)^4$ (3) $\frac{1}{101}(x^3+3)^{101}$ (5) $-\frac{2}{2(2x+1)}$

(7) $-\frac{2}{3(x^3+1)}$ (9) $\frac{2}{3}(1+2x^2)^{\frac{3}{2}}$ (11) $2\sqrt{x-1}$

(13) $\frac{3}{8}(2x-x^2)\sqrt[3]{2x-x^2}$ (15) $-\sqrt{9-x^2}$

4.3 부분적분법

1 (1) $\frac{1}{16}x^4(4\ln x-1)$ (3) $\frac{e^{ax}(a\cos bx+b\sin bx)}{a^2+b^2}$

(5) $x-\sqrt{1-x^2}\sin^{-1}x$ (7) $2\sqrt{1-x^2}\sin^{-1}x-2x+x\sin^{-1}x^2$

4.4 유리함수의 적분법

1 (1) $\frac{1}{6}(x^4+1)^{\frac{3}{2}}$ (3) $\frac{1}{2}\sin(1+x^2)$

(5) $\frac{1}{6}\sqrt{x^6-4}$ (7) $-(\ln|x|+1)^{-1}$

(9) $-(\tan^{-1}x)^{-1}$ (11) $\frac{1}{12}(3(x^4-1)\tan^{-1}x-x(x^2-3))$

(13) $\frac{1}{2}((a^2+x^2)\ln(a^2+x^2)-x^2)$ (15) $\frac{1}{10}e^{-x}(-2\sin 2x+\cos 2x-5)$

(17) $\frac{13}{2}\ln(-21(2x+3))-4\ln(21(x+1))$

(19) $\frac{1}{12}\left(\ln\left(\frac{x^2-x+1}{x^2+x+1}\right)+2\ln\left(\frac{x-1}{x+1}\right)-2\sqrt{3}\tan^{-1}\left(\frac{2x-1}{\sqrt{3}}\right)-2\sqrt{3}\tan^{-1}\left(\frac{2x+1}{\sqrt{3}}\right)\right)$

(21) $\frac{1}{2}\left(\frac{1}{x^2+1}+\ln(x^2-1)-\ln(x^2+1)\right)$

4.5 삼각함수의 적분법

1 (1) $\frac{1}{2}(x+\sin x\cos x)$ (3) $-\cos t+\frac{2}{3}\cos^3 t-\frac{1}{5}\cos^5 t$

(5) $-\frac{1}{9}\cos^3 3x+\frac{1}{5}\cos^5 3x-\frac{1}{7}\cos^7 3x+\frac{1}{27}\cos^9 3x$

(7) $\frac{1}{16}\left(\frac{3}{8}x-\frac{1}{16}\sin 8x+\frac{1}{128}\sin 18x\right)$

(9) $-\frac{1}{3}\csc^3 x$ (11) $\frac{1}{2}\cos y-\frac{1}{18}\cos 9y$

제 5 장 정적분

5.1 정적분의 정의

1 **(1)** 10

2 (1) $\frac{11}{2}$ (3) $\frac{13}{3}$

5.2 정적분의 성질

1 (1) 7 (3) 7

2 (1) 5

3 (1) $\frac{1}{3}\left(e^2 - \frac{1}{e}\right)$ (3) $-\frac{1}{e}$

5.3 미적분학의 기본정리

1 (1) $\sqrt{2x^3+1}$ (3) $-\frac{1}{1+\cos^2 x}$

(5) $(3^{-x^3} + \tan x^3) \cdot (3x^2)$ (7) $\sqrt{x^2+x^6} \cdot (2x) - \sqrt{\sin x + \sin^3 x} \cdot (\cos x)$

2 (1) 1 (3) $e-2$ (5) $\frac{2}{\pi}$ (7) $5\ln 5 - 4$

5.4 이상적분

1 (1) $\frac{1}{3}$ (3) ∞ (5) 1

2 (1) 0

3 (1) 수렴한다. (3) 수렴한다.

5.5 평면의 넓이

1 (1) $2(\sqrt{2}-1)$ (3) $\frac{17\sqrt{17}}{6}$ (5) $\frac{8}{3}$

2 (1) 3π (3) 3π

5.6 입체도형의 부피

1 수직단면에 의한 방법을 사용하여 증명한다.

2 (1) $\frac{\pi}{7}$ (3) $\frac{\pi}{2}$ (5) $\frac{3}{10}\pi$

3 (1) $\frac{3712}{15}\pi$ (3) $\frac{49}{30}\pi$

제 6 장 편도함수

6.1 다변수함수

1 (1) $\{(x,\ y)\,|\,x^2+y^2<9\}$ (3) $\mathbb{R}^2$

3 $\dfrac{(x-2)^2}{4}-y^2=2z^2$

4 (1) 4 (3) $8\sqrt{2}$

6.2 편도함수

1 (1) $\dfrac{\partial z}{\partial x}=\cos x+\cos(x+y),\ \dfrac{\partial z}{\partial y}=\cos y+\cos(x+y)$

(3) $\dfrac{\partial z}{\partial x}=2x\tan^{-1}\dfrac{y}{x}-\dfrac{x^2}{x^2+y^2}-\dfrac{y^2}{x^2+1},\ \dfrac{\partial z}{\partial y}=\dfrac{x^3}{x^2+y^2}+2y\tan^{-1}\dfrac{y}{x}+\dfrac{xy^2}{x^2+y^2}$

2 $(1+3xyz+x^2y^2z^2)e^{xyz}$

6.3 합성함수의 편미분법

1 (1) $3t^2+9t^5$ (3) $\cos^2 t+1$

2 $u_x=2x\sin\left(2\tan^{-1}\dfrac{y}{x}\right)-2y\cos\left(2\tan^{-1}\dfrac{y}{x}\right),$

$u_x=2y\sin\left(2\tan^{-1}\dfrac{y}{x}\right)-2x\cos\left(2\tan^{-1}\dfrac{y}{x}\right)$

3 (1) $\dfrac{3x^3+2y^2}{x^3+y^2}$ (3) $\dfrac{e^{xy}(x+y-1)}{e^x+e^y}$

6.4 전미분

1 (1) $6(x^2+y^2)^2(x\,dx+y\,dy)$ (3) $\dfrac{1}{x}\,dx-\dfrac{1}{y}\,dy$

(5) $$\left(y\sin\frac{1}{\sqrt{x^2+y^2}}-\frac{x^2y}{(x^2+y^2)^{\frac{3}{2}}}\cos\frac{1}{\sqrt{x^2+y^2}}\right)dx$$

$$+\left(x\sin\frac{1}{\sqrt{x^2+y^2}}-\frac{x^2y}{(x^2+y^2)^{\frac{3}{2}}}\cos\frac{1}{\sqrt{x^2+y^2}}\right)dy$$

(7) $\dfrac{2x}{x^2+y^2}\,dx+\dfrac{2y}{x^2+y^2}\,dy$

(9) $-2y^2\sin 2x\,dx+2y\cos 2x\,dy$

2 3.9725

제 7 장 중적분

7.1 직교좌표계에서 이중적분

1 (1) $\int_0^y\int_0^{1/2} f(x,\,y)\,dxdy+\int_0^{1-y}\int_{1/2}^1 f(x,\,y)\,dxdy$

(3) $\int_{-\sqrt{a^2-y^2}}^{\sqrt{a^2-y^2}}\int_0^a f(x,\,y)\,dxdy$

2 (1) $\dfrac{(e^9-1)}{6}$ (3) $\dfrac{(2\sqrt{2}-1)}{3}$

3 (1) $\dfrac{9}{2}$ (3) $\dfrac{9}{2}$

7.2 극좌표계에서 이중적분

1 (1) $\dfrac{\pi}{4}(e-1)$ (3) $\dfrac{9\pi^2}{4}$

2 (1) $\dfrac{\pi}{12}$ (3) $\dfrac{\pi}{2}-1$ (5) a^2

찾아보기

저자와의
합의하에
인지를
생략합니다.

대학수학

지은이　이만근
펴낸이　조경희
펴낸곳　경문사
펴낸날　2022년 2월 28일　1판 1쇄
등　록　1979년 11월 9일　제1979-000023호
주　소　04057, 서울특별시 마포구 와우산로 174
전　화　(02)332-2004　팩스 (02)336-5193
이메일　kyungmoon@kyungmoon.com

값 25,000원

ISBN 979-11-6073-521-5